工业和信息化精品系列教材

U0277681

MySQL
数据库项目化教程

微课版

龚静 邓晨曦 ◉ 主编

尹婷 王建波 李凌云 ◉ 副主编

MYSQL DATABASE

人民邮电出版社

北 京

图书在版编目（CIP）数据

MySQL数据库项目化教程：微课版 / 龚静，邓晨曦
主编. -- 北京：人民邮电出版社，2023.7
工业和信息化精品系列教材
ISBN 978-7-115-61339-4

Ⅰ．①M… Ⅱ．①龚… ②邓… Ⅲ．①SQL语言—程序
设计—教材 Ⅳ．①TP311.132.3

中国国家版本馆CIP数据核字(2023)第044563号

内 容 提 要

  本书以 MySQL 8.0 为主要应用环境，以学生管理系统为典型案例，由浅入深、循序渐进地介绍数据库的应用基础、应用开发、管理和系统设计这 4 个方面的相关技术。全书共 10 个项目，分别是数据库入门，创建和管理数据库，创建和管理数据表，数据处理，数据查询，视图，存储过程、存储函数与事务，触发器，数据库的高级管理，以及数据库设计。前 9 个项目均安排多项任务，各项任务均配有应用实例、执行结果图、微课视频和任务实施过程，项目十则讲解一个综合案例——图书管理系统的完整设计过程。

  本书可以作为高校计算机技术及其相关专业的教材，也可以作为科研人员、工程技术人员和相关培训机构学习人员的自学用书，还可以作为全国计算机等级考试的二级考试项目——二级 MySQL 数据库程序设计和"1+X"Web 前端开发职业技能等级证书（中级）考试的参考书。

◆ 主　编　龚　静　邓晨曦

 副主编　尹　婷　王建波　李凌云

 责任编辑　郭　雯

 责任印制　王　郁　焦志炜

◆ 人民邮电出版社出版发行　　北京市丰台区成寿寺路 11 号

 邮编　100164　电子邮件　315@ptpress.com.cn

 网址　https://www.ptpress.com.cn

 山东华立印务有限公司印刷

◆ 开本：787×1092　1/16

 印张：15.75　　　　　　　　　2023 年 7 月第 1 版

 字数：441 千字　　　　　　　2024 年 12 月山东第 4 次印刷

定价：59.80 元

读者服务热线：(010)81055256　印装质量热线：(010)81055316
反盗版热线：(010)81055315
广告经营许可证：京东市监广登字 20170147 号

前言 FOREWORD

　　MySQL 是当前较流行的关系数据库管理系统，以语言标准、运行速度快、性能卓越、源代码开放等优势获得许多中小型网站开发公司的青睐，也是计算机相关专业的核心课程之一。《国家职业教育改革实施方案》（俗称职教 20 条）中要求，高等职业教育应以职业需求为导向，以实践能力培养为重点，深化"产教融合、育训结合"的指导思想。本书的编写团队围绕高职院校计算机相关专业对应的岗位群做了深入调研，对学生就业情况和企业人才需求状况进行了充分分析，在与企业专家进行反复研讨的基础上，以 MySQL 8.0 为平台，针对当前高职院校学生对数据库技术缺乏系统思维和项目实践能力的情况编写了本书。

　　党的二十大报告提出：教育、科技、人才是全面建设社会主义现代化国家的基础性、战略性支撑。必须坚持科技是第一生产力、人才是第一资源、创新是第一动力，深入实施科教兴国战略、人才强国战略、创新驱动发展战略，开辟发展新领域新赛道，不断塑造发展新动能新优势。在党的领导下，我们实现了第一个百年奋斗目标，全面建成了小康社会，正在向着第二个百年奋斗目标迈进。我国主动顺应信息革命时代浪潮，以信息化培育新动能，用数字新动能推动新发展，数字技术不断创造新的可能。本书内容践行党的二十大精神，采用"项目导向、任务驱动"的方式编写，以企业开发的典型项目"学生管理系统"作为教学案例，内容安排遵循学生的认知规律。本书融合了"1+X"职业技能等级证书要求和企业职业标准，在基本理论的基础上突出实践技能，注重案例项目化的实践教学，引导学生在实践的基础上理解理论知识，掌握数据库工程师岗位的基本技能，提高综合应用能力，充分体现高职高专职业实践能力培养的特色。

　　编者在 20 多年教学探索和实践经验的基础上，联合企业团队共同编写了本书。本书结构清晰、内容完整，案例操作直观，讲解通俗易懂，是集"理、实、视、练"于一体的"双元"智慧式教材。本书在如下几点内容建设中均颇具特色。

　　（1）丰富案例

　　"学生管理系统"案例贯穿项目教学的全过程，将数据库技术与案例系统开发应用、教学内容和案例系统应用展示有机地融为一体。

　　（2）精美微课

　　本书提供了大量的微课，读者通过手机扫描二维码即可进行在线学习。

　　（3）众多实例

　　所有任务均包含大量实例，提供运行语句和执行结果图，使读者在阅读时即便脱离系统运行环境也能直观看到执行结果。

　　（4）配套任务实施

　　任务实施部分既突出了任务的重点内容，又加强了对重点技术的实践训练。

　　（5）4 大内容模块

　　本书可分为 4 大模块：应用基础模块、应用开发模块、管理模块和系统设计模块。按岗位学习或专业开课需要，可以选择并组合 4 大模块中不同的内容进行教学。

　　各项目相应的学时安排和模块说明等如下页表所示。

学时分配表

项目	课程内容	学时		模块
项目一	数据库入门	2～4		
项目二	创建和管理数据库	2～4		
项目三	创建和管理数据表	10～12	30～40	应用基础
项目四	数据处理	4～6		
项目五	数据查询	12～14		
项目六	视图	4～6		
项目七	存储过程、存储函数与事务	8～10	16～22	应用开发
项目八	触发器	4～6		
项目九	数据库的高级管理	4～6	4～6	管理
项目十	数据库设计	6～8	6～8	系统设计
学时总计		56～76		

本书由湖南环境生物职业技术学院一线教师团队联合编写，由龚静设计。项目一、项目九由尹婷编写，项目二由邓晨曦编写，项目三由尹婷、龚静编写，项目四、项目五由龚静编写，项目六、项目十由王建波编写，项目七、项目八由李凌云编写，全书的统稿工作由龚静和邓晨曦完成。本书的配套资源和微课录制由龚静负责。在本书的编写过程中，编者得到了所在部门及单位领导的大力支持和帮助，还得到了湖南硕泰互联网科技有限公司的大力支持，在此表示由衷的感谢。

本课程为湖南省精品在线开放课程，配套大量立体化资源，如多媒体课件、微课、教案、案例、习题等，读者可以通过人邮教育社区官网（https://www.ryjiaoyu.com）进行下载，也可以在学银在线平台上在线学习对应课程——"数据库技术"（https://exl.ptpress.cn:8442/ex/l/ef4db73b）。

尽管编者在编写过程中竭尽全力，但书中难免存在不足之处，敬请读者提出宝贵意见和建议，编者将不胜感激。若您在阅读本书时发现任何问题或不妥之处，请与编者联系（gongj202208@163.com）。

编　者

2023 年 3 月

目录 CONTENTS

项目六

视图 ····················· 145

项目七

存储过程、存储函数与
事务 ····················· 158

项目八

触发器·····················183

项目九

数据库的高级管理··········192

项目十

数据库设计··················214

项目一
数据库入门

01

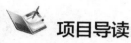 **项目导读**

数据库（Database，DB）技术是计算机应用领域中非常重要的技术，是现代信息系统的核心和基础，它的出现与应用极大地促进了计算机技术在各领域的发展。MySQL 作为关系数据库管理系统（Database Management System，DBMS）之一，因其体积小、源代码开放、成本低等优点被广泛应用，其强大的功能和卓越的运算性能使其成为重要的企业级数据库产品。本项目先介绍数据库的发展历程、数据库的相关概念，再讲解 MySQL 8.0 的下载、安装与配置过程。本项目的重点是数据库的相关概念，难点是 MySQL 8.0 的安装与配置。

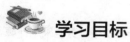 **学习目标**

知识目标
◆ 了解数据库的相关概念和主流数据库；
◆ 学习结构化查询语言的基本知识。

技能目标
◆ 掌握下载、安装与配置 MySQL 8.0 的方法；
◆ 训练安装 MySQL 服务器、启动服务和连接服务的故障排除能力。

素质目标
◆ 培养学生发现、分析与解决问题的能力，增强学生研究与创新的信心；
◆ 激发学生的学习兴趣，提高学生的学习动力。

任务 1.1　认识数据库

数据库在生活、工作中应用广泛，在学习数据库技术前，了解数据库的发展历程和相关概念有利于理解数据库技术在生活、工作中的作用。

1.1.1　数据库的发展历程

数据库先后经历了人工管理、文件管理、数据库管理三大阶段，详细介绍如下。

1. 人工管理

20 世纪 40 年代中期至 20 世纪 50 年代中期，计算机主要用于科学计算，其外部存储器只有磁带、卡片和纸带等，还没有磁盘等直接存取的存储设备。软件只有使用汇编语言开发的，且无数据管理功能，

V1-1　认识数据库

数据处理方式是批处理。

这个阶段的特点：数据主要用于科学计算，数据与程序是一个整体，数据不存在共享；无直接存取的存储设备，数据不能长期保存，还未出现操作系统。

2. 文件管理

20 世纪 50 年代末到 20 世纪 60 年代中期，计算机不仅用于科学计算，还运用在数据管理方面。随着数据量的增加，数据结构和数据管理技术迅速发展。此时，外部存储器有了磁盘、磁鼓等直接存取的存储设备；软件领域出现了操作系统，数据以"文件"为单位存储在外存设备中，由操作系统中的文件系统统一管理。

这个阶段的特点：数据不仅用于科学计算，还用于数据管理；数据由文件系统统一管理，可以长期保存，虽然有一定的独立性和共享性，但是数据冗余度高，共享性和独立性差。

3. 数据库管理

20 世纪 60 年代末以来，计算机开始广泛应用于数据管理领域，数据库管理技术应运而生，能够统一管理和共享数据的数据库管理系统也由此诞生。它可对所有的数据实行统一管理，并支持多用户访问，能够降低数据的冗余度，实现数据共享及数据库与应用程序之间的逻辑独立性，使应用程序开发和维护的复杂度降低。目前数据库是应用最广泛的数据管理工具之一。

这个阶段的特点：数据由 DBMS 统一管理和控制，实现了数据整体结构化，数据共享性强、冗余度低，数据库的逻辑结构和物理结构相互独立、互不影响。

1.1.2　数据库的相关概念

1. 数据

数据（Data）是用来记录信息的可识别符号，是信息的具体表现形式。在计算机中，数据采用计算机能够识别、存储和处理的方式对现实世界的事物进行描述，其具体表现形式可以是数字、文本、图像、音频和视频等。

2. 数据库

数据库是用来存储数据的仓库。具体来说，数据库就是按照一定的数据结构组织、存储和管理数据的集合，具有冗余度较低、独立性和易扩展性较强、可供用户共享等特点。

3. 数据库管理系统

数据库管理系统是用来操作和管理数据库的软件，介于应用程序和操作系统之间，为应用程序提供访问数据库的方法，具有数据定义、数据操作、数据库运行管理和数据库创建与维护等功能。

4. 数据库系统

数据库系统（Database System，DBS）通常指的是由计算机的硬件系统与软件系统、数据库、数据库管理系统和数据库管理员组成的一个完整系统。

5. 数据库应用系统

数据库应用系统（Database Application System，DBAS）是指开发人员利用数据库和前台开发工具开发的、面向某一类信息处理业务的软件系统，如学生管理系统、教务管理系统、图书管理系统等。

1.1.3　数据库存储结构

通过前面的讲解可知，数据库是存储和管理数据的仓库，但数据库并不能直接存储数据，数据是存储在表中的，并且在存储数据的过程中会用到数据库服务器。数据库服务器是指安装在计算机上的数据库管理程序，如 MySQL。数据库服务器、数据库和表三者的关系如图 1-1 所示。

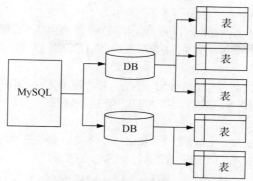

图 1-1 数据库服务器、数据库和表三者的关系

从图 1-1 中可以看出，一个数据库服务器可以管理多个数据库，通常情况下开发人员会针对每个应用创建一个数据库，并在数据库中创建多个表（用于存储和描述数据的逻辑结构），以保存应用中实体的相关信息。

对于初学者来说，可能很难理解应用中的实体数据是如何存储在表中的，下面通过一个示例来介绍。实体数据在表中的存储示例如图 1-2 所示。

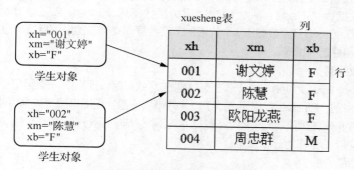

图 1-2 实体数据在表中的存储示例

图 1-2 描述了 xuesheng 表的结构及数据的存储方式，横向称为行，纵向称为列，每一行的内容称为一条记录，每一列的列名称为字段（如 xh、xm 等）。通过观察 xuesheng 表可以发现，表中的每一条记录，如 "001 谢文婷 F"，实际上就是一个学生对象。

1.1.4 结构化查询语言

结构化查询语言（Structured Query Language，SQL）是一种应用于关系数据库查询的结构化语言，用于存取数据及查询、更新和管理关系数据库系统。1986 年，SQL 被美国国家标准协会（American National Standards Institute，ANSI）定为关系数据库管理系统的标准语言，同时被国际标准化组织（International Organization for Standardization，ISO）采纳为国际标准。ANSI/ISO 先后发布了 SQL-89、SQL-92 标准，市场上流行的关系数据库管理系统通常都支持 ANSI SQL-92 标准。

SQL 主要由以下 4 部分组成。

1. 数据定义语言

数据定义语言（Data Definition Language，DDL）提供定义、修改和删除数据库、数据表及其他数据库对象的一系列语句。常用语句的关键字为 CREATE、ALTER 和 DROP。

2. 数据操作语言

数据操作语言（Data Manipulation Language，DML）提供插入、修改、删除和检索数据库中数据的一系列语句。常用语句的关键字为 INSERT、UPDATE、DELETE 和 SELECT。

3. 数据控制语言

数据控制语言（Data Control Language，DCL）提供授予和收回用户对数据库及数据库对象访问权限的一系列语句。常用语句的关键字为 GRANT（用于授予权限）和 REVOKE（用于收回权限）。

4. 事务控制语言

事务控制语言（Transaction Control Language，TCL）提供提交和回滚数据更新的事务控制语句。常用语句的关键字为 COMMIT（用于提交事务）、SAVEPOINT（用于设置保存点）和 ROLLBACK（用于回滚事务）。

1.1.5 主流数据库

在大数据时代，数据变得越来越重要，类型多样的数据促进了数据库技术的快速发展，从主流数据库的应用可以了解数据库技术的发展程度和未来发展趋势。

1. 国产数据库

近年来，国产数据库快速崛起并发展壮大，打破了国际数据库产品的高度垄断局面。以南大通用大数据新型列存储数据库 GBase、人大金仓通用关系数据库 KingbaseES、华为关系数据库系统 GaussDB（openGauss，开源数据库）为代表的国产数据库支撑着国家信息技术自主可控战略，带动我国数据库产业发展并走向世界。

2. Oracle 数据库

Oracle 数据库是美国 Oracle 公司开发的超大型关系数据库管理系统，一般用于超大型的行业领域，如银行、电信等。目前，Oracle 数据库占领了较大的市场份额，但随着国产数据库的兴起，Oracle 数据库在我国市场上的份额有所下降。Oracle 数据库的不同版本可运行在 UNIX、Linux 和 Windows 等多种操作系统中，其 SQL 称为 PL/SQL。

3. DB2 数据库

DB2 数据库是 IBM 公司开发的关系数据库管理系统，主要应用于大型应用系统，尤为适用于大型分布式应用系统，具有较好的可伸缩性，从单用户环境到大型机，DB2 数据库均可提供很好的支持。DB2 数据库能在许多主流平台上运行，包括目前广泛使用的 Windows、UNIX 和 Linux 操作系统。

4. SQL Server 数据库

SQL Server 数据库是 Microsoft 公司推出的关系数据库管理系统。它是面向 Windows 操作系统的应用开发的，拥有图形化的管理工具，比较适合中小型企业用来进行数据管理。

5. MySQL 数据库

MySQL 数据库是瑞典的 MySQL AB 公司开发的，但是几经辗转，现在是 Oracle 公司的产品。它是以"客户端/服务器（Client/Server，C/S）"模式实现的，是一种多用户、多线程的小型数据库服务器。MySQL 是开源的，任何人都可以获得该数据库的源代码并修正 MySQL 的缺陷。

MySQL 具有跨平台的特性，它不仅可以在 Windows 平台上使用，还可以在 UNIX、Linux 和 macOS 等平台上使用。相比其他数据库，MySQL 的使用更加方便、快捷，且 MySQL 是免费的，运营成本低。因此，MySQL 吸引了众多开源软件开发者，广泛应用于网站的开发，如脸书、腾讯和百度等的官网。

6. 非关系数据库

非关系数据库也称 NoSQL（Not only SQL），是一种不同于关系数据库的数据库管理系统。非关系数据库采用的数据模型并不是结构化的，不需要固定的表结构，它采用的是类似键值、列族和文档等非关系模型，可以灵活处理半结构化或非结构化的大数据。常用的非关系数据库有 MongoDB、HBase、Redis 和 MemCache 等。

1.1.6　任务实施——上网搜索数据库及 MySQL 的相关内容

（1）访问 MySQL 官网，了解 MySQL 各版本及其功能。

（2）上网检索 MySQL 发展的最新动态及其优缺点。

（3）上网检索我国数据库的发展历程。

（4）上网检索为我国数据库技术发展做出杰出贡献的人物。

（5）上网检索 SQL 的发展历程及其与各 DBMS 产品的关系。

（6）上网检索数据模型的概念及数据模型的种类。

任务 1.2　下载、安装与配置 MySQL

MySQL 采用双授权政策，分为社区版和企业版。其中，社区版是完全免费的，官方不提供任何技术支持；企业版是收费的，具有更多企业功能。免费的社区版也具有强大功能，建议下载社区版进行学习。要注意安装包文件有 3 种：第一种是 MSI 文件，为安装版的安装包，包括适用于 32 位和 64 位操作系统的安装文件；第二种是 ZIP 文件，为免安装版的安装包，下载后解压运行即可；第三种是带 Debug Binaries & Test Suite 标识的、具有 Debug 功能和测试案例的安装文件。本任务是在 Windows 操作系统中下载 MySQL 社区版的 MSI 安装包文件，并对其进行安装、配置和应用测试。

1.2.1　下载 MySQL

针对不同的操作系统，MySQL 提供了多个版本的安装文件，初学者可以到 MySQL 官网下载社区版。下面以下载 MySQL 8.0.29 为例进行讲解，下载步骤如下。

（1）进入 MySQL 官网，选择【DOWNLOADS】选项，如图 1-3 所示。

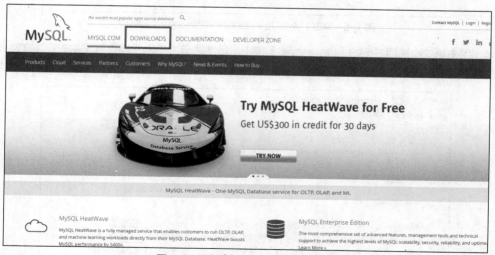

图 1-3　选择【DOWNLOADS】选项

（2）下滑页面，单击【MySQL Community(GPL) Downloads】超链接，如图 1-4 所示。

（3）单击【MySQL Installer for Windows】超链接，如图 1-5 所示。

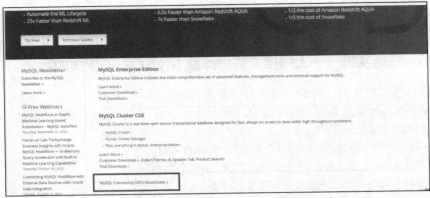

图 1-4　单击【MySQL Community(GPL) Downloads】超链接

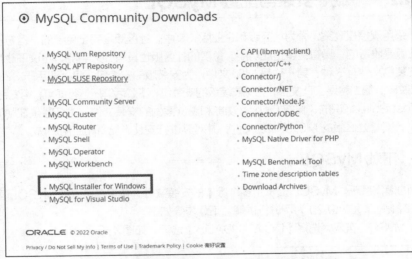

图 1-5　单击【MySQL Installer for Windows】超链接

（4）单击第二个选项右侧的【Download】按钮（虽然显示为 32 位操作系统中的安装文件，但其同时包含了 64 位操作系统中的安装文件），如图 1-6 所示。

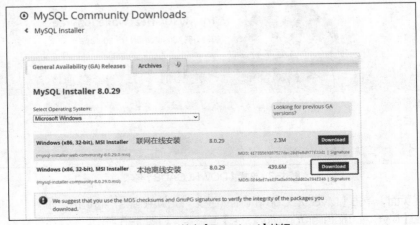

图 1-6　单击【Download】按钮

（5）单击【No thanks, just start my download.】超链接即可开始下载文件，如图 1-7 所示。

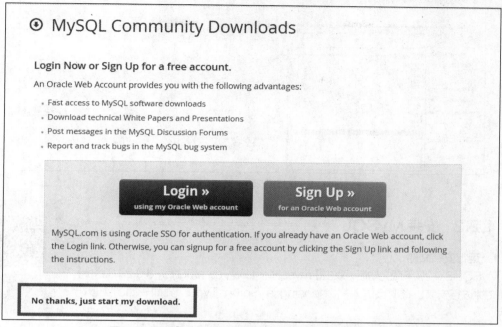

图 1-7　单击【No thanks, just start my download.】超链接

也可以选择不同的 MySQL 版本进行安装。

（1）在图 1-6 所示的界面中，选择【Archives】选项卡，如图 1-8 所示。

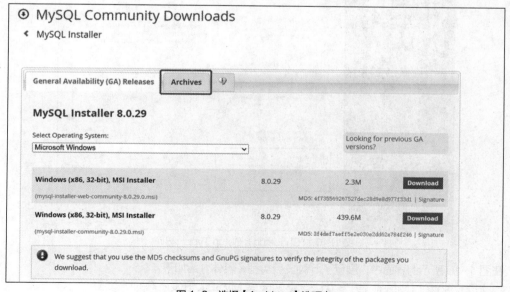

图 1-8　选择【Archives】选项卡

（2）在"Product Version"下拉列表中选择要安装的 MySQL 的版本（比如 8.0.15 版本），单击【Download】按钮即可，如图 1-9 所示。

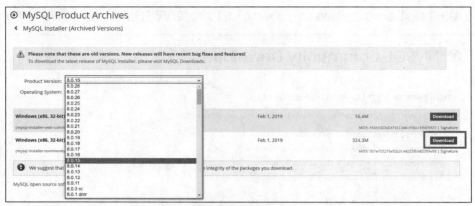

图 1-9 选择要安装的 MySQL 的版本

1.2.2 安装 MySQL

V1-2 安装与配置
MySQL

1. 运行安装文件

MySQL 8.0.29 下载完毕后，双击【mysql-installer-community-8.0.29.0.msi】安装文件进行安装。此时会进入"Choosing a Setup Type"界面，如图 1-10所示。

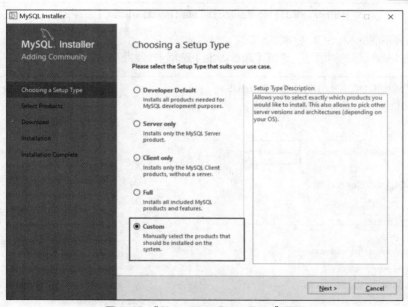

图 1-10 "Choosing a Setup Type"界面

在图 1-10 所示的界面中，展示了 5 种安装类型，具体介绍如下。

（1）Developer Default（开发默认安装）：安装 MySQL 开发所需的所有程序。

（2）Server only（服务器安装）：只安装 MySQL 服务器程序。

（3）Client only（客户端安装）：只安装 MySQL 命令行客户端和命令行使用程序。

（4）Full（完全安装）：安装软件包内的所有组件。

（5）Custom（定制安装）：可指定想要安装的软件和安装路径。

2. 选择要安装的功能模块

（1）选中"Custom"单选按钮，单击图 1-10 所示界面中的【Next】按钮，进入"Select Products"界面，如图 1-11 所示。

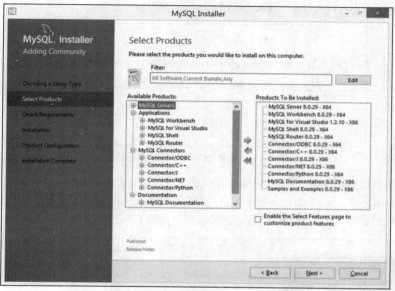

图 1-11 "Select Products"界面

在"Select Products"界面中有 4 类模块可以选择，分别是 MySQL Servers、Applications、MySQL Connectors 和 Documentation。分别展开模块分类，选择需要的模块，单击界面中间的向右箭头，将其添加到安装列表中。

（2）单击【Next】按钮，进入"Check Requirements"界面，对要安装的模块进行再次确认，如图 1-12 所示。

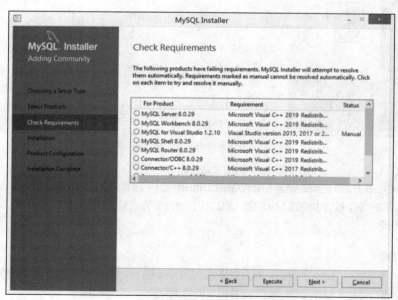

图 1-12 "Check Requirements"界面

3. 检查安装条件是否满足

（1）单击图 1-12 中的【Next】按钮后，如果弹出图 1-13 所示的 "One or more product requirements have not been satisfied"提示信息，则说明所选的功能模块中有部分模块不满足基本安装条件，如 MySQL for Visual Studio 模块需要安装 Microsoft Visual Studio 应用后才能正常使用。

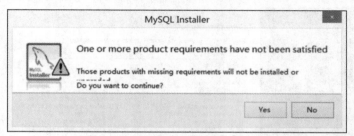

图 1-13　安装条件不满足时的提示信息

（2）选中需要检查的模块，单击【Check】按钮，可以实时检查安装条件，如果弹出图 1-14 所示的 "The requirement is still failing."提示信息，则说明安装条件还没有满足。此时，可以单击【Back】按钮回到 "Select Products"界面，将不满足安装条件的模块从安装列表中移除。

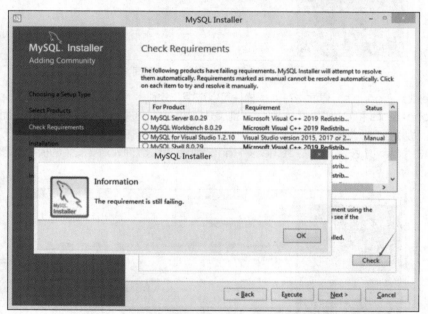

图 1-14　安装条件仍不满足时的提示信息

> **提 示** MySQL 8.0.29 的安装需要 Microsoft Visual C++ 2019 的运行环境。如果在 Windows 10 以下的操作系统中安装 MySQL 8.0.29，则需要先安装 Microsoft Visual C++ 2019 的运行库。

4. 安装完成

单击图 1-14 中的【Next】按钮，即可按安装列表安装程序，此时可以看到安装进度，等待一段时间后程序会提示安装完成。MySQL 程序安装完成的界面如图 1-15 所示。

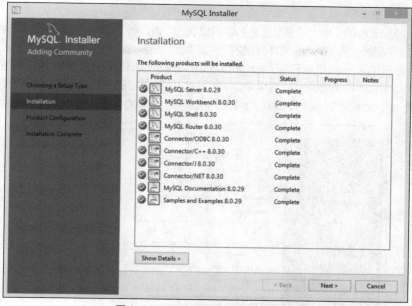

图 1-15 MySQL 程序安装完成的界面

1.2.3 配置 MySQL

安装完 MySQL 程序后要进行 MySQL 的配置，主要包括服务、路由、实例的配置和环境变量的配置。

1. 服务、路由、实例的配置

单击图 1-15 中的【Next】按钮，进入"Product Configuration"界面，如图 1-16 所示，进行 MySQL 的配置步骤，完成服务、路由、实例 3 个模块的配置。

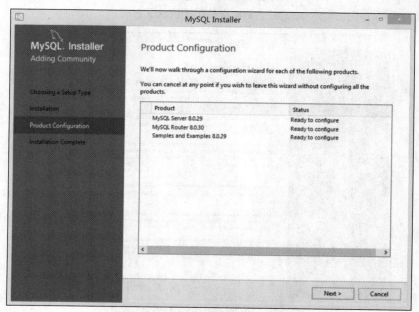

图 1-16 "Product Configuration"界面

（1）配置服务模块

① 单击图 1-16 中的【Next】按钮，进行服务模块的配置。服务模块是 MySQL 运行的基础。配置服务模块其实就是配置类型和网络，具体配置内容有服务运行的机器类型、网络连接的协议、端口、通道名称、高级配置选项等。因为这里开发工具和数据库运行在同一台计算机上，所以将服务运行的机器类型设置为【Development Computer】，启用 TCP/IP，端口号默认为 3306，为了更好地了解安装细节，勾选【Show Advanced and Logging Options】复选框，"Type and Networking"界面如图 1-17 所示。

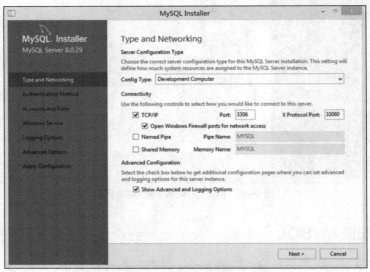

图 1-17 "Type and Networking"界面

② 单击图 1-17 中的【Next】按钮，进入"Authentication Method"界面，如图 1-18 所示，进行认证方式配置。MySQL 8.0.29 提供了两种认证方式：一种是 MySQL 8.x 新特征中的强密码加密的新认证方式，采用 256 位 SHA 加密算法进行加密，安全性更高；另一种是兼容 MySQL 5.x 的传统认证方式。如果应用程序不支持新认证方式，则可以使用传统认证方式。

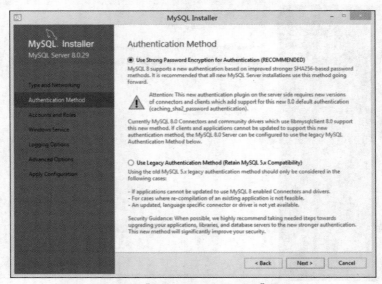

图 1-18 "Authentication Method"界面

③ 单击图 1-18 中的【Next】按钮，进入"Accounts and Roles"界面，如图 1-19 所示，进行账号和角色设置。MySQL 中的账号有两种角色：一种是超级管理员账号，另一种是普通账号。在该界面中可以设置超级管理员 root 的密码（在此设置密码为 root），还可以新增普通账号。

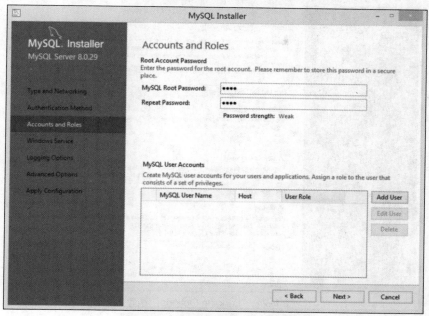

图 1-19 "Accounts and Roles"界面

④ 单击图 1-19 中的【Next】按钮，进入"Windows Service"界面。如果希望 MySQL 在计算机开机时自动启动，则需要勾选【Configure MySQL Server as a Windows Service】和【Start the MySQL Server at System Startup】两个复选框，将服务名称设置为"MySQL80"，如图 1-20 所示。

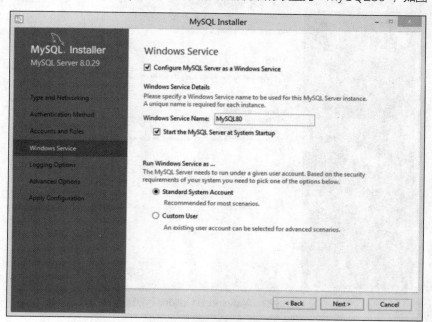

图 1-20 "Windows Service"界面

⑤ 单击图 1-20 中的【Next】按钮，进入"Logging Options"界面。在该界面中分别设置错误日志、一般日志、查询日志和应用程序日志等日志文件的保存位置及文件名，如图 1-21 所示。

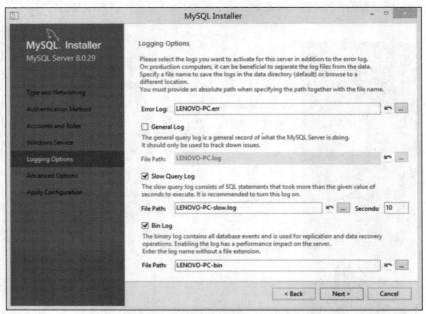

图 1-21 "Logging Options"界面

⑥ 单击图 1-21 中的【Next】按钮，进入"Advanced Options"界面。在该界面中配置有关服务 ID 和数据库表名称是否区分字母大小写，默认表名以小写字母形式存储在磁盘中，并不区分字母大小写，如图 1-22 所示。

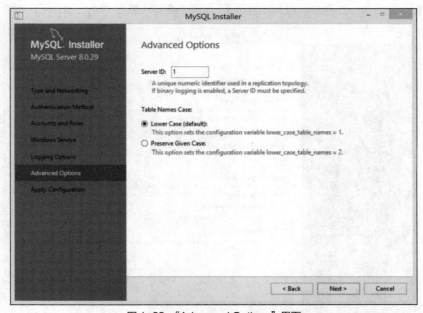

图 1-22 "Advanced Options"界面

⑦ 单击图 1-22 中的【Next】按钮，进入完成服务模块配置的界面，如图 1-23 所示。

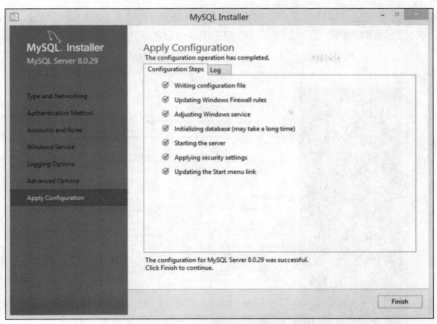

图 1-23　完成服务模块配置的界面

（2）配置路由模块

① 单击图 1-23 中的【Finish】按钮，进入"Product Configuration"界面，如图 1-24 所示。

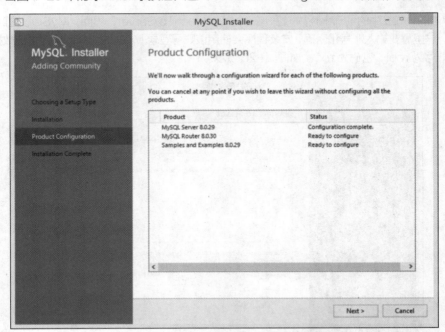

图 1-24　"Product Configuration"界面

② 单击图 1-24 中的【Next】按钮，进入"MySQL Router Configuration"界面，如图 1-25 所示。MySQL Router 是 InnoDB Cluster（MySQL Shell + Router + Master Slave Replication）的一部分，是一种轻量级中间件，在应用和后端数据库之间起到了透明的路由分发作用。建议将 MySQL

Router 与应用部署在一起，这样可以使应用通过 Socket 连接 Router，减少网络延迟，MySQL 无须为 MySQL Router 创建额外的账号。MySQL 路由模块一般与应用程序搭配使用，本书暂不对此进行讨论。

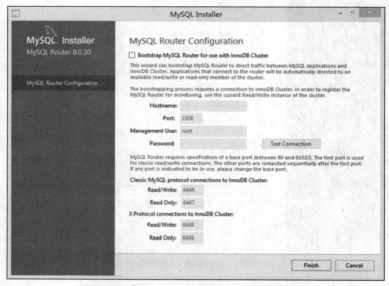

图 1-25　"MySQL Router Configuration" 界面

（3）实例配置

① 单击图 1-25 中的【Finish】按钮，进入 "Connect To Server" 界面。MySQL 提供了部分数据库实例，这里需要输入账号和密码，安装程序会使用该账号登录 MySQL，并创建提供的数据库实例，在此设置账号为 root，密码为 root，如图 1-26 所示。

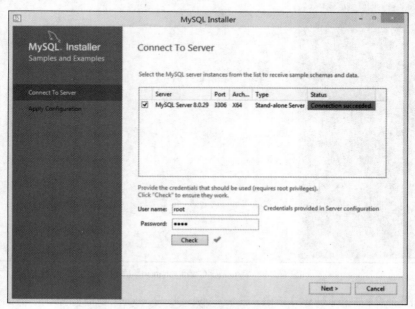

图 1-26　"Connect To Server" 界面

② 单击图 1-26 中的【Next】按钮，完成数据库实例的安装，此时，其界面如图 1-27 所示。

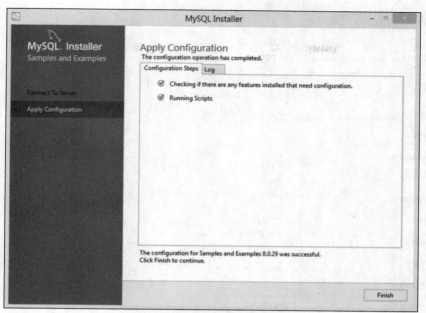

图1-27　数据库实例安装完成后的界面

③ 单击图1-27中的【Finish】按钮，进入MySQL安装完成界面，如图1-28所示。在该界面中可以复制安装日志，还可以选择是否结束安装后打开MySQL工作台或MySQL Shell。单击【Finish】按钮，完成MySQL实例的配置。

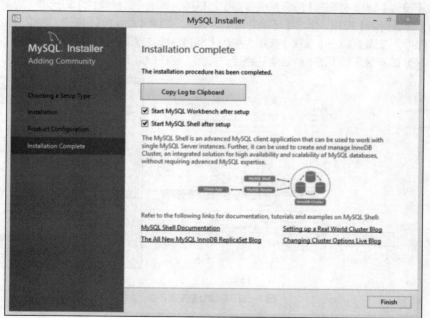

图1-28　MySQL安装完成界面

2. MySQL环境变量的配置

（1）鼠标右键单击桌面上的【此电脑】图标，在弹出的快捷菜单中选择"属性"命令，打开【设置】窗口，如图1-29所示。

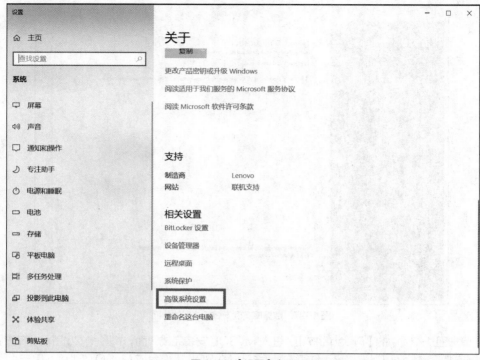

图1-29 【设置】窗口

（2）在【设置】窗口中单击【高级系统设置】超链接，弹出【系统属性】对话框，如图1-30（a）所示。单击【环境变量】按钮，弹出【环境变量】对话框，如图1-30（b）所示，在【系统变量】列表框中选中"Path"变量，单击【编辑】按钮，弹出【编辑环境变量】对话框，单击【新建】按钮，输入MySQL 8.0.29的安装路径下的bin目录的路径，如图1-30（c）所示。

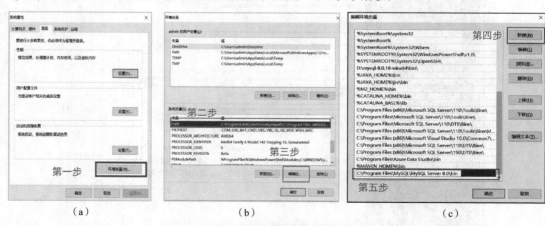

（a）　　　　　　　　　　（b）　　　　　　　　　　（c）

图1-30 环境变量配置步骤

（3）连续单击【确定】按钮，关闭这3个对话框，返回【设置】窗口后并将其关闭，即可完成环境变量的配置。

3. 验证MySQL安装是否成功

（1）按【Win+R】组合键，弹出【运行】对话框，输入"cmd"并单击【确定】按钮，如图1-31所示。

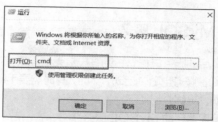

图 1-31 【运行】对话框

（2）在打开的命令提示符窗口中输入命令"mysql --version"（注意"mysql"后面有空格），并按【Enter】键，验证 MySQL 安装与配置是否成功，如图 1-32 所示，显示"mysql Ver 8.0.29 for Win64"信息时，表示 MySQL 安装与配置成功。

图 1-32 验证 MySQL 安装与配置是否成功

1.2.4 MySQL 的安装目录结构

MySQL 安装成功后，会在磁盘中生成一个目录，该目录被称为 MySQL 的安装目录。MySQL 的安装目录中包含启动文件、配置文件、数据文件和命令文件等，如图 1-33 所示。

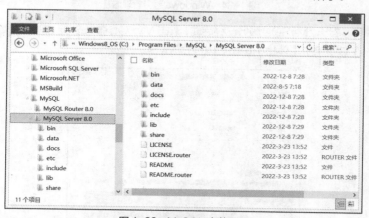

图 1-33 MySQL 安装目录

为了让初学者更好地学习 MySQL，下面对 MySQL 的部分安装目录结构进行介绍。

（1）bin 目录：用于放置一些可执行文件，如 mysql.exe、mysqlshow.exe 等。

（2）data 目录：用于放置一些日志文件及数据库文件。

（3）docs 目录：用于放置一些文档。

（4）include 目录：用于放置一些头文件，如 mysql.h、mysqlx_ername.h。

（5）lib 目录：用于放置一系列的库文件。

（6）share 目录：用于放置字符集等信息。

1.2.5 启动与停止 MySQL 服务

MySQL 安装完成后，需要启动服务进程，否则客户端无法连接数据库。在前面的配置中，已经设置了当 Windows 启动时 MySQL 服务也随之启动，然而，有时需要手动控制 MySQL 服务的启动与停止，这可以通过两种方式来实现，具体介绍如下。

1. 通过 Windows 服务管理器启动 MySQL 服务

通过 Windows 的服务管理器可以查看 MySQL 服务是否已经启动。按【Win+R】组合键，弹出【运行】对话框，输入"services.msc"并单击【确定】按钮，打开 Windows 服务管理器，如图 1-34 所示。

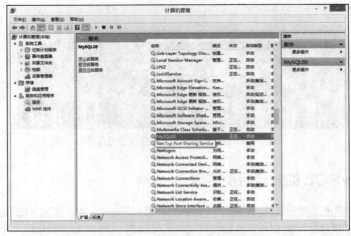

图 1-34　Windows 服务管理器

从图 1-34 中可以看出，MySQL 服务已经启动，双击 MySQL 服务选项，弹出 MySQL 属性对话框，如图 1-35 所示，在其中单击【停止】按钮可以停止 MySQL 服务。

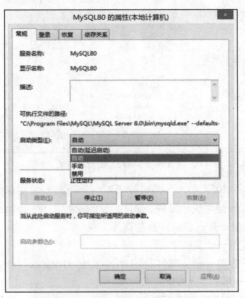

图 1-35　MySQL 属性对话框

图 1-35 所示的 MySQL 属性对话框中有一个【启动类型】下拉列表，其中有 4 个选项可供选择，具体介绍如下。

（1）自动（延迟启动）：服务在操作系统启动后一段时间内启动，以避免多个启动项同时启动，为操作系统带来极大负担，造成宕机。用户可通过对启动项进行设置，延长不同启动项的时间，使系统运行保持顺畅，这样既不影响开机速度，又不影响正常的服务和程序的使用。

（2）自动：通常与系统有紧密关联的服务才设置为自动，它会随操作系统一起启动。

（3）手动：服务不会随操作系统一起启动，需要手动启动。

（4）禁用：服务将不再启动，即使在需要时也不会被启动，除非修改【启动类型】为【自动】或【手动】。

针对上述 4 种启动类型，可以根据实际需求进行选择，在此建议选择【自动】或者【手动】类型。

2. 通过 DOS 命令启动 MySQL 服务

MySQL 服务不仅可以通过 Windows 服务管理器启动，还可以通过 DOS 命令来启动。

【实例 1-1】通过 DOS 命令启动 MySQL 服务的具体命令如下。

```
net start mysql80
```

执行结果如图 1-36 所示。

```
net start mysql80
MySQL80 服务正在启动
MySQL80 服务已经启动成功。
```

图 1-36　启动 MySQL 服务

【实例 1-2】使用 DOS 命令不仅可以启动 MySQL 服务，还可以停止 MySQL 服务，具体命令如下。

```
net stop mysql80
```

执行结果如图 1-37 所示。

```
net stop mysql80
MySQL80 服务正在停止。
MySQL80 服务已成功停止。
```

图 1-37　停止 MySQL 服务

1.2.6　登录与退出 MySQL

1. 登录 MySQL

MySQL 服务启动成功后，便可以通过客户端登录 MySQL。在 Windows 操作系统中登录 MySQL 的方式有两种，具体介绍如下。

（1）使用相关命令登录

【实例 1-3】登录 MySQL 可以通过 DOS 命令完成，具体命令如下。

```
C:\Program Files\MySQL\MySQL Server 8.0\bin>mysql -h localhost -u root -p
```

在上述命令中，mysql 为登录命令；-h 后面的参数是服务器的主机地址，客户端和服务器在同一台计算机上，因此输入 "localhost" 或者 IP 地址 "127.0.0.1" 即可，本地登录可以省略该参数；-u 后面的参数是登录的用户名，这里为 root。

此时，按【Enter】键后，系统会提示输入密码，输入配置好的密码 "root" 即可。验证成功后即可登录 MySQL，成功登录 MySQL 后的窗口如图 1-38 所示。

图 1-38　成功登录 MySQL 后的窗口

（2）使用 MySQL Shell 登录

使用 DOS 命令登录 MySQL 比较麻烦，且命令中的参数容易被忘记，因此可以使用 MySQL Shell 来登录 MySQL，但使用这种方式需要知道 MySQL 的登录密码。打开【MySQL Shell】窗口，如图 1-39 所示，使用 MySQL JS 进行登录。

图 1-39　【MySQL Shell】窗口

例如，在【MySQL Shell】窗口中，使用\connect --mc root@127.0.0.1:3306 命令进行登录，输入密码后会提示是否记住密码，这里输入"Y"，下次连接时就不需要再次输入密码了，按【Enter】键后，可以看到本地 MySQL 服务已连接成功。

2. 退出 MySQL

若不需要连接以使用数据库，则最好退出服务器，这样不仅能保证数据的安全，还能降低服务器的连接压力。MySQL 的退出命令有 3 种：exit、quit 和\q。

【实例 1-4】要退出当前 MySQL，可执行如下命令。

```
mysql>exit（或 mysql>quit 或 mysql>\q）
```

执行结果如图 1-40 所示。

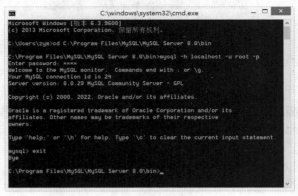

图 1-40　退出 MySQL

1.2.7　MySQL 的图形窗口管理工具

MySQL 日常的开发和维护通常在命令窗口中进行。但对于初学者来说，命令窗口中的操作有些难度，增加了学习成本。目前许多公司开发了直观、方便的 MySQL 图形窗口管理工具。下面介绍几款常用的 MySQL 图形窗口管理工具。

1. Navicat

Navicat 是一套支持创建多个连接的数据库管理工具，用于方便地管理 MySQL、Oracle、PostgreSQL、SQLite、SQL Server、MariaDB 和 MongoDB 等不同类型的数据库，它与阿里云、腾讯云、华为云、亚马逊关系型数据库系统、亚马逊分析数据库系统、亚马逊数据仓库、微软云和甲骨文云等云数据库兼容。使用它可以创建、管理和维护数据库。Navicat 的功能几乎可以满足专业开发人员的所有需求，对数据库服务器初学者来说简单、易操作。Navicat 的图形用户界面（Graphical User Interface，GUI）设计良好，通过它可以安全且简单地创建、组织、访问和共享信息。

Navicat 适用于 3 种操作系统：Windows、macOS 和 Linux。它可以让用户连接到本机或远程服务器，并提供一些实用的数据库工具（如数据模型、数据传输、数据同步、结构同步、导入、导出、备份、还原和报表创建工具）以协助管理数据。

2. SQLyog

SQLyog 是 Webyog 公司出品的一款简洁高效、功能强大的 MySQL 图形窗口管理工具。使用 SQLyog 可以快速、直观地通过网络来远程维护 MySQL 数据库。SQLyog 相比于其他类似的 MySQL 图形窗口管理工具有如下特点。

（1）基于 C++ 和 MySQL API 编程。

（2）拥有方便快捷的数据库同步与数据库结构同步工具。

（3）具有易用的数据库、数据表备份与还原功能。

（4）支持导入与导出 XML、HTML、CSV 等多种格式的数据文件。

（5）可直接运行批量 SQL 脚本文件，且运行速度极快。

（6）其 V10 版本中后增加了强大的数据迁移功能。

3. phpMyAdmin

phpMyAdmin 是一款以 PHP 为基础，以 Web-Base 方式架构在网站主机上的 MySQL 图形窗口管理工具，通过它可使用 Web 接口管理 MySQL 数据库。可以通过 Web 接口实现以简易方式输入烦杂 SQL 语法，在处理大量资料的导入、导出时操作也很方便。phpMyAdmin 和其他 PHP 程序一样在网页服务器中执行，但可以在任何地方使用这些程序产生的 HTML 页面，也就是于远端管理 MySQL 数据库，因此可方便地创建、修改、删除数据库及数据表。

4. MySQL Workbench

MySQL Workbench 是一款专为 MySQL 设计的 ER/数据库建模工具。它是数据库设计工具 DBDesigner4 的继任者。可以使用 MySQL Workbench 设计和创建新的数据库图示，创建数据库文档，以及进行复杂的 MySQL 数据库迁移。MySQL Workbench 是下一代可视化的数据库设计和管理工具，有开源和商业化两个版本，支持 Windows、macOS、Linux 等操作系统。

MySQL Workbench 为数据库管理员、程序开发者和系统规划师提供可视化设计、模型创建和数据库管理功能。它包含用于复杂数据建模的 ER 模型以及正向和逆向数据库工程，可以用于执行通常需要花费大量时间和难以变更、管理的文档任务。

1.2.8 任务实施——完成 MySQL 免安装版的下载与配置

（1）下载 8.0.29 版本的 MySQL 免安装版的安装包。

进入 MySQL 官网，下载 8.0.29 版本的 MySQL 免安装版的安装包，即 ZIP 文件，下载后将其解压到 C:\Program Files\mysql\mysql8 中（如果没有 mysql8 目录，则应先创建该目录）。

（2）在配置文件 my.ini 中配置相关参数。

若 mysql8 目录中没有文件 my.ini，则创建该文件。创建方法：在 mysql8 目录中鼠标右键单击并

选择【新建】|【文本文档】命令，以 my.ini 为文件名保存文件。

使用记事本应用程序打开 my.ini 文件，在其中录入并保存如下基本内容。

```
[mysql]
#设置端口
port=3306
#设置 MySQL 的安装目录
basedir=c:\Program Files\mysql\mysql8
#设置 MySQL 的数据目录
datadir=c:\Program Files\mysql8\data
#设置允许的最大连接数
max_connects=200
#设置允许的最大连接失败次数
max_connect_errors=10
#设置 MySQL 服务器的默认字符集
character-set-server=utf8
#设置 MySQL 服务器的默认存储引擎
default-storage-engine=INNODB
#设置 SQL 模式
sql_mode=NO_ENGINE_SUBSTITUTION, STRICT_TRANS_TABLES
```

（3）初始化 MySQI 数据库。

在命令提示符窗口中执行"cd c:\Program Files\mysql8\bin"命令，进入 bin 目录。执行"mysqld --initialize –console"命令初始化 MySQL 数据库。初始化时会自动创建 data 文件夹，因此不再需要手动创建该文件夹，命令执行完成后会产生一个 root 用户的随机密码，记录这个密码，后面会用到。初始密码为初始化结果的第二行中 root@localhost 后面的字符。

（4）安装 MySQL 服务。

输入并执行"mysqld –install"命令，安装 MySQL 服务。

（5）配置 MySQL 环境变量。

按照 1.2.3 小节中的"2. MySQL 环境变量的配置"的内容进行配置。

（6）启动 MySQL 服务。

输入并执行"net start mysql"命令，启动 MySQL 服务。

（7）登录 MySQL。

输入并执行"mysql –uroot –p"命令，输入步骤（4）中记录下来的密码并按【Enter】键，登录 MySQL，进入 MySQL 环境。

（8）修改登录密码。

初始化 MySQL 数据库时产生的随机密码太复杂，不便于登录 MySQL，可以将其修改成一个便于记忆的密码。例如，将密码改为 1234，输入并执行"alter user 'root'@'localhost' identified by '1234'"命令即可完成修改。

（9）退出 MySQL，并停止 MySQL 服务。

输入并执行"exit"命令，退出 MySQL，输入并执行"net stop mysql"命令，停止 MySQL 服务。

【项目小结】

本项目主要讲解了数据库的发展历程、数据库的相关概念，MySQL 的下载、安装与配置，启动与停止 MySQL 服务，以及登录与退出 MySQL。通过对本项目的学习，可以掌握 MySQL 数据库的基础知识，并学会下载、安装与配置 MySQL，为后续项目的学习奠定扎实的基础。

【知识巩固】

一、单项选择题

1. DBMS 指的是（　　）。
   A. 数据库系统
   B. 数据库信息系统
   C. 数据库管理系统
   D. 数据库开发系统

2. SQL 的中文全称是（　　）。
   A. 结构化查询语言
   B. 标准的查询语言
   C. 可扩展查询语言
   D. 分层化查询语言

3. 下列数据库中，只能在 Windows 平台上运行的是（　　）。
   A. Oracle
   B. SQL Server
   C. MongoDB
   D. MySQL

4. MySQL 是以（　　）模式实现的。
   A. 客户端/服务器
   B. 浏览器/服务器
   C. 分布式
   D. 并行云服务器

5. 下列选项中，（　　）是配置 MySQL 服务器默认使用的用户。
   A. admin
   B. scott
   C. root
   D. test

6. 下列选项中，（　　）是 MySQL 用于放置可执行文件的目录。
   A. bin 目录
   B. data 目录
   C. include 目录
   D. lib 目录

7. 下列选项中，（　　）是 MySQL 用于放置一些头文件的目录。
   A. bin 目录
   B. data 目录
   C. include 目录
   D. lib 目录

8. 下列选项中，（　　）是 MySQL 用于放置一系列库文件的目录。
   A. bin 目录
   B. data 目录
   C. include 目录
   D. lib 目录

9. 下列选项中，（　　）是 MySQL 加载后一定会使用的配置文件。
   A. my.ini
   B. my-huge.ini
   C. my-large.ini
   D. my-small.ini

10. 下列选项中，（　　）是 MySQL 用于放置日志文件及数据库文件的目录。
    A. bin 目录
    B. data 目录
    C. include 目录
    D. lib 目录

11. 下列 DOS 命令中，不能用于登录本地 MySQL 服务器的是（　　）。
    A. mysql -h 127.0.0.1 -uroot -p
    B. mysql -h localhost -uroot -p
    C. mysql -h -uroot -p
    D. mysql -u root -p

12. 以下能用于启动 MySQL 服务的命令是（　　）。
    A. start net mysql
    B. service start mysql
    C. net start mysql
    D. service mysql start

13. 以下能用于登录 MySQL 服务器的命令是（　　）。
    A. mysql -l localhost -u root -p
    B. mysql -u root -p itcast (本机地址可以省略)
    C. net start mysql
    D. mysql -p itcast -u root

14. 以下能用于停止 MySQL 服务的命令是（　　）。
    A. stop net mysql
    B. service stop mysql
    C. net stop mysql
    D. service mysql stop

15. 下列关于启动 MySQL 服务的描述中错误的是（　　　）。

　　A．在 Windows 操作系统中用于启动 MySQL 服务的命令是"net start mysql"

　　B．MySQL 服务不仅可以通过 DOS 命令启动，还可以通过 Windows 服务管理器启动

　　C．在使用 MySQL 前需要先启动 MySQL 服务，否则客户端无法连接数据库

　　D．MySQL 服务只能通过 Windows 服务管理器启动

二、判断题

1. 数据只包括普通意义上的数字和文字。（　　）

2. 数据库的表中的横向被称为行，纵向被称为列，每一行的内容被称为一条记录，每一列的列名被称为字段。（　　）

3. SQL 是一种数据库查询语言和程序设计语言。（　　）

4. MySQL 是一种介于关系数据库和非关系数据库之间的产品。（　　）

5. 在安装 MySQL 时，要先安装服务器端，再进行服务器的相关配置工作。（　　）

6. 在卸载 MySQL 时，默认会自动删除相关的安装信息。（　　）

7. 在 MySQL 安装目录中，bin 目录用于放置一些可执行文件。（　　）

8. MySQL 服务不仅可以通过 Windows 服务管理器启动，还可以通过 DOS 命令启动。（　　）

9. 在 MySQL 中，用于退出 MySQL 的命令有 quit、exit 和\q。（　　）

【实践训练】

1. 在 MySQL 官网上下载最新版软件，并在自己的计算机上对其进行安装、配置，安装完成后启动与停止 MySQL 服务，登录与退出 MySQL。

2. 下载并安装 Navicat，熟悉 Navicat 的操作界面及使用方法。

3. 了解 MySQL 配置文件（my.ini）的常用参数。

项目二
创建和管理数据库

02

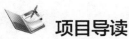 **项目导读**

通过对项目一的学习，读者应对数据库有了一定的了解，但要想操作数据库中的数据，必须通过 MySQL 提供的数据库操作语言实现，包括用于创建数据库的 CREATE 语句、用于修改数据库的 ALTER 语句及用于删除数据库的 DROP 语句。本项目针对这些操作进行详细的讲解，重点是使用 CREATE 语句、ALTER 语句、DROP 语句对数据库进行管理，难点是使用 ALTER 语句对数据库进行修改操作。

 学习目标

知识目标
◆ 学习 CREATE 语句、ALTER 语句、DROP 语句的基本语法格式；
◆ 学习数据库的创建、修改和删除方法。

技能目标
◆ 掌握使用不同语句格式查看数据库信息的方法；
◆ 掌握使用 CREATE 语句创建数据库的方法；
◆ 掌握使用 ALTER 语句与 DROP 语句对数据库进行修改与删除的操作。

素质目标
◆ 培养学生的逻辑思维和综合分析能力，使其能够正确使用 CREATE 语句、ALTER 语句、DROP 语句等管理数据库；
◆ 培养学生具备适应职业变化的能力，以及持续学习新知识的能力。

任务 2.1 数据库的基础知识

简单来讲，数据库就是一种电子型的虚拟仓库，用于存储需要的数据并对其去纸质化，以电子化持久存储。数据库的类型分为两种：关系数据库和非关系数据库。例如，MySQL 就是一种关系数据库管理系统，关系数据库将数据保存在不同的表中，而不是将所有数据放在一个大仓库内，这样就加快了处理数据的速度和灵活性。非关系数据库即 NoSQL 数据库，通常来说，非关系数据库中的数据主要以对象的形式存储在数据库中，而对象之间的关系通过每个对象自身的属性来决定。

V2-1 数据库的
基础知识

2.1.1　MySQL 系统数据库

初始化后的 MySQL 中包含几个系统数据库，分别为 information_schema、mysql、performance_schema 和 sys 数据库，可通过以下语句查看。

```
mysql>SHOW DATABASES;
```

执行结果如图 2-1 所示。

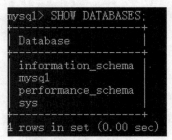

图 2-1　查看系统数据库

每个系统数据库中存储的数据不一样，但都是 MySQL 数据库的配置数据及关键数据。

在详细介绍系统数据库之前，先了解基础的数据库命令及信息，以便查看数据库。

1. 选择数据库

要查看某一个数据库，先要选择该数据库，将当前路径切换至该数据库所在路径，其语法格式如下。

```
mysql>USE 数据库名;
```

通过上述语法格式可以得知，USE 后面接某个数据库的名称即可选择该数据库。

【实例 2-1】选择 information_schema 数据库，具体语句如下。

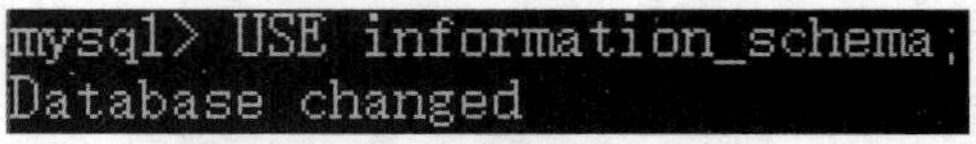

```
mysql>USE information_schema;
```

执行结果如图 2-2 所示。

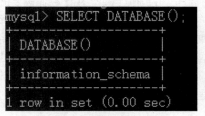

图 2-2　选择数据库

从执行结果可以看出，当执行上述语句后，会提示"Database changed"，这代表数据库选择成功。

2. 查看当前数据库

要想知道当前处于哪一个数据库，可以通过 SELECT 语句实现，具体语句如下。

```
mysql>SELECT DATABASE();
```

其中，SELECT 代表查询，DATABASE()代表数据库。执行上述语句即可查看当前数据库，执行结果如图 2-3 所示。

图 2-3　查看当前数据库

从执行结果可以看出，当前数据库为 information_schema。

3. 查看数据库系统服务版本

要想知道 MySQL 数据库服务版本，可以通过 SELECT 语句进行查询，具体语句如下。

```
mysql>SELECT @@VERSION;
```

其中，SELECT 代表查询，@@VERSION 代表当前数据库系统服务版本。执行上述语句即可查看当前数据库系统服务版本，执行结果如图 2-4 所示。

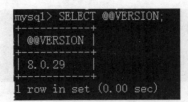

图 2-4　查看当前数据库系统服务版本

从执行结果可以看出，当前数据库系统服务版本为 8.0.29。

4. 查看当前用户

要想知道当前登录的用户，可以通过 SELECT 语句进行查询，具体语句如下。

```
mysql>SELECT USER();
```

其中，SELECT 代表查询，USER()代表当前数据库登录用户。执行上述语句即可查看当前登录的用户名，执行结果如图 2-5 所示。

```
mysql> SELECT USER();
+----------------+
| USER()         |
+----------------+
| root@localhost |
+----------------+
1 row in set (0.00 sec)
```

图 2-5　查看当前登录的用户名

从执行结果可以看出，当前登录用户为 root，其后面的 localhost 代表当前用户只能从本地连接数据库。

5. 查看数据库定义脚本

要想了解某个数据库的定义脚本，可以通过以下语法格式进行查看。

```
mysql>SHOW CREATE DATABASE 数据库名;
```

其中，"数据库名"即为要查看定义脚本的数据库的名称。

【实例 2-2】查看 information_schema 数据库的定义信息，具体语句如下。

```
mysql>SHOW CREATE DATABASE information_schema;
```

执行结果如图 2-6 所示。

```
mysql> SHOW CREATE DATABASE information_schema;
+--------------------+------------------------------------------------------------------------------------------------------+
| Database           | Create Database                                                                                      |
+--------------------+------------------------------------------------------------------------------------------------------+
| information_schema | CREATE DATABASE `information_schema` /*!40100 DEFAULT CHARACTER SET utf8mb3 */ /*!80016 DEFAULT ENCRYPTION='N' */ |
+--------------------+------------------------------------------------------------------------------------------------------+
1 row in set (0.00 sec)
```

图 2-6　查看数据库定义脚本

29

从执行结果可以看出，查询的数据库为 information_schema，其创建语句为"Create Database"列中的语句。

6. 查看警告信息

在语句的执行过程中，可能会出现警告信息，这些信息很容易被忽略，可以通过下述语句进行查看。

```
mysql>SHOW WARNINGS;
```

执行结果如图 2-7 所示。

图 2-7　查看警告信息

从执行结果可以看出，有一条 Level 为 Warning 的警告信息，代号为 1366，具体信息为"Message"列中的描述。常见的警告信息代号及描述如下。

1265：字段长度不够，导入的是被系统自动裁剪后的数据。

1366：数据的字符集不正确。

1262：导入的数据有一列多余。

7. MySQL 注释符

MySQL 注释符用于对一行或多行语句进行注释。MySQL 注释符有以下 3 种。

（1）#注释内容：单行注释，表示从#开始，后面的内容都为注释内容，使用示例如图 2-8 所示。

图 2-8　#注释符使用示例

（2）-- 注释内容：单行注释，需特别注意的是，--后面有一个空格，使用示例如图 2-9 所示。

图 2-9　--注释符使用示例

（3）/*注释内容*/：多行注释，注释内容从/*开始，到*/结束，使用示例如图 2-10 所示。

图 2-10　/*…*/注释符使用示例

了解完上述基础命令与信息后，下面将详细介绍系统数据库。

8. information_schema 数据库详细介绍

information_schema 数据库是 MySQL 的系统数据库之一，提供了访问数据库元数据的方式。那么，元数据是什么呢？元数据是指存储数据的数据，如数据库的名称、数据表的名称、每一列的数据类型、用户访问权限等。在 MySQL 中，information_schema 数据库准确来说是信息数据库，该数据库保存了 MySQL 服务器维护的其他所有数据库的信息。

通过下列 SQL 语句可以查询 information_schema 数据库中包含哪些表。

```
mysql>USE information_schema;
mysql>SHOW TABLES;
```

其中，"USE 数据库名;" 用于将当前数据库切换为指定数据库，SHOW TABLES 用于查看当前数据库的所有表。

information_schema 数据库中包含多个表，每个表存储的信息不同，下面将主要介绍其中的 16 个表存储的信息。

schemata 表：存储当前 MySQL 实例中所有数据库的信息。

tables 表：存储关于数据库中的表的信息（包括视图）。

columns 表：存储表中的列信息。

statistics 表：存储关于表索引的信息。

user_privileges（用户权限）表：存储关于全程权限的信息。

schema_privileges（方案权限）表：存储关于方案（数据库）权限的信息。

table_privileges（表权限）表：存储关于表权限的信息。

column_privileges（列权限）表：存储关于列权限的信息。

character_sets（字符集）表：存储 MySQL 实例可用字符集的信息。

collations 表：存储关于各字符集的对照信息。

collation_character_set_applicability 表：存储可用于校对的字符集。

table_constraints 表：存储存在约束的表。

key_column_usage 表：存储具有约束的键列。

routines 表：存储关于存储子程序（存储过程和存储函数）的信息。

views 表：存储关于数据库中的视图的信息。

triggers 表：存储关于触发程序的信息。

9. mysql 数据库详细介绍

mysql 是 MySQL 的核心数据库，类似于 SQL Server 中的 master 表，主要存储数据库的用户、权限设置和关键字等 MySQL 需要使用的控制及管理信息。该数据库不可以删除，如果对 MySQL 不够了解，则不要轻易修改其中的表信息。

10. performance_schema 数据库详细介绍

从 MySQL 8.0 开始支持原子 DDL 语句。此功能被称为原子 DDL。原子 DDL 语句用于将与 DDL 操作关联的数据字典更新、存储引擎操作和二进制日志写入单个原子事务中。即使 MySQL 服务在操作期间暂停，也会提交事务，并将相应的更改保留到数据字典、存储引擎和二进制日志中或者回滚事务。

在 MySQL 8.0 中引入 MySQL 数据字典，可以实现原子 DDL。在早期版本的 MySQL 中，元数据存储在元数据文件、非事务性表和存储引擎特定的字典中，这就导致 DDL 语句在执行过程中需要提交。MySQL 数据字典提供的集中式事务元数据存储解决了上述问题，使得将 DDL 语句操作重组为原子事务成为可能。

performance_schema 数据库中重要的表如下。

setup table：设置表，用于配置监控选项。

current events table：用于记录当前线程正在发生的事情。

history table：发生的各种事件的历史记录表。

summary table：各种事件的统计表。

11．sys 数据库详细介绍

sys 数据库通过视图的形式把 information_schema 和 performance_schema 结合起来，能查询出更容易理解的数据存储过程，可以执行一些性能方面的配置，也可以得到一些性能诊断报告内容。

因为 sys 数据库结合了 information_schema 和 performance_schema 数据库，所以需要启用 performance_schema（将该参数设置为 ON），这样 sys 数据库的很多功能才可以使用。此外，想要访问 sys 数据库还必须拥有管理员权限。

sys 数据库中只包含一个数据表，表名为 sys_config，该表有以下几个字段。

variable：用于配置选项名称。

value：用于配置选项数值。

set_time：用于配置被修改的时间。

set_by：用于配置信息修改者，如果信息在 MySQL 安装后没有被修改过，那么这个字段的数值应该为 NULL。

sys 数据库中还包含视图，下面将简略介绍其中两个视图。

（1）主机概要视图 host_summary 的介绍如下。

host：用于监听连接的主机。

statements：当前执行的语句数量。

statement_latency：语句等待时间。

statement_avg_latency：执行语句的平均延迟时间。

table_scans：表的扫描次数。

file_ios：I/O 时间总数。

file_io_latency：文件 I/O 延迟时间。

current_connections：当前连接数。

total_connections：总连接数。

unique_users：主机的唯一用户数。

current_memory：为当前账户分配的内存。

total_memory_allocated：为主机分配的内存总数。

（2）视图 host_summary_by_file_io_type 的介绍如下。

host：主机。

event_name：I/O 事件名称。

total：主机发生的事件。

total_latency：主机发生 I/O 事件的总延迟时间。

max_latency：主机 I/O 事件中最大的延迟时间。

另外，需要注意的是，sys 数据库中包含两种表，表名以字母开头的表适合用户阅读，存储的是格式化数据；而表名以 x $开头的表适合使用工具进行数据采集，存储的是原始数据。

2.1.2　查看数据库

要查看数据库中包含哪些内容，可以先使用 SHOW DATABASES 语句查看所有数据库，再使用 USE 语句将当前数据库切换至指定数据库，最后使用 SHOW TABLES 语句查看该数据库包含的表。

【实例 2-3】查看 MySQL 中的所有系统数据库，并查看指定 MySQL 数据库中包含的表，具体语句如下。

```
mysql>SHOW DATABASES;
mysql>USE mysql;
mysql>SHOW TABLES;
```

执行结果如图 2-11 所示。

从执行结果可以看出，查看数据库成功了。其中，“4 rows in set”说明当前有 4 个数据库，而“Database changed”表示当前数据库的路径已更改。当 SHOW TABLES 语句执行成功后，可以看到“Tables_in_mysql”提示，表示下面的所有表都是 mysql 数据库中的。

【实例 2-4】更改当前数据库为 information_schema，并查看 information_schema 数据库的信息，具体语句如下。

```
mysql>USE information_schema;
mysql>SHOW TABLES;
```

执行结果如图 2-12 所示。

```
mysql> SHOW DATABASES;
+--------------------+
| Database           |
+--------------------+
| information_schema |
| mysql              |
| performance_schema |
| sys                |
+--------------------+
4 rows in set (0.00 sec)

mysql> USE mysql;
Database changed
mysql> SHOW TABLES;
+------------------------------------------------------+
| Tables_in_mysql                                      |
+------------------------------------------------------+
| columns_priv                                         |
| component                                            |
| db                                                   |
| default_roles                                        |
| engine_cost                                          |
| func                                                 |
| general_log                                          |
| global_grants                                        |
| gtid_executed                                        |
| help_category                                        |
| help_keyword                                         |
```

图 2-11　查看数据库

```
mysql> USE information_schema;
Database changed
mysql> SHOW TABLES;
+---------------------------------------+
| Tables_in_information_schema          |
+---------------------------------------+
| ADMINISTRABLE_ROLE_AUTHORIZATIONS     |
| APPLICABLE_ROLES                      |
| CHARACTER_SETS                        |
| CHECK_CONSTRAINTS                     |
| COLLATION_CHARACTER_SET_APPLICABILITY |
| COLLATIONS                            |
| COLUMN_PRIVILEGES                     |
| COLUMN_STATISTICS                     |
| COLUMNS                               |
| COLUMNS_EXTENSIONS                    |
| ENABLED_ROLES                         |
| ENGINES                               |
| EVENTS                                |
| FILES                                 |
```

图 2-12　查看 information_schema 数据库的信息

从执行结果可以看出，查看数据库成功了。其中，“Database changed”表示更改数据库成功，而“Tables_in_information_schema”表示其下面的所有表都是 information_schema 数据库中的。

2.1.3　查看字符集

MySQL 中包含很多字符集。字符集是什么？字符集指某个字符范围的编码规则。MySQL 中主要有 4 个字符集级别，分别为服务器级别、数据库级别、表级别及列级别。若低级别的没有设置字符集，则会自动继承高级别的字符集设置，如果数据库没有设置字符集，则它会自动继承服务器的字符集设置。

V2-2　字符集与存储引擎

字符集有排序规则，严格意义上来说，排序规则依赖于字符集。排序规则一般指用来比较字符集中所有字符的规则。一个字符集可以与多种排序规则对应，但一种排序规则只对应一个字符集，而两个不同的字符集不能对应相同的排序规则。可以通过下述语法格式查看某一个字符集对应的排序规则。

```
mysql>SHOW COLLATION LIKE '字符集名';
```

其中，“字符集名”为要查看的字符集的名称。这里以 UTF-8 字符集举例说明，查看其排序规则的演示如图 2-13 所示。

```
mysql> SHOW COLLATION LIKE 'utf8%';

| Collation            | Charset | Id  | Default | Compiled | Sortlen | Pad_attribute |
| utf8mb4_0900_ai_ci   | utf8mb4 | 255 | Yes     | Yes      | 0       | NO PAD        |
| utf8mb4_0900_as_ci   | utf8mb4 | 305 |         | Yes      | 0       | NO PAD        |
| utf8mb4_0900_as_cs   | utf8mb4 | 278 |         | Yes      | 0       | NO PAD        |
| utf8mb4_0900_bin     | utf8mb4 | 309 |         | Yes      | 1       | NO PAD        |
| utf8mb4_bin          | utf8mb4 | 46  |         | Yes      | 1       | PAD SPACE     |
| utf8mb4_croatian_ci  | utf8mb4 | 245 |         | Yes      | 8       | PAD SPACE     |
| utf8mb4_cs_0900_ai_ci| utf8mb4 | 266 |         | Yes      | 0       | NO PAD        |
| utf8mb4_cs_0900_as_cs| utf8mb4 | 289 |         | Yes      | 0       | NO PAD        |
| utf8mb4_czech_ci     | utf8mb4 | 234 |         | Yes      | 8       | PAD SPACE     |
| utf8mb4_danish_ci    | utf8mb4 | 235 |         | Yes      | 8       | PAD SPACE     |
| utf8mb4_da_0900_ai_ci| utf8mb4 | 267 |         | Yes      | 0       | NO PAD        |
| utf8mb4_da_0900_as_cs| utf8mb4 | 290 |         | Yes      | 0       | NO PAD        |
| utf8mb4_de_pb_0900_ai_ci| utf8mb4 | 256 |      | Yes      | 0       | NO PAD        |
| utf8mb4_de_pb_0900_as_cs| utf8mb4 | 279 |      | Yes      | 0       | NO PAD        |
| utf8mb4_eo_0900_ai_ci| utf8mb4 | 273 |         | Yes      | 0       | NO PAD        |
| utf8mb4_eo_0900_as_cs| utf8mb4 | 296 |         | Yes      | 0       | NO PAD        |
| utf8mb4_esperanto_ci | utf8mb4 | 241 |         | Yes      | 8       | PAD SPACE     |
| utf8mb4_estonian_ci  | utf8mb4 | 230 |         | Yes      | 8       | PAD SPACE     |
| utf8mb4_es_0900_ai_ci| utf8mb4 | 263 |         | Yes      | 0       | NO PAD        |
| utf8mb4_es_0900_as_cs| utf8mb4 | 286 |         | Yes      | 0       | NO PAD        |
| utf8mb4_es_trad_0900_ai_ci| utf8mb4 | 270 |    | Yes      | 0       | NO PAD        |
| utf8mb4_es_trad_0900_as_cs| utf8mb4 | 293 |    | Yes      | 0       | NO PAD        |
| utf8mb4_et_0900_ai_ci| utf8mb4 | 262 |         | Yes      | 0       | NO PAD        |
| utf8mb4_et_0900_as_cs| utf8mb4 | 285 |         | Yes      | 0       | NO PAD        |
| utf8mb4_general_ci   | utf8mb4 | 45  |         | Yes      | 1       | PAD SPACE     |
| utf8mb4_german2_ci   | utf8mb4 | 244 |         | Yes      | 8       | PAD SPACE     |
```

图 2-13　查看 UTF-8 字符集的排序规则

在查询结果中，"Collation"列表示排序规则，"Charset"列为字符集名称；从中可以看出 UTF-8 字符集有许多排序规则，而"Collation"列的每一项都不一样，都对应唯一一种字符集。

排序规则的后缀名是有特殊意义的。一般来说，根据后缀名可以知道排序规则是否区分字母大小写，是否区分重音，是否为二进制等。下面为部分后缀名的说明。

_ci：不区分字母大小写。

_cs：区分字母大小写。

_ai：不区分重音。

_as：区分重音。

_bin：为二进制。

要想知道某一个数据库的排序规则，可以通过以下语法格式进行查看。

```
mysql>USE 数据库名;
mysql>SHOW VARIABLES LIKE 'collation_database';
```

从上述语法格式可知，要想知道某一个数据库的排序规则，需要先通过 USE 语句选择数据库，再通过 SHOW 语句进行查看。

【实例 2-5】查看 information_schema 数据库的排序规则，具体语句如下。

```
mysql>USE information_schema;
mysql>SHOW VARIABLES LIKE 'collation_database';
```

执行结果如图 2-14 所示。

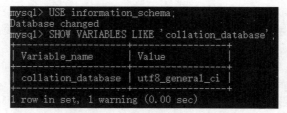

图 2-14　查看 information_schema 数据库的排序规则

从执行结果可以看出，information_schema 数据库的排序规则为 utf8_general_ci。

MySQL 中有很多字符集，下面介绍几种常用的字符集。

UTF-8 字符集：几乎收录所有字符，且仍在不断扩充，兼容 ASCII 字符集，采用长编码方式，编码一个字符需要 1～4 字节。

ASCII 字符集：共收录 128 个字符，包括空格、标点符号、数字、小写字母和不可见字符等，采用 1 字节进行编码。

ISO 8859-1 字符集：收录 256 个字符，在 ASCII 字符集的基础上进行了扩充，也使用 1 字节进行编码，字节别名为 latin1。

GB2312 字符集：兼容 ASCII 字符集，如果该字符集在 ASCII 字符集中，则采用 1 字节进行编码，否则采用 2 字节进行编码。

GBK 字符集：在 GB2312 字符集的基础上进行了扩充。

可以通过以下语句查看 MySQL 支持的字符集。

```
mysql>SHOW CHARACTER SET;
```

执行结果如图 2-15 所示。

```
mysql> SHOW CHARACTER SET;
+----------+-----------------------------------+---------------------+--------+
| Charset  | Description                       | Default collation   | Maxlen |
+----------+-----------------------------------+---------------------+--------+
| armscii8 | ARMSCII-8 Armenian                | armscii8_general_ci |      1 |
| ascii    | US ASCII                          | ascii_general_ci    |      1 |
| big5     | Big5 Traditional Chinese          | big5_chinese_ci     |      2 |
| binary   | Binary pseudo charset             | binary              |      1 |
| cp1250   | Windows Central European          | cp1250_general_ci   |      1 |
| cp1251   | Windows Cyrillic                  | cp1251_general_ci   |      1 |
| cp1256   | Windows Arabic                    | cp1256_general_ci   |      1 |
| cp1257   | Windows Baltic                    | cp1257_general_ci   |      1 |
| cp850    | DOS West European                 | cp850_general_ci    |      1 |
| cp852    | DOS Central European              | cp852_general_ci    |      1 |
| cp866    | DOS Russian                       | cp866_general_ci    |      1 |
| cp932    | SJIS for Windows Japanese         | cp932_japanese_ci   |      2 |
| dec8     | DEC West European                 | dec8_swedish_ci     |      1 |
| eucjpms  | UJIS for Windows Japanese         | eucjpms_japanese_ci |      3 |
| euckr    | EUC-KR Korean                     | euckr_korean_ci     |      2 |
| gb18030  | China National Standard GB18030   | gb18030_chinese_ci  |      4 |
| gb2312   | GB2312 Simplified Chinese         | gb2312_chinese_ci   |      2 |
| gbk      | GBK Simplified Chinese            | gbk_chinese_ci      |      2 |
| geostd8  | GEOSTD8 Georgian                  | geostd8_general_ci  |      1 |
| greek    | ISO 8859-7 Greek                  | greek_general_ci    |      1 |
| hebrew   | ISO 8859-8 Hebrew                 | hebrew_general_ci   |      1 |
| hp8      | HP West European                  | hp8_english_ci      |      1 |
| keybcs2  | DOS Kamenicky Czech-Slovak        | keybcs2_general_ci  |      1 |
| koi8r    | KOI8-R Relcom Russian             | koi8r_general_ci    |      1 |
| koi8u    | KOI8-U Ukrainian                  | koi8u_general_ci    |      1 |
| latin1   | cp1252 West European              | latin1_swedish_ci   |      1 |
```

图 2-15　查看 MySQL 支持的字符集

从执行结果可以看出，MySQL 包含很多字符集，其中，“Charset”列是字符集的名称，“Description”列是对字符集的描述，“Default collation”列为字符集的默认校对规则，“Maxlen”列为字符集中一个字符占用的最大字节数。

2.1.4　数据库存储引擎

存储引擎是什么？抽象来说，存储引擎其实就是数据库数据的一种存取机制，即如何实现对数据的存储，如何对存储的数据创建对应的索引，以及如何更新、查询数据等多类技术的实现方法。

MySQL 较常用的存储引擎有 4 个，分别是 MyISAM 存储引擎、InnoDB 存储引擎、MEMORY 存储引擎和 ARCHIVE 存储引擎，下面将详细介绍这 4 种存储引擎。

1. MyISAM 存储引擎

如果采用 MyISAM 存储引擎，则数据库文件类型包括 FRM、MYD、MYI，文件的默认存放位置是 C:\Documents and Settings\All Users\Application Data\MySQL\MySQL Server 8.*\data。

这类存储引擎不支持事务，不支持行级锁，只支持并发插入的表锁，主要用于高负载的 SELECT 操作。

该存储引擎的优点在于占用的空间小，处理 SQL 语句的速度快；缺点是不支持事务的完整性和并发性。

2. InnoDB 存储引擎

如果采用 InnoDB 存储引擎，则数据库文件类型包括 FRM、ibdata1、IBD，文件的默认存放位置有两个，FRM 文件的默认存放位置是 C:\Documents and Settings\All Users\Application Data\MySQL\MySQL Server 8.*\data，ibdata1、IBD 文件的默认存放位置是 MySQL 安装目录下的 data 目录。

InnoDB 存储引擎的 mysql 表具有事务回滚及系统崩溃修复能力，能保证多版本并发控制的事务的安全性。

InnoDB 的优点在于具有良好的事务处理、崩溃修复能力和并发控制；缺点是读写效率较低，占用的数据空间较大。

3. MEMORY 存储引擎

MEMORY 存储引擎与上述存储引擎有些不一样，该存储引擎使用存储在内存中的数据来创建表，且所有的数据都会存储在内存中。

该存储引擎默认使用哈希索引，其运行速度比使用 B+树或 B-树快。

4. ARCHIVE 存储引擎

ARCHIVE 存储引擎非常适合存储大量的、作为历史记录的数据。与 InnoDB 和 MyISAM 这两种存储引擎不同的是，ARCHIVE 存储引擎具有压缩功能，以及非常快的插入速度，但是 ARCHIVE 存储引擎不支持索引，所以其查询功能相对于其他存储引擎差一些。

可以通过以下语句查看 MySQL 支持的存储引擎。

```
mysql>SHOW ENGINES;
```

执行结果如图 2-16 所示。

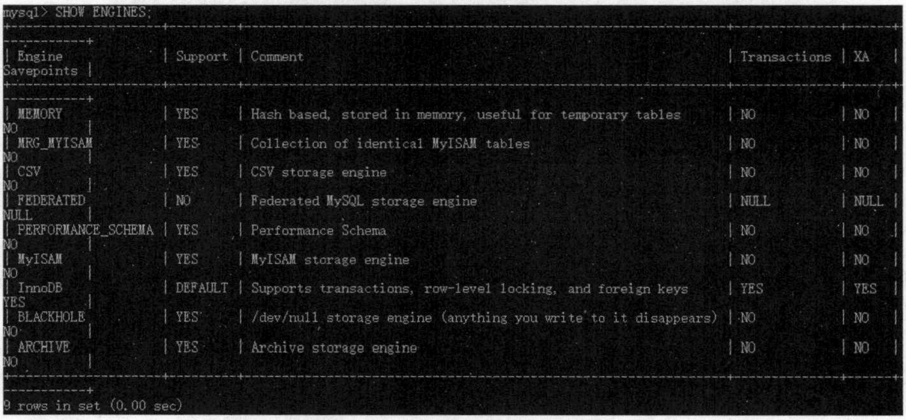

```
mysql> SHOW ENGINES;
+--------------------+---------+----------------------------------------------------------------+--------------+------+
------------+
| Engine             | Support | Comment                                                        | Transactions | XA   |
Savepoints |
+--------------------+---------+----------------------------------------------------------------+--------------+------+
------------+
| MEMORY             | YES     | Hash based, stored in memory, useful for temporary tables      | NO           | NO   |
NO         |
| MRG_MYISAM         | YES     | Collection of identical MyISAM tables                          | NO           | NO   |
NO         |
| CSV                | YES     | CSV storage engine                                             | NO           | NO   |
NO         |
| FEDERATED          | NO      | Federated MySQL storage engine                                 | NULL         | NULL |
NULL       |
| PERFORMANCE_SCHEMA | YES     | Performance Schema                                             | NO           | NO   |
NO         |
| MyISAM             | YES     | MyISAM storage engine                                          | NO           | NO   |
NO         |
| InnoDB             | DEFAULT | Supports transactions, row-level locking, and foreign keys     | YES          | YES  |
YES        |
| BLACKHOLE          | YES     | /dev/null storage engine (anything you write to it disappears) | NO           | NO   |
NO         |
| ARCHIVE            | YES     | Archive storage engine                                         | NO           | NO   |
NO         |
+--------------------+---------+----------------------------------------------------------------+--------------+------+
------------+
9 rows in set (0.00 sec)
```

图 2-16　查看 MySQL 支持的存储引擎

从执行结果可以看出，查询存储引擎成功；MySQL 支持 9 种存储引擎，其中“Engine Savepoints”列为存储引擎名称，“Support”列表示当前 MySQL 版本是否支持存储引擎（DEFAULT 为默认存储引擎），“Comment”列为存储引擎具体包含的内容，“Transactions”列表示存储引擎是否支持事务，“XA”列表示存储引擎是否支持分布式事务。

2.1.5　任务实施——完成对系统数据库的查看

按以下步骤完成对系统数据库的查看。

（1）查看 MySQL 中的所有数据库，具体语句如下。

```
mysql>SHOW DATABASES;
```

（2）分别查看不同数据库包含的数据表，具体语句如下。

```
mysql>USE information_schema;
mysql>SHOW TABLES;
mysql>USE mysql;
mysql>SHOW TABLES;
mysql>USE performance_schema;
mysql>SHOW TABLES;
mysql>USE sys;
mysql>SHOW TABLES;
```

（3）查看 MySQL 支持的字符集，具体语句如下。

```
mysql>SHOW CHARACTER SET;
```

（4）查看 MySQL 支持的存储引擎，具体语句如下。

```
mysql>SHOW ENGINES;
```

任务 2.2 创建和管理数据库

2.2.1 创建数据库

通常情况下，创建数据库应该指定数据库名。创建数据库的 CREATE 语句有 3 种，具体介绍如下。

1. 使用 CREATE 语句直接创建数据库

可以使用 CREATE 语句直接创建数据库，其语法格式如下。

```
CREATE DATABASE 数据库名;
```

其中，"数据库名"表示要创建的数据库的名称。

V2-3 创建、修改与
删除数据库

【实例 2-6】创建数据库 xsgl，具体语句如下。

```
mysql>CREATE DATABASE xsgl;
```

执行结果如图 2-17 所示。

从执行结果可以看出，CREATE 语句成功执行。其中，"Query OK"表示查询成功；"1 row affected"表示创建了一条记录。

为了验证数据库是否创建成功，使用 SHOW DATABASES 语句查看数据库，查询结果如图 2-18 所示。

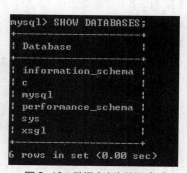

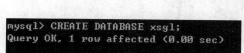

图 2-17 创建数据库 xsgl（1）

图 2-18 数据库查询结果（1）

2. 使用 CREATE 语句判断数据库是否已存在并创建数据库

在 MySQL 中，可以通过判断数据库是否已存在来创建数据库，其基本语法格式如下。

```
CREATE DATABASE IF NOT EXISTS 数据库名;
```

其中，"数据库名"指要创建的数据库的名称。

【实例 2-7】创建数据库 xsgl，具体语句如下。

```
mysql>CREATE DATABASE IF NOT EXISTS xsgl;
```

执行结果如图 2-19 所示。

```
mysql> CREATE DATABASE IF NOT EXISTS xsgl;
Query OK, 1 row affected, 1 warning (0.00 sec)
```

图 2-19　创建数据库 xsgl（2）

从图 2-19 中可以看到有一条警告信息，因为在实例 2-6 中创建了数据库 xsgl，所以执行上述语句不会创建该数据库。再次查看数据库，查询结果如图 2-20 所示。

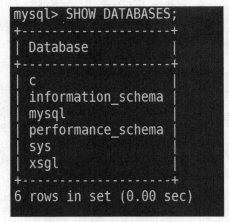

```
mysql> SHOW DATABASES;
+--------------------+
| Database           |
+--------------------+
| c                  |
| information_schema |
| mysql              |
| performance_schema |
| sys                |
| xsgl               |
+--------------------+
6 rows in set (0.00 sec)
```

图 2-20　数据库查询结果（2）

从查询结果来看，相同名称的数据库无法再次创建。

3. 使用 CREATE 语句创建数据库并设置数据库的字符集

在 MySQL 中，可以创建数据库并设置数据库的字符集，其基本语法格式如下。

```
CREATE DATABASE 数据库名 DEFAULT CHARACTER SET 字符集;
```

其中，"数据库名"指要创建的数据库的名称，"字符集"指要设置的字符集的名称。

【实例 2-8】创建数据库 xsgl1，并设置其字符集为 UTF-8，具体语句如下。

```
mysql>CREATE DATABASE xsgl1 DEFAULT CHARACTER SET utf8;
```

执行结果如图 2-21 所示。

```
mysql> CREATE DATABASE xsgl1 DEFAULT CHARACTER SET utf8;
Query OK, 1 row affected, 1 warning (0.00 sec)
```

图 2-21　创建数据库 xsgl1

从执行结果可知，成功创建了数据库 xsgl1，查看数据库，查询结果如图 2-22 所示。

图 2-22　数据库查询结果（3）

2.2.2　修改数据库

若想修改已有 MySQL 数据库，则可以使用 ALTER 语句，其语法格式如下。

```
ALTER {DATABASE | SCHEMA} [db_name]
    alter_option …


alter_option: {
    [DEFAULT] CHARACTER SET [=] charset_name
  | [DEFAULT] COLLATE [=] collation_name
  | [DEFAULT] ENCRYPTION [=] {'Y' | 'N'}
  | READ ONLY [=] {DEFAULT | 0 | 1}
}
```

其中，db_name 代表要修改的数据库的名称，alter_option 代表要修改的参数。

如果省略数据库名称，则修改将应用于默认数据库。在这种情况下，如果没有默认数据库，则会发生错误。

【实例 2-9】修改数据库 xsgl1，将其修改为只读形式，具体语句如下。

```
mysql>ALTER DATABASE xsgl1 READ ONLY = 1;
```

执行结果如图 2-23 所示。

图 2-23　修改数据库 xsgl1

从执行结果可知，成功修改了数据库 xsgl1 的读写模式，其详细信息的查询结果如图 2-24 所示。

图 2-24　数据库详细信息的查询结果（1）

从查询结果来看，数据库 xsgl1 的读写模式已经被更改。

只读模式会影响后续内容的实例操作，故在此使用如下语句将模式修改为读写模式。

```
mysql>ALTER DATABASE xsgl1 READ ONLY = 0;
```

【实例 2-10】修改数据库 xsgl1 的字符集，具体语句如下。

```
mysql>ALTER DATABASE xsgl1 CHARACTER SET GBK;
```

执行结果如图 2-25 所示。

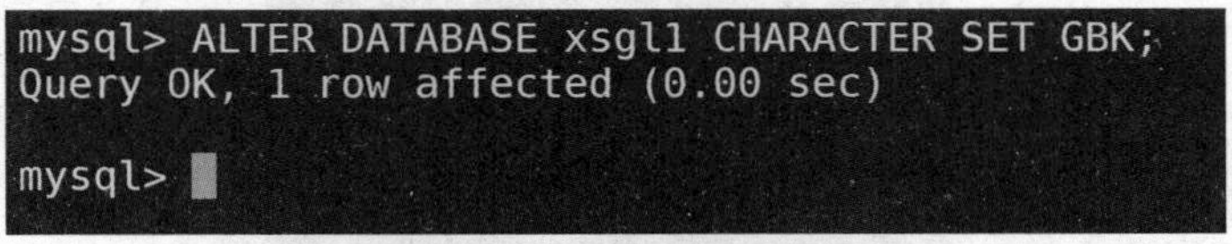

```
mysql> ALTER DATABASE xsgl1 CHARACTER SET GBK;
Query OK, 1 row affected (0.00 sec)

mysql>
```

图 2-25　修改数据库的字符集

从执行结果可知，成功修改了数据库 xsgl1 的字符集，其详细信息的查询结果如图 2-26 所示。

```
mysql> SHOW CREATE DATABASE xsgl1\G
*************************** 1. row ***************************
       Database: xsgl1
Create Database: CREATE DATABASE `xsgl1` /*!40100 DEFAULT CHARACTER SET gbk */ /*!80016 DEFAULT ENCRYPTION='N' */
1 row in set (0.00 sec)

mysql>
```

图 2-26　数据库详细信息的查询结果（2）

从查询结果可知，数据库 xsgl1 的字符集格式已经被更改。

使用如下语句可修改回 UTF-8 字符集。

```
mysql>ALTER DATABASE xsgl1 CHARACTER SET utf8;
```

【实例 2-11】修改数据库 xsgl1 的加密模式，具体语句如下。

```
mysql>ALTER DATABASE xsgl1 DEFAULT ENCRYPTION = 'Y';
```

执行结果如图 2-27 所示。

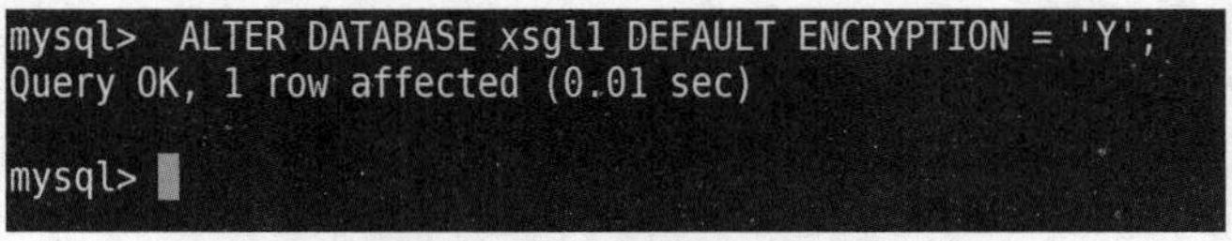

```
mysql>  ALTER DATABASE xsgl1 DEFAULT ENCRYPTION = 'Y';
Query OK, 1 row affected (0.01 sec)

mysql>
```

图 2-27　修改数据库的加密模式

从执行结果可知，成功修改了数据库 xsgl1 的加密模式，其详细信息的查询结果如图 2-28 所示。

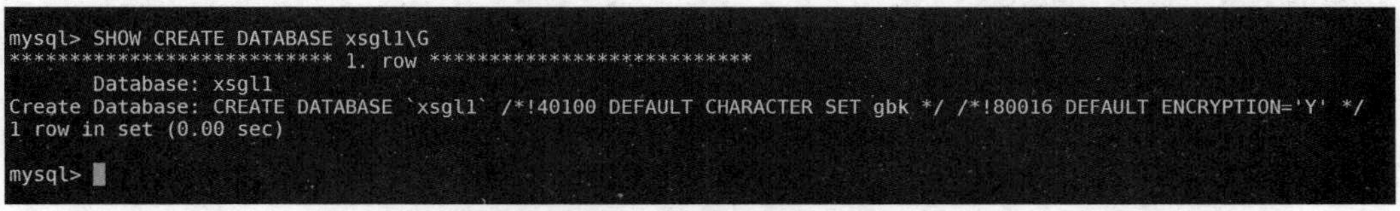

```
mysql> SHOW CREATE DATABASE xsgl1\G
*************************** 1. row ***************************
       Database: xsgl1
Create Database: CREATE DATABASE `xsgl1` /*!40100 DEFAULT CHARACTER SET gbk */ /*!80016 DEFAULT ENCRYPTION='Y' */
1 row in set (0.00 sec)

mysql>
```

图 2-28　数据库详细信息的查询结果（3）

2.2.3　删除数据库

通常情况下，删除数据库应该指定数据库名。在删除数据库的过程中，务必十分谨慎，因为在执行删除语句后，数据库中的所有数据都会消失。

想删除 MySQL 中的数据库，可以使用 DROP 语句，其语法格式如下。

```
DROP DATABASE 数据库名;
```

其中，"数据库名"表示要删除的数据库的名称。

【实例 2-12】删除数据库 xsgl，具体语句如下。

```
mysql>DROP DATABASE xsgl;
```

执行结果如图 2-29 所示。

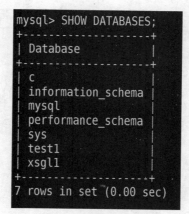

图 2-29　删除数据库 xsgl

从执行结果可知，成功删除了数据库 xsgl，验证该数据库是否已删除，数据库查询结果如图 2-30 所示。

```
mysql> SHOW DATABASES;
+--------------------+
| Database           |
+--------------------+
| c                  |
| information_schema |
| mysql              |
| performance_schema |
| sys                |
| test1              |
| xsgl1              |
+--------------------+
7 rows in set (0.00 sec)
```

图 2-30　数据库查询结果

从查询结果可以看出，数据库 xsgl 已经被删除了。

2.2.4　任务实施——完成 xsgl 数据库的管理

按下列步骤完成 xsgl 数据库的创建。

（1）登录 MySQL，具体命令如下。

```
mysql -uroot -p
Enter password:    #输入密码
```

（2）创建数据库 xsgl 并设置字符集为 UTF-8，具体语句如下。

```
mysql>CREATE DATABASE xsgl DEFAULT CHARACTER SET utf8;
```

（3）将数据库 xsgl 的字符集修改为 GBK，具体语句如下。

```
mysql>ALTER DATABASE xsgl CHARACTER SET gbk;
```

【项目小结】

本项目主要讲解了创建、修改和删除数据库的基本操作，这些内容都是本项目的重点，也是数据库开发的基础。读者在学习时一定要多加练习，在实际操作中掌握本项目的内容，为以后的数据操作和数据库开发奠定坚实的基础。

【知识巩固】

一、单项选择题

1. 以下语句中，能正确创建数据库的是（　　　）。

    A．CREATE DATABASE student;   B．CREATE DATABASES student;

    C．CREATE TABLE student;   D．CREATE TABLES student;

2. CREATE 语句属于（　　　）语句。

    A．DML   B．DDL   C．DQL   D．DCL

3. 用于创建数据库的语句是（　　　）。

    A．INSERT   B．CREATE

    C．DELETE   D．UPDATE

4. 用于删除数据库的语句是（　　　）。

    A．DROP DATABASE   B．CANCEL DATABASE

    C．ALTER DATABASE   D．DELETE DATABASE

5. 可以通过（　　　）语句查看数据库中的表信息。

    A．SHOW DATABASES   B．DESC

    C．DROP   D．SHOW TABLES

6. 用于修改数据库的语句是（　　　）。

    A．CREATE   B．DELETE   C．DROP   D．ALTER

二、填空题

1. 在 MySQL 中，用_____来查看数据库中的表信息。

2. 在 MySQL 中，可以使用_____、_____和_____语句来管理数据库。

三、简答题

1. MySQL 是关系数据库吗？

2. MySQL 常用的 4 种存储引擎是什么？简述其中两种存储引擎的优缺点。

【实践训练】

1. 使用 UTF-8 字符集完成名为 tsgl 数据库的创建。

2. 将 tsgl 数据库的字符集修改为 GBK。

3. 删除 tsgl 数据库。

03

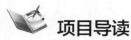

项目导读

　　数据表是数据库中最重要的操作对象，是存储数据的基本单位，也是数据访问的基本逻辑对象，所有的数据都保存在数据表中。数据库创建好后，根据数据库设计的关系模式进行数据表的创建和完整性约束的使用。本项目以学生管理系统的数据表为例，介绍数据类型的基本知识，数据完整性的使用、修改和删除等操作，数据表的创建及管理，以及索引的概念、创建和管理。本项目的重点是数据表的创建、修改和删除，难点是索引和数据完整性的创建与使用。

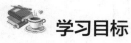

学习目标

知识目标

◆　了解数据类型，掌握 SQL 语句中不同类型数据的表示方式；

◆　了解数据完整性约束的概念；

◆　掌握创建数据表与管理表的基本语法格式；

◆　了解索引的概念。

技能目标

◆　掌握数据表的基本操作，能对数据表进行增删改操作；

◆　掌握数据完整性约束的使用，学会使用不同的约束来保证数据的正确性；

◆　掌握索引的作用，会创建和删除索引。

素质目标

◆　培养学生讲究做事方法、注重工作效率的习惯；

◆　培养学生的规则意识，让学生学会责任与担当。

任务 3.1　数据表的基础知识

　　数据表是存储数据的基本单位，是由行和列组成的二维表，通常将列称为字段，将行称为记录。在创建数据表时，需要对数据表的字段进行详细定义。数据表的字段定义信息包括数据类型、长度、是否允许为空、是否为键值、约束条件等。本任务主要介绍如何查看数据表及其结构，从而帮助读者了解和熟悉构成表的基本元素及数据类型。

V3-1　创建、查看
数据表

3.1.1 查看数据表

1. 查看当前数据库包含的表

查看数据库中的数据表的语法格式如下。

```
SHOW TABLES;
```

在使用上述语法格式时，注意要先选择当前数据库，再查看数据库中的表。

【实例 3-1】选择系统数据库 mysql，查看 mysql 数据库包含的所有表，具体语句如下。

```
mysql>USE mysql;
mysql>SHOW TABLES;
```

执行结果如图 3-1 所示。

图 3-1　查看 mysql 数据库包含的所有表

> **提 示**　（1）系统数据库 mysql 中的用户信息表 user 用来保存允许登录服务器的用户的信息。
> （2）以"help"开头的 4 个表是用来保存 HELP 指令的检索表。

2. 查看表结构

查看表结构的语法格式如下。

```
DESC[RIBE] 表名;
```

其中，DESC[RIBE]可缩写为 DESC，[ ]中的字符可省略，"表名"为要查看的数据表的名称。

【实例 3-2】查看 mysql 数据库中的 user 表的结构，具体语句如下。

```
mysql>USE mysql;

mysql>DESC user;
```

执行结果（部分）如图 3-2 所示。

```
mysql> USE mysql;
Database changed
mysql> DESC user;
+----------------+------------------+------+-----+---------+-------+
| Field          | Type             | Null | Key | Default | Extra |
+----------------+------------------+------+-----+---------+-------+
| Host           | char(255)        | NO   | PRI |         |       |
| User           | char(32)         | NO   | PRI |         |       |
| Select_priv    | enum('N','Y')    | NO   |     | N       |       |
| Insert_priv    | enum('N','Y')    | NO   |     | N       |       |
| Update_priv    | enum('N','Y')    | NO   |     | N       |       |
| Delete_priv    | enum('N','Y')    | NO   |     | N       |       |
| Create_priv    | enum('N','Y')    | NO   |     | N       |       |
| Drop_priv      | enum('N','Y')    | NO   |     | N       |       |
| Reload_priv    | enum('N','Y')    | NO   |     | N       |       |
```

图 3-2　查看 mysql 数据库中 user 表的结构

 提示　（1）"Field" 列为表的字段名称。

（2）"Type" 列为字段值的数据类型。

（3）"Null" 列用于表示字段值是否为空值。

（4）"Key" 列用于表示字段是否为键，如主键、外键、唯一键。

（5）"Default" 列用于表示默认值。

（6）"Extra" 列为其他信息，如自增字段标识等。

3. 查看表定义脚本

查看表定义脚本（包括使用的字符集和排序规则）的语法格式如下。

```
SHOW CREATE TABLE 表名;
```

【实例 3-3】查看 mysql 数据库中 user 表的定义脚本，具体语句如下，其中，"/G" 参数的作用将在 3.2.2 小节中具体讲解。

```
mysql>USE mysql;

mysql>SHOW CREATE TABLE user \G
```

执行结果（部分）如图 3-3 所示。

```
mysql> USE mysql;
Database changed
mysql> SHOW CREATE TABLE user \G
*************************** 1. row ***************************
       Table: user
Create Table: CREATE TABLE `user` (
  `Host` char(255) CHARACTER SET ascii COLLATE ascii_general_ci NOT NULL DEFAULT '',
  `User` char(32) COLLATE utf8_bin NOT NULL DEFAULT '',
  `Select_priv` enum('N','Y') CHARACTER SET utf8 COLLATE utf8_general_ci NOT NULL DEFAULT 'N',
  `Insert_priv` enum('N','Y') CHARACTER SET utf8 COLLATE utf8_general_ci NOT NULL DEFAULT 'N',
  `Update_priv` enum('N','Y') CHARACTER SET utf8 COLLATE utf8_general_ci NOT NULL DEFAULT 'N',
```

图 3-3　查看 mysql 数据库中 user 表的定义脚本

4. 查看 MySQL 的数据类型

查看 MySQL 支持的数据类型或指定数据类型的信息的语法格式如下。

```
HELP DATA TYPES;
```

或者

```
HELP 数据类型名;
```

【实例 3-4】查看 MySQL 支持的数据类型，具体语句如下。

```
mysql>HELP DATA TYPES;
```

执行结果如图 3-4 所示。

```
mysql> HELP DATA TYPES:
You asked for help about help category: "Data Types"
For more information, type 'help <item>', where <item> is one of the following
topics:
    AUTO_INCREMENT
    BIGINT
    BINARY
    BIT
    BLOB
    BLOB DATA TYPE
    BOOLEAN
    CHAR
    CHAR BYTE
    DATE
    DATETIME
    DEC
    DECIMAL
    DOUBLE
    DOUBLE PRECISION
    ENUM
    FLOAT
    INT
    INTEGER
    LONGBLOB
    LONGTEXT
    MEDIUMBLOB
    MEDIUMINT
    MEDIUMTEXT
    SET DATA TYPE
    SMALLINT
    TEXT
    TIME
    TIMESTAMP
    TINYBLOB
    TINYINT
    TINYTEXT
    VARBINARY
    VARCHAR
    YEAR DATA TYPE
```

图 3-4　查看 MySQL 支持的数据类型

【实例 3-5】查看 VARCHAR 数据类型的信息，具体语句如下。

```
mysql>HELP VARCHAR;
```

执行结果（部分）如图 3-5 所示。

```
mysql> HELP VARCHAR;
Name: 'VARCHAR'
Description:
[NATIONAL] VARCHAR(M) [CHARACTER SET charset_name] [COLLATE
collation_name]

A variable-length string. M represents the maximum column length in
characters. The range of M is 0 to 65,535. The effective maximum length
of a VARCHAR is subject to the maximum row size (65,535 bytes, which is
shared among all columns) and the character set used. For example, utf8
characters can require up to three bytes per character, so a VARCHAR
column that uses the utf8 character set can be declared to be a maximum
of 21,844 characters. See
https://dev.mysql.com/doc/refman/8.0/en/column-count-limit.html.
```

图 3-5　查看 VARCHAR 数据类型的信息

3.1.2　数据类型

使用 MySQL 数据库存储数据时，数据类型不同，MySQL 存储数据的方式也不同。MySQL 数据库提供了多种数据类型，包括整数类型、浮点数类型、定点数类型、日期和时间类型、字符串类型和二进制类型。

1. 整数类型

在 MySQL 中，经常需要存储整数。根据数值范围的不同，MySQL 中的整数类型可分为 5 种，分别是 TINYINT、SMALLINT、MEDIUMINT、INT 和 BIGINT。表 3-1 列举了 MySQL 中整数类型对应的字节数和取值范围。

表 3-1　MySQL 中整数类型对应的字节数和取值范围

数据类型	字节数	无符号数的取值范围	有符号数的取值范围
TINYINT	1	0~255	−128~127
SMALLINT	2	0~65535	−32768~32767
MEDIUMINT	3	0~16777215	−8388608~8388607
INT	4	0~4294967295	−2147483648~2147483647
BIGINT	8	0~18446744073709551615	−9223372036854775808~9223372036854775807

从表 3-1 中可以看出，不同整数类型占用的字节数和取值范围都是不同的。其中，占用字节数最小的是 TINYINT，占用字节数最大的是 BIGINT。需要注意的是，不同整数类型的取值范围可以根据字节数计算出来。例如，TINYINT 类型的整数占用 1 字节，1 字节是 8 位，那么 TINYINT 类型无符号数的最大值就是 2^8-1，即 255，TINYINT 类型有符号数的最大值就是 2^7-1，即 127。同理，可以计算出其他整数类型的取值范围。

2. 浮点数类型和定点数类型

在 MySQL 数据库中存储的小数都是浮点数或定点数类型的。浮点数类型有两种，分别是单精度浮点数类型（FLOAT）和双精度浮点数类型（DOUBLE）。而定点数类型只有 DECIMAL 类型。表 3-2 列举了 MySQL 中浮点数类型和定点数类型对应的字节数及取值范围。

表 3-2　MySQL 中浮点数类型和定点数类型对应的字节数及取值范围

数据类型	字节数	有符号的取值范围	无符号的取值范围
FLOAT	4	−3.402823466E+38~ −1.175494351E−38	0 和 1.175494351E−38~ 3.402823466E+38
DOUBLE	8	−1.7976931348623157E+308~ 2.2250738585072014E−308	0 和 2.2250738585072014E−308~ 1.7976931348623157E+308
DECIMAL(M, D)	M+2	−1.7976931348623157E+308~ 2.2250738585072014E−308	0 和 2.2250738585072014E−308~ 1.7976931348623157E+308

从表 3-2 中可以看出，DECIMAL 类型的取值范围与 DOUBLE 类型的相同。需要注意的是，DECIMAL 类型的取值范围是由 M 和 D 决定的，其中，M 表示数据的长度，D 表示小数点后的长度。例如，将数据类型为 DECIMAL(6,2)的数据 3.1415 插入数据库后，显示的结果为 3.14。

3. 日期和时间类型

为了方便在数据库中存储日期和时间数据，MySQL 提供了日期和时间类型，分别是 YEAR、DATE、TIME、DATETIME 和 TIMESTAMP。表 3-3 列举了 MySQL 中日期和时间类型的相关信息。

表 3-3　MySQL 中日期和时间类型的相关信息

数据类型	字节数	取值范围	日期格式	零值
YEAR	1	1901~2155	YYYY	0000
DATE	4	1000-01-01~9999-12-3	YYYY-MM-DD	0000-00-00
TIME	3	−838:59:59~838:59:59	HH:MM:SS	00:00:00
DATETIME	8	1000-01-01 00:00:00~ 9999-12-31 23:59:59	YYYY-MM-DD HH:MM:SS	0000-00-00 00:00:00
TIMESTAMP	4	1970-01-01 00:00:01~ 2038-01-19 03:14:07	YYYY-MM-DD HH:MM:SS	0000-00-00 00:00:00

从表 3-3 中可以看出，每种日期和时间类型的取值范围都是不同的。需要注意的是，如果插入的数值不合法，则系统会自动将对应的零值插入数据库中。

4. 字符串类型和二进制类型

为了存储字符串、图片和声音等数据，MySQL 提供了字符串类型和二进制类型。表 3-4 列举了 MySQL 中的字符串类型和二进制类型及其说明。

表 3-4　MySQL 中的字符串类型和二进制类型及其说明

数据类型	类型说明
CHAR	用于存储固定长度的字符串
VARCHAR	用于存储可变长度的字符串
BINARY	用于存储固定长度的二进制数据
VARBINARY	用于存储可变长度的二进制数据
BOLB	用于存储二进制大数据
TEXT	用于存储文本数据
ENUM	枚举类型，只能存储一个枚举字符串
SET	用于存储字符串，可以有 0 个或多个值
BIT	位字段类型

在表 3-4 列举的字符串类型和二进制类型中，不同的数据类型具有不同的特点。下面针对这些数据类型进行详细讲解。

（1）CHAR 和 VARCHAR 类型

CHAR 和 VARCHAR 类型都用来存储字符串数据，不同的是，VARCHAR 可用来存储可变长度的字符串。在 MySQL 中，定义 CHAR 和 VARCHAR 类型数据的语法格式如下。

```
CHAR(M) 或 VARCHAR(M)
```

其中，M 是字符串的最大长度。为了帮助大家更好地理解 CHAR 和 VARCHAR 之间的区别，接下来以 CHAR(4)和 VARCHAR(4)为例进行说明，具体如表 3-5 所示。

表 3-5　CHAR(4)和 VARCHAR(4)的对比

插入值	CHAR(4)	CHAR(4)的存储需求	VARCHAR(4)	VARCHAR(4)的存储需求
''	''	4 字节	''	1 字节
'ab'	'ab'	4 字节	'ab'	3 字节
'abc'	'abc'	4 字节	'abc'	4 字节
'abcd'	'abcd'	4 字节	'abcd'	5 字节
'abcdef'	'abcd'	4 字节	'abcd'	5 字节

从表 3-5 中可以看出，当数据类型为 CHAR(4)时，不管插入值的长度是多少，其占用的存储空间都是 4 字节；而 VARCHAR(4)对应的数据占用的字节数为实际长度加 1。

（2）BINARY 和 VARBINARY 类型

BINARY 和 VARBINARY 类型类似于 CHAR 和 VARCHAR，不同的是，它们存储的是二进制数据。定义 BINARY 和 VARBINARY 类型数据的语法格式如下。

```
BINARY(M) 或 VARBINARY(M)
```

其中，M 是二进制数据的最大长度。

需要注意的是，BINARY 类型的长度是固定的，如果数据的长度小于最大长度，则将在数据的后面用"\0"补齐，最终达到最大长度。例如，指定数据类型为 BINARY(3)，当插入'a'时，实际存储的数据为'a\0\0'，当插入'ab'时，实际存储的数据为'ab\0'。

（3）TEXT 类型

TEXT 类型用于存储文本数据，如文章内容、评论等。TEXT 类型分为 4 种，具体如表 3-6 所示。

表 3-6　TEXT 类型及其存储范围

数据类型	存储范围
TINYTEXT	0~255 字节
TEXT	0~65535 字节
MEDIUMTEXT	0~16777215 字节
LONGTEXT	0~4294967295 字节

（4）BLOB 类型

BLOB 类型是一种特殊的二进制类型，用于存储数据量很大的二进制数据，如图片、PDF 文档等。BLOB 类型分为 4 种，具体如表 3-7 所示。

表 3-7　BLOB 类型及其存储范围

数据类型	字节范围
TINYBLOB	0~255 字节
BLOB	0~65535 字节
MEDIUMBLOB	0~16777215 字节
LONGBLOB	0~4294967295 字节

需要注意的是，BLOB 类型与 TEXT 类型很相似，但 BLOB 类型数据根据二进制编码进行比较和排序，而 TEXT 类型数据根据文本模式进行比较和排序。

（5）ENUM 类型

ENUM 类型又称为枚举类型，定义 ENUM 类型的数据的语法格式如下。

```
ENUM('值 1', '值 2', '值 3', …, '值 n')
```

其中，('值 1', '值 2', '值 3', …, '值 n')称为枚举列表，ENUM 类型的数据只能从枚举列表中选取，并且只能选取一个。需要注意的是，枚举列表中的每个值都有一个顺序编号，在 MySQL 中存入的就是这个顺序编号，而不是列表中的值。

（6）SET 类型

SET 类型用于存储字符串数据，它的值可以有 0 个或多个。定义 SET 类型数据的语法格式与 ENUM 类型类似，具体语法格式如下。

```
SET('值 1', '值 2', '值 3', …, '值 n')
```

与 ENUM 类型相同，('值 1', '值 2', '值 3', …, '值 n')列表中的每个值都有一个顺序编号，在 MySQL 中存入的也是顺序编号。它们的区别如下：ENUM 类型的列表中允许有重复对象，SET 类型的列表中不允许有重复对象。

（7）BIT 类型

BIT 类型用于存储二进制数据。定义 BIT 类型数据的语法格式如下。

```
BIT(M)
```

其中，M 表示每个值的位数，取值为 1~64。需要注意的是，如果分配的 BIT(M)类型的数据长度小于 M，则在数据的左边用 "0" 补齐。例如，为 BIT(6)分配值 b'101'与 b'000101'的效果相同。

3.1.3　任务实施——完成对系统数据库的表及数据类型的查看

（1）选择 sys 系统数据库，具体语句如下。

```
mysql>USE sys;
```

（2）查看 sys 系统数据库中的所有表，具体语句如下。

```
mysql>SHOW TABLES;
```

（3）查看 sys 系统数据库中 metrics 表的定义脚本，具体语句如下。

```
mysql>SHOW CREATE TABLE metrics \G
```

（4）查看 INT、CHAR、SET、ENUM、DATETIME、TINYINT、SMALLINT、FLOAT、DECIMAL
等常用数据类型的信息。

```
mysql>HELP INT;
mysql>HELP CHAR;
mysql>HELP SET;
mysql>HELP ENUM;
mysql>HELP DATETIME;
mysql>HELP TINYINT;
mysql>HELP SMALLINT;
mysql>HELP FLOAT;
mysql>HELP DECIMAL;
```

任务 3.2　数据表的基本操作

3.2.1　创建数据表

数据库创建成功后，需要创建数据表，其基本语法格式如下。

```
CREATE TABLE 表名
(
    字段名 1，数据类型[完整性约束条件]，
    字段名 2，数据类型[完整性约束条件]，
    ...
    字段名 n，数据类型[完整性约束条件]
);
```

其中，"表名"是创建的数据表名称，"字段名"是数据表的列名，"完整性约束条件"是字段的某些特殊约束条件。关于表的约束，将在任务 3.3 中进行详细讲解。

> **提 示** 在操作数据表之前，应该使用"USE 数据库名;"指定操作的数据库，否则会抛出"No database selected"错误。

【实例 3-6】创建 xuesheng 表，其结构如表 3-8 所示。

表 3-8　xuesheng 表的结构

字段名称	数据类型	描述
xh	CHAR(3)	学号
xm	VARCHAR(4)	姓名
xb	ENUM('M','F')	性别
csrq	DATE	出生日期
jg	VARCHAR(4)	籍贯

续表

字段名称	数据类型	描述
lxfs	CHAR(11)	联系方式
zydm	CHAR(2)	专业代码
xq	SET('music','art','sport','technology')	兴趣

具体语句如下。

```
mysql>CREATE DATABASE IF NOT EXISTS xsgl;
mysql>USE xsgl;
mysql>CREATE TABLE xuesheng(
        xh CHAR(3),
        xm VARCHAR(4),
        xb ENUM('M','F'),
        csrq DATE ,
        jg VARCHAR(4),
        lxfs CHAR(11),
        zydm CHAR(2),
        xq SET('music','art','sport','technology')
        );
```

执行结果如图 3-6 所示。

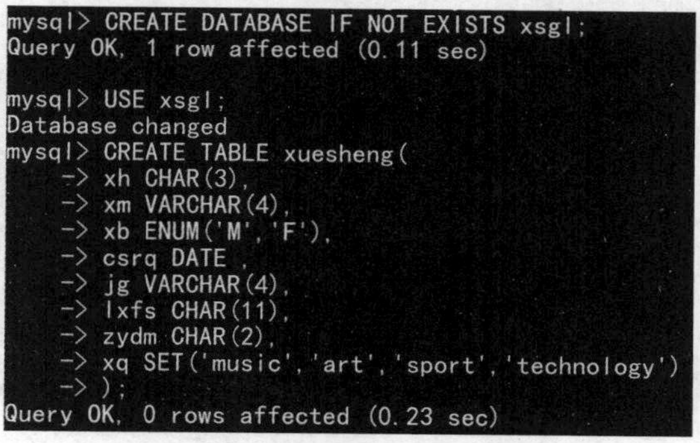

图 3-6　创建 xuesheng 表

> **提 示** 在"mysql"提示符下,出现"—>"提示符时,说明语句未结束,直到输入分号并按【Enter】键,语句才结束。

3.2.2　查看数据表的定义脚本或结构

使用 SQL 语句创建好数据表后,可以查看数据表的定义脚本或结构,以确认数据表的定义是否正确。在 MySQL 中,查看数据表的方式有两种,具体介绍如下。

1. 使用 SHOW CREATE TABLE 语句查看数据表的定义脚本

【实例 3-7】使用 SHOW CREATE TABLE 语句查看 xuesheng 表的定义脚本,具体语句如下。

```
mysql>SHOW CREATE TABLE xuesheng;
```

执行结果如图 3-7 所示。

图 3-7　查看 xuesheng 表的定义脚本

　　图 3-7 中显示了 xuesheng 表的定义信息，但是显示结果非常混乱。可以在 SHOW CREATE TABLE 语句的表名之后使用"\G"参数（"\G"既是语句的结束标志，又可以用于将查询结果按列输出），使显示结果整齐美观，如图 3-8 所示。

图 3-8　使用"\G"参数显示 xuesheng 表的定义脚本

2. 使用 DESCRIBE 语句查看数据表的结构

【实例 3-8】使用 DESCRIBE 语句查看 xuesheng 表的结构，具体语句如下。

```
mysql>DESCRIBE xuesheng;
```

执行结果如图 3-9 所示。

图 3-9　使用 DESCRIBE 语句查看 xuesheng 表的结构

图 3-4 中显示了 xuesheng 表的字段信息。

3.2.3 修改数据表

如果表中的某些字段有错误，则需要对表进行修改，如修改表名、修改字段名和修改字段的数据类型等。在 MySQL 中，修改数据表都是通过使用 ALTER TABLE 语句完成的。下面将针对修改数据表的相关操作进行详细讲解。

V3-2 修改数据表

1. 修改表名

在数据库中，不同的数据表是通过表名来区分的。在 MySQL 中，修改表名的基本语法格式如下。

```
ALTER TABLE 旧表名 RENAME [TO] 新表名;
```

其中，"旧表名"指的是修改前的表名；"新表名"指的是修改后的表名；关键字 TO 是可选的，其在 SQL 语句中是否出现不会影响语句的执行。

【实例 3-9】复制数据库 xsgl 中的 xuesheng 表为 xuesheng_copy，并将 xuesheng_copy 改名为 tb_xuesheng，具体语句如下。

```
mysql>CREATE TABLE xuesheng_copy LIKE xuesheng;
mysql>ALTER TABLE xuesheng_copy RENAME TO tb_xuesheng;
```

为了检测表名是否正确修改，可以使用 SHOW TABLES 语句查看当前数据库中的所有表，如图 3-10 所示。

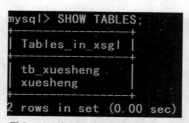

图 3-10　查看当前数据库中的所有表

从图 3-10 中可以看出，当前数据库中的 xuesheng_copy 表的名称被成功修改为 tb_xuesheng。

2. 修改字段名及其类型

数据表中的字段是通过字段名来区分的。在 MySQL 中，修改字段名及其类型的基本语法格式如下。

```
ALTER TABLE 表名 CHANGE 旧字段名 新字段名 新数据类型;
```

其中，"旧字段名"指的是修改前的字段名；"新字段名"指的是修改后的字段名；"新数据类型"指的是修改后字段的数据类型。需要注意的是，新数据类型不能为空，即使新字段与旧字段的数据类型相同，也必须对新数据类型进行设置。

【实例 3-10】将 tb_xuesheng 表中 xm 字段的名称改为 username、数据类型改为 CHAR(4)，具体语句如下。

```
mysql>ALTER TABLE tb_xuesheng CHANGE xm username CHAR(4);
```

为了验证字段名是否修改成功，可通过 DESCRIBE 语句查看 tb_xuesheng 表的结构，结果如图 3-11 所示。

从图 3-11 中可以看出，tb_xuesheng 表中的 xm 字段的名称被成功修改为 username。

3. 修改字段的数据类型

修改字段的数据类型就是将字段原来的数据类型转换为另一种数据类型。在 MySQL 中修改字段数据类型的基本语法格式如下。

```
ALTER TABLE 表名 MODIFY 字段名 数据类型;
```

其中，"表名"是要修改的字段所在的表的名称；"字段名"是要修改的字段的名称；"数据类型"是修改后的字段的数据类型。

```
mysql> DESCRIBE tb_xuesheng;
+----------+---------------------------------------+------+-----+------------+-------+
| Field    | Type                                  | Null | Key | Default    | Extra |
+----------+---------------------------------------+------+-----+------------+-------+
| xh       | char(3)                               | NO   | MUL | NULL       |       |
| username | char(4)                               | YES  | MUL | NULL       |       |
| xb       | enum('M','F')                         | NO   |     | M          |       |
| csrq     | date                                  | YES  |     | 2000-01-01 |       |
| jg       | varchar(4)                            | YES  | MUL | NULL       |       |
| lxfs     | char(11)                              | YES  |     | NULL       |       |
| zydm     | char(2)                               | YES  |     | NULL       |       |
| xq       | set('music','art','sport','technology') | YES  |     | NULL       |       |
+----------+---------------------------------------+------+-----+------------+-------+
8 rows in set (0.50 sec)
```

图 3-11　查看修改 xm 字段名称后的 tb_xuesheng 表的结构

【实例 3-11】将 tb_xuesheng 表中的 xh 字段的数据类型由 CHAR(3)修改为 INT(11)，具体语句如下。

```
mysql>ALTER TABLE tb_xuesheng MODIFY xh INT(11);
```

为了验证 xh 字段的数据类型是否修改成功，使用 DESCRIBE 语句查看 tb_xuesheng 表的结构，结果如图 3-12 所示。

```
mysql> DESCRIBE tb_xuesheng;
+----------+---------------------------------------+------+-----+---------+-------+
| Field    | Type                                  | Null | Key | Default | Extra |
+----------+---------------------------------------+------+-----+---------+-------+
| xh       | int(11)                               | YES  |     | NULL    |       |
| username | varchar(4)                            | YES  |     | NULL    |       |
| xb       | enum('M','F')                         | YES  |     | NULL    |       |
| csrq     | date                                  | YES  |     | NULL    |       |
| jg       | varchar(4)                            | YES  |     | NULL    |       |
| lxfs     | char(11)                              | YES  |     | NULL    |       |
| zydm     | char(2)                               | YES  |     | NULL    |       |
| xq       | set('music','art','sport','technology') | YES  |     | NULL    |       |
+----------+---------------------------------------+------+-----+---------+-------+
8 rows in set (0.00 sec)
```

图 3-12　查看修改 xh 字段的数据类型后的 tb_xuesheng 表的结构

从图 3-12 中可以看出，tb_xuesheng 表中的 xh 字段的数据类型从 CHAR(3)成功修改成了 INT(11)。

4. 添加字段

在创建数据表时，就已经在表中定义好了部分字段。如果想在创建好的数据表中添加字段，则需要通过 ALTER TABLE 语句来实现。在 MySQL 中，添加字段的基本语法格式如下。

```
ALTER TABLE 表名 ADD 新字段名 数据类型
    [约束条件][FIRST|AFTER 已存在的字段名];
```

其中，"新字段名"为要添加的字段的名称；"FIRST"为可选参数，用于将新添加的字段设置为表的第一个字段；"AFTER"也为可选参数，用于将新添加的字段添加到指定的"已存在的字段名"的后面。

【实例 3-12】在 tb_xuesheng 表中添加一个没有约束条件的 INT(10)类型的字段 age，具体语句如下。

```
mysql>ALTER TABLE tb_xuesheng ADD age INT(10);
```

为了验证 age 字段是否添加成功，使用 DESCRIBE 语句查看 tb_xuesheng 表的结构，结果如图 3-13 所示。

```
mysql> DESCRIBE tb_xuesheng;
+----------+----------------------------------------+------+-----+---------+-------+
| Field    | Type                                   | Null | Key | Default | Extra |
+----------+----------------------------------------+------+-----+---------+-------+
| xh       | int(11)                                | YES  |     | NULL    |       |
| username | varchar(4)                             | YES  |     | NULL    |       |
| xb       | enum('M','F')                          | YES  |     | NULL    |       |
| csrq     | date                                   | YES  |     | NULL    |       |
| jg       | varchar(4)                             | YES  |     | NULL    |       |
| lxfs     | char(11)                               | YES  |     | NULL    |       |
| zydm     | char(2)                                | YES  |     | NULL    |       |
| xq       | set('music','art','sport','technology')| YES  |     | NULL    |       |
| age      | int(10)                                | YES  |     | NULL    |       |
+----------+----------------------------------------+------+-----+---------+-------+
9 rows in set (0.00 sec)
```

图 3-13　查看添加 age 字段后 tb_xuesheng 表的结构

从图 3-13 中可以看出，tb_xuesheng 表中新增了一个 age 字段，且该字段的数据类型为 INT(10)。

5. 删除字段

数据表创建成功后，不仅可以修改其中的字段，还可以删除其中的字段。删除字段指的是将某个字段从数据表中删除。在 MySQL 中，删除字段的基本语法格式如下。

```
ALTER TABLE 表名 DROP 字段名;
```

其中，"字段名"指的是要删除的字段的名称。

【实例 3-13】删除 tb_xuesheng 表中的 age 字段，具体语句如下。

```
mysql>ALTER TABLE tb_xuesheng DROP age;
```

为了验证 age 字段是否被成功删除，使用 DESCRIBE 语句查看 tb_xuesheng 表的结构，结果如图 3-14 所示。

```
mysql> DESCRIBE tb_xuesheng;
+----------+----------------------------------------+------+-----+---------+-------+
| Field    | Type                                   | Null | Key | Default | Extra |
+----------+----------------------------------------+------+-----+---------+-------+
| xh       | int(11)                                | YES  |     | NULL    |       |
| username | varchar(4)                             | YES  |     | NULL    |       |
| xb       | enum('M','F')                          | YES  |     | NULL    |       |
| csrq     | date                                   | YES  |     | NULL    |       |
| jg       | varchar(4)                             | YES  |     | NULL    |       |
| lxfs     | char(11)                               | YES  |     | NULL    |       |
| zydm     | char(2)                                | YES  |     | NULL    |       |
| xq       | set('music','art','sport','technology')| YES  |     | NULL    |       |
+----------+----------------------------------------+------+-----+---------+-------+
8 rows in set (0.00 sec)
```

图 3-14　查看删除 age 字段后 tb_xuesheng 表的结构

从图 3-14 中可以看出，tb_xuesheng 表中已经不存在 age 字段，说明 age 字段被成功删除了。

6. 修改字段的排列位置

创建数据表时字段在表中的位置已经确定了。要想修改字段在表中的排列位置，需要使用 ALTER TABLE 语句。在 MySQL 中，修改字段排列位置的基本语法格式如下。

```
ALTER TABLE 表名 MODIFY 字段名 1 数据类型 FIRST|AFTER 字段名 2;
```

其中，"字段名 1"是要修改位置的字段；"数据类型"是字段 1 的数据类型；"FIRST"为可选参数，用于将字段 1 修改为表的第一个字段；"AFTER 字段名 2"用于将字段 1 插在字段 2 的后面。

【实例 3-14】将 tb_xuesheng 表的 username 字段修改为表的第一个字段，具体语句如下。

```
mysql>ALTER TABLE tb_xuesheng MODIFY username VARCHAR(4) FIRST;
```

为了验证 username 字段是否已被修改为表的第一个字段，使用 DESCRIBE 语句查看 tb_xuesheng 表的结构，结果如图 3-15 所示。

```
mysql> DESCRIBE tb_xuesheng;
+----------+-----------------------------------------+------+-----+---------+-------+
| Field    | Type                                    | Null | Key | Default | Extra |
+----------+-----------------------------------------+------+-----+---------+-------+
| username | varchar(4)                              | YES  |     | NULL    |       |
| xh       | int(11)                                 | YES  |     | NULL    |       |
| xb       | enum('M','F')                           | YES  |     | NULL    |       |
| csrq     | date                                    | YES  |     | NULL    |       |
| jg       | varchar(4)                              | YES  |     | NULL    |       |
| lxfs     | char(11)                                | YES  |     | NULL    |       |
| zydm     | char(2)                                 | YES  |     | NULL    |       |
| xq       | set('music','art','sport','technology') | YES  |     | NULL    |       |
+----------+-----------------------------------------+------+-----+---------+-------+
8 rows in set (0.00 sec)
```

图 3-15　查看修改字段排列位置后 tb_xuesheng 表的结构

从图 3-15 中可以看出，username 字段为表的第一个字段，说明 username 字段的排列位置被成功修改了。

【实例 3-15】将 tb_xuesheng 表的 xh 字段插到 csrq 字段后面，具体语句如下。

```
mysql>ALTER TABLE tb_xuesheng MODIFY xh INT(11) AFTER csrq;
```

为了验证 xh 字段是否已被插到 csrq 字段后面，使用 DESCRIBE 语句查看 tb_xuesheng 表的结构，结果如图 3-16 所示。

```
mysql> DESCRIBE tb_xuesheng;
+----------+-----------------------------------------+------+-----+---------+-------+
| Field    | Type                                    | Null | Key | Default | Extra |
+----------+-----------------------------------------+------+-----+---------+-------+
| username | varchar(4)                              | YES  |     | NULL    |       |
| xb       | enum('M','F')                           | YES  |     | NULL    |       |
| csrq     | date                                    | YES  |     | NULL    |       |
| xh       | int(11)                                 | YES  |     | NULL    |       |
| jg       | varchar(4)                              | YES  |     | NULL    |       |
| lxfs     | char(11)                                | YES  |     | NULL    |       |
| zydm     | char(2)                                 | YES  |     | NULL    |       |
| xq       | set('music','art','sport','technology') | YES  |     | NULL    |       |
+----------+-----------------------------------------+------+-----+---------+-------+
8 rows in set (0.00 sec)
```

图 3-16　查看修改 xh 字段的排列位置后 tb_xuesheng 表的结构

从图 3-16 中可以看出，xh 字段位于 csrq 字段后面，说明 xh 字段的排列位置被成功修改了。

3.2.4　复制数据表

在 MySQL 中，数据表的复制操作包括复制表结构及数据，主要方法如下。

1. 复制表结构及数据到新表中

```
CREATE TABLE 新表名 [AS] SELECT 语句;
```

上述语法格式的功能是复制表结构及检索出来的数据，并创建一个新表，将复制的表结构及数据保存到新表中，但不复制主键、索引、自动编号等。其中的 AS 可以省略。

V3-3　复制、删除
数据表

【实例 3-16】复制 tb_xuesheng 表到 tb_xuesheng_1 表中，具体语句如下。

```
mysql>CREATE TABLE tb_xuesheng_1 AS SELECT * FROM tb_xuesheng;
```

为了验证是否成功复制 tb_xuesheng 表到 tb_xuesheng_1 表中，使用 SHOW TABLES 语句查看当前数据库中的所有表，结果如图 3-17 所示。

图 3-17 查看当前数据库中的所有表

从图 3-17 中可以看出，成功创建了 tb_xuesheng_1 表，由于 tb_xuesheng 表中没有数据，故 tb_xuesheng_1 表中也没有数据。如果 tb_xuesheng 表中有数据，则会将数据一起复制过来。

2. 只复制表结构

```
CREATE TABLE 新表名 [AS] SELECT * FROM 源表名 WHERE FALSE;
```

或者

```
CREATE TABLE 新表名 LIKE 源表名;
```

上述语法格式的功能是复制表结构，包括主键、索引、自动编号，不复制数据。其中，"源表名"是被复制的表的名称。

【实例 3-17】使用两种方法分别复制 tb_xuesheng 表到 tb_xuesheng_2 表、tb_xuesheng_3 表中，具体语句如下。

```
mysql>CREATE TABLE tb_xuesheng_2 LIKE tb_xuesheng;
mysql>CREATE TABLE tb_xuesheng_3 SELECT * FROM tb_xuesheng WHERE FALSE;
```

为了验证是否成功复制，使用 SHOW TABLES 语句查看当前数据库中的所有表，结果如图 3-18 所示。

图 3-18 查看所有表

从图 3-18 中可以看出，成功创建了 tb_xuesheng_2、tb_xuesheng_3 两个表，且不会复制数据。

3.2.5 删除数据表

删除数据表是指删除数据库中已存在的表。在删除数据表的同时，数据表中存储的数据也将被删除。需要注意的是，在创建数据表时，表和表之间可能会存在关联，要删除被其他表关联的表比较复杂，这些将在后面的内容中进行讲解。下面主要讲解删除没有关联关系的数据表。

在 MySQL 中，直接使用 DROP TABLE 语句就可以删除没有被其他表关联的数据表，其基本语法格式如下。

```
DROP TABLE [IF EXISTS] 表名1[,表名2]…[,表名n];
```

其中，"表名 1[, 表名 2]…[, 表名 n]"是要删除的数据表的名称；IF EXISTS 为可选项，用于判断表名是否存在，如果存在就删除表，如果不存在则不做任何操作。

【实例 3-18】删除数据表 tb_xuesheng、tb_xuesheng1、tb_xuesheng2 和 tb_xuesheng3，具体语句如下。

```
mysql>DROP TABLE tb_xuesheng, tb_xuesheng1, tb_xuesheng2, tb_xuesheng3;
```

为了验证 tb_xuesheng 表（这里只验证 tb_xuesheng 表，其他表的操作与此相同）是否被成功删除，使用 DESCRIBE 语句查看该表的结构，结果如图 3-19 所示。

```
mysql> DESCRIBE tb_xuesheng;
ERROR 1146 (42S02): Table 'xsgl.tb_xuesheng' doesn't exist
```

图 3-19　查看 tb_xuesheng 表的结构

从图 3-19 中可以看出，错误提示信息显示 tb_xuesheng 表已经不存在了，说明 tb_xuesheng 表被成功删除了。

3.2.6 任务实施——完成 xsgl 数据库中表的创建及管理

按下列步骤完成 xsgl 数据库中表的创建及管理。

（1）创建学生管理数据库，具体语句如下。

```
mysql>CREATE DATABASE IF NOT EXISTS xsgl;
mysql>USE xsgl;
```

（2）创建成绩表，并查看表的定义脚本，具体语句如下。

```
mysql>DROP TABLE IF EXISTS chengji;
mysql>CREATE TABLE chengji(
        xh CHAR(3) COMMENT '学号',
        kcdm CHAR(3) COMMENT '课程代码',
        pscj TINYINT(3) COMMENT '平时成绩',
        sycj TINYINT(3) COMMENT '实验成绩',
        kscj TINYINT(3) COMMENT '考试成绩',
        zhcj DECIMAL(5,1) COMMENT '综合成绩'
    ) COMMENT='成绩表';
mysql>SHOW CREATE TABLE chengji \G
```

（3）创建课程表，并查看表的定义脚本，具体语句如下。

```
mysql>DROP TABLE IF EXISTS kecheng;
```

```
mysql>CREATE TABLE kecheng (
        kcdm CHAR(3) COMMENT '课程代码',
        kcmc VARCHAR(8) COMMENT '课程名称',
        xf DECIMAL(3,1) COMMENT '学分'
     ) COMMENT='课程表';
mysql>SHOW CREATE TABLE kecheng \G
```

（4）创建学生表，并查看表的定义脚本，具体语句如下。

```
mysql>DROP TABLE IF EXISTS xuesheng;
mysql>CREATE TABLE xuesheng (
        xh CHAR(3) COMMENT '学号',
        xm VARCHAR(4) COMMENT '姓名',
        xb ENUM('M','F') COMMENT '性别',
        csrq DATE COMMENT '出生日期',
        jg VARCHAR(4) COMMENT '籍贯',
        lxfs CHAR(11) COMMENT '联系方式',
        zydm CHAR(2) COMMENT '专业代码',
        xq SET('music','art','sport','technology') COMMENT '兴趣'
     )COMMENT='学生表';
mysql>SHOW CREATE TABLE xuesheng \G
```

（5）创建专业表，并查看表的定义脚本，具体语句如下。

```
mysql>DROP TABLE IF EXISTS zhuanye;
mysql>CREATE TABLE zhuanye (
        zydm CHAR(2) COMMENT '专业代码',
        zymc VARCHAR(8) COMMENT '专业名称',
        ssyx VARCHAR(8) COMMENT '所属院系'
     )COMMENT='专业表';
mysql>SHOW CREATE TABLE zhuanye \G
```

（6）显示 xsgl 数据库中的所有数据表，具体语句如下。

```
mysql>SHOW TABLES;
```

（7）复制 zhuanye 表中所有内容至 zhuanye_1 表中，具体语句如下。

```
mysql>CREATE TABLE zhuanye_1 AS SELECT * FROM zhuanye;
```

（8）复制 kecheng 表结构至 kecheng_1 表中，具体语句如下。

```
mysql>CREATE TABLE kecheng_1 LIKE kecheng;
```

（9）将 kecheng_1 表的名称改为 kecheng_2，具体语句如下。

```
mysql>ALTER TABLE kecheng_1 RENAME TO kecheng_2;
```

（10）修改 kecheng_2 表的 kcdm 字段的数据类型为 VARCHAR(3)，具体语句如下。

```
mysql>ALTER TABLE kecheng_2 MODIFY kcdm VARCHAR(3);
```

（11）修改 kecheng_2 表的 kcdm 字段的名称为 dm、数据类型为 CHAR(4)，具体语句如下。

```
mysql>ALTER TABLE kecheng_2 CHANGE kcdm dm CHAR(4);
```

（12）修改 kecheng_2 表，将 dm 字段移到 kcmc 字段的后面。

```
mysql>ALTER TABLE kecheng_2 MODIFY dm CHAR(4) AFTER kcmc;
```

（13）删除数据表 kecheng_2，具体语句如下。

```
mysql>DROP TABLE kecheng_2;
```

任务 3.3　数据完整性约束

3.3.1　数据完整性约束的概念

关系数据的完整性约束用于保证用户对数据库中数据修改的一致性和正确性，用来防止数据库中存在不符合语义的数据。关系数据库具有以下 4 种完整性约束。

1. 域完整性

域完整性用于指定输入的值的数据类型、取值范围、是否允许为空等，如 xuesheng 表中 xb 字段的值只能取男或女。

V3-4　数据完整性约束

2. 实体完整性

实体完整性是一个关系表内的约束，它要求每个实体记录都具有唯一标识，且该标识不能为空，即表的所有主键不能为空。例如，xuesheng 表中的 xh 字段值、kecheng 表中的 kcdm 字段值等都具有唯一性。

3. 参照完整性

参照完整性是两个关系表的属性之间的引用参照的约束。若一个关系表的属性值（外键）对应依赖于另一个关系表的主键，则这两个表具有参照依赖关系。参照完整性用于保证表间数据的一致性，避免无效或具有歧义的数据产生。例如，chengji 表中的 xh 字段的值必须是来自 xuesheng 表中的 xh 字段的值，所以 chengji 表中的 xh 字段与 xuesheng 表中的 xh 字段具有参照完整性约束。

4. 用户定义的完整性

用户定义的完整性是针对某一具体应用而定义的约束条件，它反映了在某一具体应用业务中必须满足的条件。例如，kecheng 表中的 xf 字段的值必须为大于等于 0 的数字。

关系数据库的完整性在 DBMS 中是通过各种约束来实现的。MySQL 中定义了一些用于维护数据库完整性的规则，即表的约束。表 3-9 列举了常见的表的约束及其说明。

表 3-9　常见的表的约束及其说明

约束	说明
PRIMARY KEY	主键约束，用于唯一标识对应的记录
FOREIGN KEY	外键约束
NOT NULL	非空约束
UNIQUE	唯一性约束
DEFAULT	默认值约束，用于设置字段的默认值

表 3-9 中列举的约束都是针对表中字段进行限制，从而保证数据表中数据的正确性和唯一性的。可以在创建表时设置约束，也可以在创建表后通过修改表来添加约束，以保证数据的完整性。

3.3.2　主键约束

在 MySQL 中，为了快速查找表中的某条记录，可以通过设置主键来实现。主键约束是通过 PRIMARY KEY 定义的，使用它可以唯一标识表中的记录，这就好比使用身份证号来标识人一样。在 MySQL 中，主键约束分为两种，具体介绍如下。

1. 单字段主键

单字段主键指的是由一个字段构成的主键，其基本语法格式如下。

V3-5　主键约束、非空约束、唯一约束

```
字段名 数据类型 PRIMARY KEY
```

【实例 3-19】在 xsgl 数据库中创建一个 xuesheng 表，如果已存在 xuesheng 表，则将其删除后重新创建，并设置 xh 字段为主键，具体语句如下。

```
mysql>USE xsgl;
mysql>DROP TABLE IF EXISTS xuesheng;
mysql>CREATE TABLE xuesheng (
        xh CHAR(3) PRIMARY KEY COMMENT '学号',
        xm VARCHAR(4) COMMENT '姓名',
        xb ENUM('M','F') COMMENT '性别',
        csrq DATE COMMENT '出生日期',
        jg VARCHAR(4) COMMENT '籍贯',
        lxfs CHAR(11) COMMENT '联系方式',
        zydm CHAR(2) COMMENT '专业代码',
        xq SET('music','art','sport','technology') COMMENT '兴趣'
    )COMMENT='学生表';
```

执行结果如图 3-20 所示。

```
mysql> USE xsgl;
Database changed
mysql> DROP TABLE IF EXISTS xuesheng;
Query OK, 0 rows affected (0.14 sec)

mysql> CREATE TABLE xuesheng (
    ->   xh CHAR(3) PRIMARY KEY COMMENT '学号',
    ->   xm VARCHAR(4) COMMENT '姓名',
    ->   xb ENUM('M','F') COMMENT '性别',
    ->   csrq DATE COMMENT '出生日期',
    ->   jg VARCHAR(4) COMMENT '籍贯',
    ->   lxfs CHAR(11) COMMENT '联系方式',
    ->   zydm CHAR(2) COMMENT '专业代码',
    ->   xq SET('music','art','sport','technology') COMMENT '兴趣'
    -> )COMMENT='学生表';
Query OK, 0 rows affected (0.13 sec)
```

图 3-20　创建 xuesheng 表

使用 DESCRIBE 语句查看 xuesheng 表的结构，结果如图 3-21 所示。

```
mysql> DESC xuesheng;
+-------+-----------------------------------------+------+-----+---------+-------+
| Field | Type                                    | Null | Key | Default | Extra |
+-------+-----------------------------------------+------+-----+---------+-------+
| xh    | char(3)                                 | NO   | PRI | NULL    |       |
| xm    | varchar(4)                              | YES  |     | NULL    |       |
| xb    | enum('M','F')                           | YES  |     | NULL    |       |
| csrq  | date                                    | YES  |     | NULL    |       |
| jg    | varchar(4)                              | YES  |     | NULL    |       |
| lxfs  | char(11)                                | YES  |     | NULL    |       |
| zydm  | char(2)                                 | YES  |     | NULL    |       |
| xq    | set('music','art','sport','technology') | YES  |     | NULL    |       |
+-------+-----------------------------------------+------+-----+---------+-------+
8 rows in set (0.00 sec)
```

图 3-21　查看 xuesheng 表的结构

从图 3-21 中可以看出，xuesheng 表中创建了 xh、xm、xb 等 8 个字段。其中，xh 字段的 Key 值是“PRI”，表示 xh 字段是主键。

2. 多字段主键

多字段主键指的是由多个字段组合而成的主键，其基本语法格式如下。

```
PRIMARY KEY (字段名 1,字段名 2,…, 字段名 n)
```

其中，"字段名 1,字段名 2,…,字段名 *n*"指的是构成主键的多个字段的名称。

【实例 3-20】在 xsgl 数据库中创建一个 chengji 表，将其中的 xh 字段和 kcdm 字段共同设置为主键，具体语句如下。

```
mysql>DROP TABLE IF EXISTS chengji;
mysql>CREATE TABLE chengji (
        xh char(3) COMMENT '学号',
        kcdm char(3) COMMENT '课程代码',
        pscj tinyint(3) COMMENT '平时成绩',
        sycj tinyint(3) COMMENT '实验成绩',
        kscj tinyint(3) COMMENT '考试成绩',
        zhcj decimal(5,1) COMMENT '综合成绩',
        PRIMARY KEY(xh,kcdm)
    ) COMMENT='成绩表';
```

执行结果如图 3-22 所示。

```
mysql> DROP TABLE IF EXISTS chengji;
Query OK, 0 rows affected (0.37 sec)

mysql> CREATE TABLE chengji (
    -> xh char(3) COMMENT '学号',
    -> kcdm char(3) COMMENT '课程代码',
    -> pscj tinyint(3) COMMENT '平时成绩',
    -> sycj tinyint(3) COMMENT '实验成绩',
    -> kscj tinyint(3) COMMENT '考试成绩',
    -> zhcj decimal(5,1) COMMENT '综合成绩',
    -> PRIMARY KEY(xh,kcdm)
    -> ) COMMENT='成绩表';
Query OK, 0 rows affected, 3 warnings (0.42 sec)
```

图 3-22　创建 chengji 表

使用 DESCRIBE 语句查看 chengji 表的结构，结果如图 3-23 所示。

```
mysql> DESC chengji;
+-------+--------------+------+-----+---------+-------+
| Field | Type         | Null | Key | Default | Extra |
+-------+--------------+------+-----+---------+-------+
| xh    | char(3)      | NO   | PRI | NULL    |       |
| kcdm  | char(3)      | NO   | PRI | NULL    |       |
| pscj  | tinyint(3)   | YES  |     | NULL    |       |
| sycj  | tinyint(3)   | YES  |     | NULL    |       |
| kscj  | tinyint(3)   | YES  |     | NULL    |       |
| zhcj  | decimal(5,1) | YES  |     | NULL    |       |
+-------+--------------+------+-----+---------+-------+
6 rows in set (0.00 sec)
```

图 3-23　查看 chengji 表的结构

从图 3-23 中可以看出，chengji 表中创建了 xh、kcdm 等 6 个字段。其中，xh 字段和 kcdm 字段的 Key 值都是"PRI"，表示 xh 字段和 kcdm 字段的组合为主键，可用于唯一确定一条记录。

注意　每个数据表中最多只能有一个主键约束，被定义为 PRIMARY KEY 的字段不能有重复值且不能为 NULL。

3.3.3　非空约束

非空约束指的是字段的值不能为 NULL，在 MySQL 中，非空约束是通过 NOT NULL 定义的。其基本语法格式如下。

字段名 数据类型 NOT NULL;

【实例 3-21】在 xsgl 数据库中创建 kecheng 表，将表中的 kcdm 字段设置为主键，kcmc 字段设置为非空约束，具体语句如下。

```
mysql>DROP TABLE IF EXISTS kecheng;
mysql>CREATE TABLE kecheng (
        kcdm CHAR(3) PRIMARY KEY COMMENT '课程代码',
        kcmc VARCHAR(8) NOT NULL COMMENT '课程名称',
        xf DECIMAL(3,1) COMMENT '学分'
        ) COMMENT='课程表';
```

执行结果如图 3-24 所示。

图 3-24　创建 kecheng 表

使用 DESCRIBE 语句查看 kecheng 表的结构，结果如图 3-25 所示。

图 3-25　查看 kecheng 表的结构

从图 3-25 中可以看出，kecheng 表中创建了 kcdm、kcmc 和 xf 这 3 个字段。其中，kcdm 字段的 Key 值是"PRI"，Null 值是"NO"，表示 kcdm 字段为主键，不能为空；kcmc 字段的 Null 值为"NO"，表示 kcmc 字段为非空字段。需要注意的是，在同一个数据表中可以定义多个非空字段。

3.3.4　唯一约束

唯一约束用于保证数据表中字段的唯一性，即表中字段的值不能重复出现。唯一约束是通过 UNIQUE 定义的。其基本语法格式如下。

字段名 数据类型 UNIQUE;

【实例 3-22】在 xsgl 数据库中创建 zhuanye 表，将表中的 zydm 字段设置为主键，将 zymc 字段设置为唯一约束，具体语句如下。

```
mysql>DROP TABLE IF EXISTS zhuanye;
mysql>CREATE TABLE zhuanye (
        zydm CHAR(2) PRIMARY KEY COMMENT '专业代码',
        zymc VARCHAR(8) UNIQUE COMMENT '专业名称',
        ssyx VARCHAR(8) COMMENT '所属院系'
        )COMMENT='专业表';
```

执行结果如图 3-26 所示。

```
mysql> DROP TABLE IF EXISTS zhuanye;
Query OK, 0 rows affected, 1 warning (0.00 sec)

mysql> CREATE TABLE zhuanye (
    -> zydm CHAR(2) PRIMARY KEY COMMENT '专业代码',
    -> zymc VARCHAR(8) UNIQUE COMMENT '专业名称',
    -> ssyx VARCHAR(8) COMMENT '所属院系'
    -> )COMMENT='专业表';
Query OK, 0 rows affected (0.02 sec)
```

图 3-26　创建 zhuanye 表

使用 DESCRIBE 语句查看 zhuanye 表的结构，结果如图 3-27 所示。

```
mysql> DESC zhuanye;

| Field | Type       | Null | Key | Default | Extra |
| zydm  | char(2)    | NO   | PRI | NULL    |       |
| zymc  | varchar(8) | YES  | UNI | NULL    |       |
| ssyx  | varchar(8) | YES  |     | NULL    |       |

3 rows in set (0.00 sec)
```

图 3-27　查看 zhuanye 表的结构

从图 3-27 中可以看出，zhuanye 表中创建了 zydm、zymc 和 ssyx 这 3 个字段。其中，zydm 字段为主键；zymc 字段的 Key 值为"UNI"，表示 zymc 字段的值为唯一值，不能重复，但可以有多个值为 NULL。

3.3.5　默认约束

默认约束用于为数据表中的字段指定默认值，即当在表中插入一条新记录时，如果没有为这个字段赋值，那么数据库系统会自动为这个字段赋默认值。其基本语法格式如下。

V3-6　默认约束、检查约束

```
字段名 数据类型 DEFAULT 默认值;
```

【实例 3-23】修改 kecheng 表，将表中的 xf 字段的默认值设置为 0.0，具体语句如下。

```
mysql>ALTER TABLE kecheng MODIFY xf decimal(3,1) DEFAULT 0.0 COMMENT '学分';
```

使用 DESCRIBE 语句查看 kecheng 表的结构，结果如图 3-28 所示。

```
mysql> DESC kecheng;

| Field | Type        | Null | Key | Default | Extra |
| kcdm  | char(3)     | NO   | PRI | NULL    |       |
| kcmc  | varchar(8)  | NO   |     | NULL    |       |
| xf    | decimal(3,1)| YES  |     | 0.0     |       |

3 rows in set (0.00 sec)
```

图 3-28　查看 kecheng 表的结构

从图 3-28 中可以看出，kcdm 字段为主键，不能为空；kcmc 字段的 Null 值为 "NO"，表示 kcmc
字段为非空字段，即 kcmc 字段的值为非空；xf 字段的默认值为 0.0。

3.3.6　设置表的字段值自动增加

在数据表中，若想为表中插入的新记录自动生成唯一的 ID，则可以通过使用 AUTO_INCREMENT
约束来实现。AUTO_INCREMENT 约束的字段可以是任何整数类型的字段。默认情况下，
AUTO_INCREMENT 约束的字段的值是从 1 开始自增的。其基本语法格式如下。

```
字段名 数据类型 AUTO_INCREMENT;
```

【实例 3-24】修改 kecheng 表，先删除原有主键，再为该表增加一个字段 id，将 id 字段设置为自
动增加，具体语句如下。

```
mysql>ALTER TABLE kecheng DROP PRIMARY KEY;
mysql>ALTER TABLE kecheng ADD id INT PRIMARY KEY
      AUTO_INCREMENT COMMENT '课程编号';
```

使用 DESCRIBE 语句查看 kecheng 表的结构，结果如图 3-29 所示。

```
mysql> DESC kecheng;

| Field | Type        | Null | Key | Default | Extra          |
| id    | int(11)     | NO   | PRI | NULL    | auto_increment |
| kcdm  | char(3)     | YES  |     | NULL    |                |
| kcmc  | varchar(8)  | NO   |     | NULL    |                |
| xf    | decimal(3,1)| YES  |     | 0.0     |                |

4 rows in set (0.00 sec)
```

图 3-29　查看 kecheng 表的结构

从图 3-29 中可以看出，id 字段的 Key 值为 "PRI"、Extra 值为 "auto_increment"，说明 id 字
段为主键，自动增长且不能为空。在为表插入记录时，id 字段的值不需要输入，它会自动从 1 开始递增，
也可以通过命令设置 id 字段的值从指定值开始递增。

注意
设置为自动增长的字段必须为主键，且必须为整数类型。

3.3.7　设置表的检查约束

使用检查约束能够实现比主键更复杂的数据关联业务规则，检查约束由 CHECK 关键字来设置
（在 MySQL 8.0.16 及以上版本中才会生效）。使用 CHECK 关键字设置表字段检查约束的基本语法
格式如下。

```
字段名 数据类型 CHECK(条件);
```

【实例 3-25】修改 kecheng 表，将 xf 字段的默认值设置为 0.0，设置 CHECK 约束使 xf 字段的
值必须大于等于 0，具体语句如下。

```
mysql>ALTER TABLE kecheng MODIFY xf decimal(3,1)
      DEFAULT 0.0 CHECK(xf>=0) COMMENT '学分';
```

使用 SHOW CREATE TABLE kecheng \G 语句查看 kecheng 表的定义脚本，结果如图 3-30
所示。

```
mysql> SHOW CREATE TABLE kecheng \G
*************************** 1. row ***************************
       Table: kecheng
Create Table: CREATE TABLE `kecheng` (
  `kcdm` char(3) NOT NULL COMMENT '课程代码',
  `kcmc` varchar(8) NOT NULL COMMENT '课程名称',
  `xf` decimal(3,1) DEFAULT '0.0' COMMENT '学分',
  PRIMARY KEY (`kcdm`),
  CONSTRAINT `kecheng_chk_1` CHECK ((`xf` >= 0))
) ENGINE=InnoDB DEFAULT CHARSET=utf8mb4 COLLATE=utf8mb4_0900_ai_ci COMMENT='课程表'
1 row in set (0.00 sec)
```

图 3-30　查看 kecheng 表的定义脚本

从图 3-30 中可以看出，为 xf 字段添加了约束，约束名自动定义为 kecheng_chk_1，约束为 xf ≥0。

3.3.8　设置表的外键约束

外键约束即 FOREIGN KEY 约束，用于保证数据表与数据表之间的引用完整性。InnoDB 存储引擎支持外键，MyISAM 不支持外键。外键是数据表的特殊字段，用于表示相关联的两个表的关系。由学生管理数据库的概念模型可以知道，xuesheng 表与 chengji 表之间存在一对多的关系，即一位学生可以选修多门课程，也就有多个成绩，如图 3-31 所示。

V3-7　外键约束

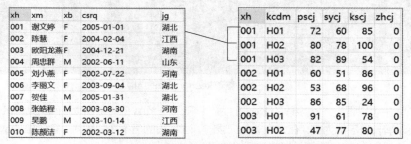

图 3-31　xuesheng 表（左）与 chengji 表（右）间的数据关系

1. 创建表时设置外键约束

使用 FOREIGN KEY 设置表的外键约束的基本语法格式如下。

```
FOREIGN KEY(外键字段名) REFERENCES 主键表(主键字段名)
```

其中，"外键字段名"与"主键字段名"可以相同，也可以不相同，一般情况下，它们的类型、长度是相同的。

> **提 示** 在主从表中，主表被从表引用的字段应该具有 PRIMARY KEY 约束或 UNIQUE 约束。

【实例 3-26】在 xsgl 数据库中创建 chengji 表，如果存在 chengji 表，则先删除该表再重新创建。在该表中将 xh 和 kcdm 这两个字段共同设置为主键，同时设置 xh 字段为外键，其值依赖于主表 xuesheng 中的 xh 字段的值，具体语句如下。

```
mysql>DROP TABLE IF EXISTS chengji;
mysql>CREATE TABLE chengji (
        xh char(3) COMMENT '学号',
        kcdm char(3) COMMENT '课程代码',
```

```
        pscj  tinyint(3)  DEFAULT  0  COMMENT  '平时成绩',
        sycj  tinyint(3)  DEFAULT  0  COMMENT  '实验成绩',
        kscj  tinyint(3)  DEFAULT  0  COMMENT  '考试成绩',
        zhcj  decimal(5,1)  DEFAULT  0.0  COMMENT  '综合成绩',
        PRIMARY  KEY(xh,kcdm),
        FOREIGN  KEY(xh)  REFERENCES  xuesheng(xh)
        )COMMENT='成绩表';
```

使用 SHOW CREATE TABLE chengji \G 语句查看 chengji 表的定义脚本,结果如图 3-32 所示。

图 3-32　查看 chengji 表的定义脚本（1）

从图 3-32 中可以看出,创建了名为 chengji_ibfk_1 的外键约束,从表 chengji 的 xh 字段依赖于主表 xuesheng 的 xh 字段。

2. 修改表时添加外键约束

添加 FOREIGN KEY 约束的基本语法格式如下。

```
ADD CONSTRAINT 约束名 FOREIGN KEY(外键字段名)
    REFERENCES 主键表(主键字段名);
```

其中,CONSTRAINT 表示约束关键字;"约束名"为外键约束名,如果创建表时没有定义外键约束,则会自动创建外键约束名,如实例 3-26 中自动创建的外键约束名为 chengji_ibfk_1。

【实例 3-27】修改 xsgl 数据库中的 chengji 表,添加名为 chengji_fk_kcdm 的主键约束。chengji 表中 kcdm 字段的值依赖于主表 kecheng 中 kcdm 字段的值,具体语句如下。

```
mysql>ALTER TABLE kecheng DROP id;
mysql>ALTER TABLE kecheng ADD CONSTRAINT PK_kedm PRIMARY KEY(kcdm);
mysql>ALTER TABLE chengji
    ADD CONSTRAINT chengji_fk_kcdm
    FOREIGN KEY(kcdm) REFERENCES kecheng(kcdm);
```

使用 SHOW CREATE TABLE chengji \G 语句查看 chengji 表的定义脚本,结果如图 3-33 所示。

图 3-33　查看 chengji 表的定义脚本（2）

从图 3-33 中可以看出，成功创建了名为 chengji_fk_kcdm 的外键约束，目前
该表中有两个外键约束。

3．外键约束的级联更新和删除

FOREIGN KEY 约束用于实现表间的引用完整性，当主表中被引用的值发生
变化时，为了保证表间数据的一致性，从表中与该值相关的数据也应该相应更新，

V3-8　外键约束的
级联更新和删除

这就是 FOREIGN KEY 约束的级联更新和删除。其语法格式如下。

```
CONSTRAINT 约束名 FOREIGN KEY(外键字段名)
    REFERENCES 主键表(主键字段名)
    [ON UPDATE {CASCADE | SET NULL | NO ACTION | RESTRICT }]
    [ON DELETE {CASCADE | SET NULL | NO ACTION | RESTRICT }];
```

从上述语法格式来看，定义 FOREIGN KEY 约束需使用 ON UPDATE 和 ON DELETE 子句，
其参数说明如下。

（1）CASCADE：在更新或删除表记录时，如果该值被其他表引用，则级联更新或删除从表中相应
的记录。

（2）SET NULL：在更新和删除表记录时，从表中相关记录对应的值被设置为 NULL。

（3）NO ACTION：不进行任何操作。

（4）RESTRICT：拒绝主表更新或修改外键的关联字段。

【实例 3-28】先删除 chengji 表中的约束，再创建与 kecheng 表的 FOREIGN KEY 约束并进行
级联更新和删除，具体语句如下。

```
mysql>ALTER TABLE chengji
    DROP FOREIGN KEY chengji_fk_kcdm;
mysql>ALTER TABLE chengji
    ADD CONSTRAINT chengji_fk_kcdm
    FOREIGN KEY(kcdm) REFERENCES kecheng(kcdm)
    ON UPDATE CASCADE ON DELETE CASCADE;
```

执行结果如图 3-34 所示。

```
mysql> ALTER TABLE chengji
    -> DROP FOREIGN KEY chengji_fk_kcdm;
Query OK, 0 rows affected (0.05 sec)
Records: 0  Duplicates: 0  Warnings: 0

mysql> ALTER TABLE chengji
    -> ADD CONSTRAINT chengji_fk_kcdm
    -> FOREIGN KEY(kcdm) REFERENCES kecheng(kcdm)
    -> ON UPDATE CASCADE ON DELETE CASCADE;
Query OK, 0 rows affected (0.16 sec)
Records: 0  Duplicates: 0  Warnings: 0
```

图 3-34　为 FOREIGN KEY 约束设置级联更新和删除

使用 SHOW CREATE TABLE chengji \G 语句查看 chengji 表的定义脚本，结果如图 3-35 所示。

从图 3-35 中可以看出，外键约束 chengji_fk_kcdm 的后面添加了 ON DELETE CASCADE 和
ON UPDATE CASCADE 子句。此后，当删除或修改 kecheng 表中的 kcdm 字段的值时，chengji
表中引用了 kcdm 字段的记录都会被删除或修改。

> **提示** 表间的级联深度是无限的，在多层级联后，很难注意到级联更新和删除的数据，因此在表间不
> 要建立太多的级联，以免出现不必要的数据表丢失的情况。

```
mysql> SHOW CREATE TABLE chengji \G
*************************** 1. row ***************************
       Table: chengji
Create Table: CREATE TABLE `chengji` (
  `xh` char(3) NOT NULL COMMENT '学号',
  `kcdm` char(3) NOT NULL COMMENT '课程代码',
  `pscj` tinyint DEFAULT '0' COMMENT '平时成绩',
  `sycj` tinyint DEFAULT '0' COMMENT '实验成绩',
  `kscj` tinyint DEFAULT '0' COMMENT '考试成绩',
  `zhcj` decimal(5,1) DEFAULT '0.0' COMMENT '综合成绩',
  PRIMARY KEY (`xh`,`kcdm`),
  KEY `chengji_fk_kcdm` (`kcdm`),
  CONSTRAINT `chengji_fk_kcdm` FOREIGN KEY (`kcdm`) REFERENCES `kecheng` (`kcdm`) ON DELETE CASCADE
ON UPDATE CASCADE,
  CONSTRAINT `chengji_ibfk_1` FOREIGN KEY (`xh`) REFERENCES `xuesheng` (`xh`)
) ENGINE=InnoDB DEFAULT CHARSET=utf8mb4 COLLATE=utf8mb4_0900_ai_ci COMMENT='成绩表'
1 row in set (0.00 sec)
```

图 3-35　查看 chengji 表的定义脚本（3）

3.3.9　删除约束

约束的使用在一定程度上可以保证数据的正确性和一致性，但约束的使用也会影响数据访问的性能或增强表间的数据耦合，因此在实际开发中要根据业务需要进行取舍。

当使用 DROP TABLE 语句删除数据表时，数据表中所有的约束也会随之被删除。使用 ALTER TABLE 语句可以删除指定的约束，其语法格式如下。

```
ALTER TABLE 表名 DROP 约束类型 [约束名];
```

其中，"约束类型"的取值为 PRIMARY KEY、CHECK 或 FOREIGN KEY 等。

【实例 3-29】删除 chengji 表中的 PRIMARY KEY、chengji_fk_kcdm 与 chengji_ibfk_1 外键约束，具体语句如下。

```
mysql>ALTER TABLE chengji DROP FOREIGN KEY chengji_fk_kcdm;
mysql>ALTER TABLE chengji DROP FOREIGN KEY chengji_ibfk_1;
mysql>ALTER TABLE chengji DROP PRIMARY KEY;
```

通过以上 3 条语句分别删除了两个外键和一个主键约束，注意删除的顺序，要先删除外键约束再删除主键约束，即先删除 xh 字段与 kcdm 字段的依赖关系。以上语句成功执行后，使用 SHOW CREATE TABLE chengji \G 语句查看 chengji 表的定义脚本，结果如图 3-36 所示。

```
mysql> SHOW CREATE TABLE chengji \G
*************************** 1. row ***************************
       Table: chengji
Create Table: CREATE TABLE `chengji` (
  `xh` char(3) NOT NULL COMMENT '学号',
  `kcdm` char(3) NOT NULL COMMENT '课程代码',
  `pscj` tinyint DEFAULT '0' COMMENT '平时成绩',
  `sycj` tinyint DEFAULT '0' COMMENT '实验成绩',
  `kscj` tinyint DEFAULT '0' COMMENT '考试成绩',
  `zhcj` decimal(5,1) DEFAULT '0.0' COMMENT '综合成绩',
  KEY `chengji_fk_kcdm` (`kcdm`)
) ENGINE=InnoDB DEFAULT CHARSET=utf8mb4 COLLATE=utf8mb4_0900_ai_ci COMMENT='成绩表'
1 row in set (0.00 sec)
```

图 3-36　查看 chengji 表的定义脚本（删除约束后）

从图 3-36 中可以看出，两个外键约束与主键约束都被删除了。

约束是本项目的重点及难点，在此对约束的使用进行归纳总结。

（1）在创建表时，先创建主表，再创建从表。

（2）在删除表时，先删除从表，再删除主表。

（3）在删除约束时，先删除外键约束，再删除主键约束，约束类型的取值为 PRIMARY KEY、CHECK 或 FOREIGN KEY 等。

至于要不要使用外键约束，可从以下两点进行考虑。

（1）可以使用外键约束，因为使用外键约束可以保证数据的完整性，且方便级联操作。

（2）如果数据操作并发量非常大，则最好不要使用外键约束；如果数据操作并发量不大，则可以使用外键约束。

3.3.10 任务实施——为 xsgl 数据库中的表添加约束

在 3.2.6 小节的任务实施的基础上，按下列步骤为 xsgl 数据库中的表添加约束。

（1）选择 xsgl 数据库，具体语句如下。

```
mysql>USE xsgl;
```

（2）修改 kecheng 表，为字段设置唯一约束和检查约束，并查看表的定义脚本，具体语句如下。

```
mysql>ALTER TABLE kecheng
    MODIFY kcmc varchar(8) UNIQUE COMMENT '课程名称',
    MODIFY xf DECIMAL(3,1) check(xf>=0);
mysql>SHOW CREATE TABLE kecheng \G
```

（3）修改已有 xuesheng 表，为字段设置默认值约束，并查看表的定义脚本，具体语句如下。

```
mysql>ALTER TABLE xuesheng
    ALTER COLUMN csrq SET DEFAULT '2000-01-01',
    ALTER COLUMN jg SET DEFAULT NULL,
    ALTER COLUMN lxfs SET DEFAULT NULL,
    ALTER COLUMN zydm SET DEFAULT NULL,
    ALTER COLUMN xq SET DEFAULT '';
mysql>SHOW CREATE TABLE xuesheng \G
```

（4）修改已有 zhuanye 表，为字段设置唯一约束和非空约束，并查看表的定义脚本，具体语句如下。

```
mysql>ALTER TABLE zhuanye
    MODIFY COLUMN zymc varchar(8) UNIQUE COMMENT '专业名称',
    MODIFY COLUMN ssyx varchar(8) NOT NULL COMMENT '所属院系';
mysql>SHOW CREATE TABLE zhuanye \G
```

（5）修改 xuesheng 表，为 zydm 字段设置外键约束，设置级联更新与删除，并查看表的定义脚本，具体语句如下。

```
mysql>ALTER TABLE xuesheng
    ADD CONSTRAINT FK_xuesheng
    FOREIGN KEY(zydm) REFERENCES zhuanye(zydm)
    ON UPDATE CASCADE ON DELETE CASCADE;
mysql>SHOW CREATE TABLE chengji \G
```

（6）删除步骤（5）中创建的外键约束，并查看表的定义脚本，具体语句如下。

```
mysql>ALTER TABLE xuesheng DROP FOREIGN KEY FK_xuesheng;
mysql>SHOW CREATE TABLE xuesheng \G
```

任务 3.4 索引

在数据库中，经常需要查找特定的数据，例如，当执行"SELECT * FROM xuesheng WHERE xh=10000"语句时，MySQL 数据库必须从第 1 条记录开始遍历，直到找到 xh 的值为 10000 的记录，这样查找效率显然非常低。MySQL 允许创建索引来加快数据表的查询和排序速度。本任务将针对数据库的索引进行详细讲解。

3.4.1 基本概念

数据库的索引好比新华字典的音序表，它是对数据库中表的一个字段或多个字段的值进行排序后的一种结构，其作用就是加快表中数据的查询速度。MySQL 中的索引分为很多种，常用的索引如下。

V3-9 索引

1. 普通索引

普遍索引是由 KEY 或 INDEX 定义的索引。它是 MySQL 中的基本索引类型，可以创建在任何数据类型中，其值是否唯一和非空由字段本身的约束条件决定。例如，在 xuesheng 表的 xh 字段上创建一个普通索引，在查询数据时，可以根据该索引进行查询。

2. 唯一索引

唯一索引是由 UNIQUE 定义的索引，该索引所在字段的值必须是唯一的。例如，要在 xuesheng 表的 xh 字段上创建唯一索引，那么 xh 字段的值就必须是唯一的。在任务 3.3 中创建了唯一约束，那么唯一约束与唯一索引有什么区别呢？其区别具体如下。

（1）使用唯一约束和唯一索引都可以实现字段数据的唯一，字段值可以为 NULL。

（2）创建唯一约束时，会自动创建一个同名的唯一索引，该索引不能被单独删除，在删除唯一约束时会自动删除唯一索引。唯一约束通过唯一索引来实现数据的唯一。

（3）创建一个唯一索引后，这个索引就是独立的，可以被单独删除。

（4）如果想让一个字段上有唯一约束和唯一索引，且两者都可以被单独删除，那么可以先创建唯一索引，再创建同名的唯一约束。

（5）如果表的一个字段要作为另外一个表的外键，则这个字段必须有唯一约束（或是主键），如果只有唯一索引，则会报错。

3. 全文索引

全文索引是由 FULLTEXT 定义的索引，它只能创建在 CHAR、VARCHAR 或 TEXT 类型的字段上。在早期的 MySQL 中，只有 MyISAM 存储引擎支持全文索引，InnoDB 并不支持全文索引，从 MySQL 5.6 开始，InnoDB 才支持全文索引。

4. 单列索引

单列索引指的是在表中的单个字段上创建索引，它可以是普通索引、唯一索引或者全文索引。只要保证单列索引只对应表中的一个字段即可。

5. 多列索引

多列索引指的是在表中的多个字段上创建索引，只有在查询条件中使用这些字段中的第一个字段时，该索引才会被使用。例如，在 chengji 表的 xh 字段和 kcdm 字段上创建一个多列索引，只有查询条件中使用了 xh 字段时，该索引才会被使用。

6. 空间索引

空间索引是由 SPATIAL 定义的索引，它只能创建在空间数据类型的字段上。MySQL 中的空间数据类型有 4 种，分别是 GEOMETRY、POINT、LINESTRING 和 POLYGON。需要注意的是，要创建空间索引的字段必须被声明为 NOT NULL，且空间索引只能在存储引擎为 MyISAM 的表中创建。空间索引一般较少使用，在此不进行详细讲解。

需要注意的是，虽然使用索引可以加快数据的查询速度，但索引会占用一定的磁盘空间，且在创建和维护索引时，消耗的时间是随着数据量的增加而增加的。因此，在使用索引时，应该综合考虑索引的优点和缺点。

3.4.2 创建索引

创建索引的方式有以下3种。

1. 在创建表时创建索引

在创建表时可以直接创建索引，这种方式最简单、方便，其基本语法格式如下。

```
CREATE TABLE 表名（字段名1 数据类型[完整性约束条件]，
                 字段名2 数据类型[完整性约束条件]，
                 …
                 字段名 n 数据类型[完整性约束条件]
                 [UNIQUE|FULLTEXT|SPATIAL] INDEX|KEY
                 [索引名]（字段名1 [（长度）]）[ASC|DESC]）
    );
```

上述语法格式的相关参数解释如下。

（1）UNIQUE：可选参数，表示唯一索引。

（2）FULLTEXT：可选参数，表示全文索引。

（3）SPATIAL：可选参数，表示空间索引。

（4）INDEX和KEY：表示字段的索引，二者选一即可。

（5）字段名：用来指定索引对应字段的名称。

（6）长度：可选参数，表示索引的长度。

（7）ASC和DESC：可选参数，ASC表示升序排列，DESC表示降序排列。

接下来通过具体的实例分别对MySQL中的4种索引类型进行讲解。

（1）创建普通索引

【实例3-30】在t1表中的id字段上创建索引，具体语句如下。

```
mysql>CREATE TABLE t1(
      id INT,
      name VARCHAR(20),
      score FLOAT,
      INDEX(id)
      );
```

上述SQL语句执行后，使用SHOW CREATE TABLE语句查看t1表的定义脚本，结果如图3-37所示。

```
mysql> SHOW CREATE TABLE t1 \G
*************************** 1. row ***************************
       Table: t1
Create Table: CREATE TABLE `t1` (
  `id` int(11) DEFAULT NULL,
  `name` varchar(20) DEFAULT NULL,
  `score` float DEFAULT NULL,
  KEY `id` (`id`)
) ENGINE=InnoDB DEFAULT CHARSET=utf8mb4 COLLATE=utf8mb4_0900_ai_ci
1 row in set (0.00 sec)
```

图3-37 查看t1表的定义脚本

从图3-37中可以看出，id字段上已经创建了一个名称为id的索引。为了验证索引是否已经开始使用，可以使用EXPLAIN语句进行查看，具体语句如下。

```
mysql>EXPLAIN SELECT * FROM t1 WHERE id=1 \G
```

执行结果如图 3-38 所示。

图 3-38　查看 t1 表的索引使用情况

从图 3-38 中可以看出，possible_keys 和 key 的值都为"id"，说明 id 索引已经存在，且已经开始使用了。

（2）创建唯一索引

【实例 3-31】创建一个名为 t2 的表，在表中的 id 字段上创建名为 unique_id 的唯一索引，并按照升序排列数据，具体语句如下。

```
mysql>CREATE TABLE t2(
      id INT NOT NULL,
      name VARCHAR(20) NOT NULL,
      score FLOAT,
      UNIQUE INDEX unique_id(id ASC)
      );
```

上述 SQL 语句执行后，使用 SHOW CREATE TABLE 语句查看 t2 表的定义脚本，结果如图 3-39 所示。

图 3-39　查看 t2 表的定义脚本

从图 3-39 中可以看出，id 字段上已经创建了一个名称为"unique_id"的唯一索引。

（3）创建全文索引

【实例 3-32】创建一个名为 t3 的表，在表中的 name 字段上创建名为 fulltext_name 的全文索引，具体语句如下。

```
mysql>CREATE TABLE t3(
      id INT NOT NULL,
```

```
name VARCHAR(20) NOT NULL,
score FLOAT,
FULLTEXT INDEX fulltext_name(name)
)ENGINE=MyISAM;
```

上述 SQL 语句执行后,使用 SHOW CREATE TABLE 语句查看 t3 表的定义脚本,结果如图 3-40 所示。

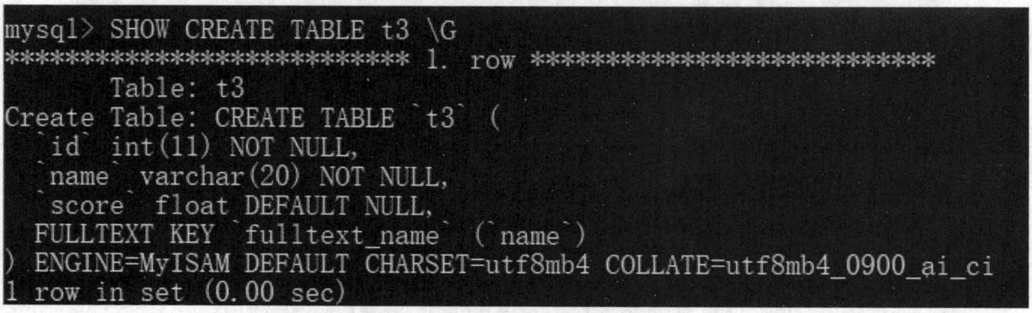

```
mysql> SHOW CREATE TABLE t3 \G
*********************** 1. row ***********************
       Table: t3
Create Table: CREATE TABLE `t3` (
 `id` int(11) NOT NULL,
 `name` varchar(20) NOT NULL,
 `score` float DEFAULT NULL,
 FULLTEXT KEY `fulltext_name` (`name`)
) ENGINE=MyISAM DEFAULT CHARSET=utf8mb4 COLLATE=utf8mb4_0900_ai_ci
1 row in set (0.00 sec)
```

图 3-40　查看 t3 表的定义脚本

从图 3-40 中可以看出,name 字段上已经创建了一个名为"fulltext_name"的全文索引。

（4）创建多列索引

【实例 3-33】创建一个名为 t4 的表,在表中的 id 字段和 name 字段上创建名为 multi 的多列索引,具体语句如下。

```
mysql>CREATE TABLE t4(
    id INT NOT NULL,
    name VARCHAR(20) NOT NULL,
    score FLOAT,
    INDEX multi(id,name)
    );
```

上述 SQL 语句执行后,使用 SHOW CREATE TABLE 语句查看 t4 表的定义脚本,结果如图 3-41 所示。

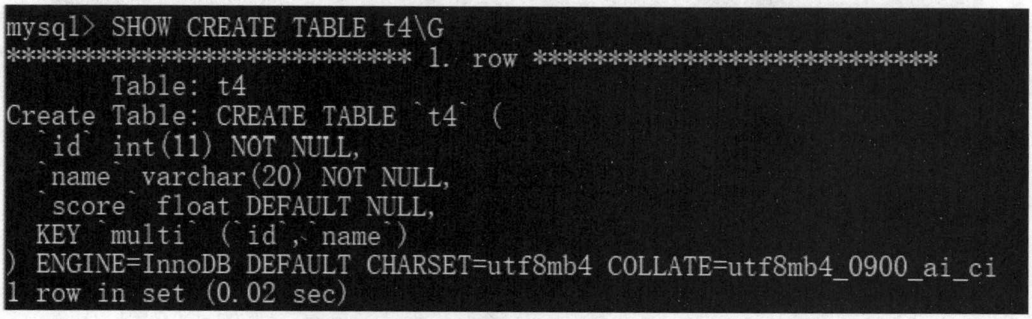

```
mysql> SHOW CREATE TABLE t4\G
*********************** 1. row ***********************
       Table: t4
Create Table: CREATE TABLE `t4` (
 `id` int(11) NOT NULL,
 `name` varchar(20) NOT NULL,
 `score` float DEFAULT NULL,
 KEY `multi` (`id`,`name`)
) ENGINE=InnoDB DEFAULT CHARSET=utf8mb4 COLLATE=utf8mb4_0900_ai_ci
1 row in set (0.02 sec)
```

图 3-41　查看 t4 表的定义脚本

从图 3-41 中可以看出,id 字段和 name 字段上已经创建了一个名为"multi"的多列索引。需要注意的是,在多列索引中,只有查询条件中使用这些字段中的第一个字段时,多列索引才会被使用。为了验证这个说法是否正确,将 id 字段作为查询条件,通过 EXPLAIN 语句查看索引的使用情况,结果如图 3-42 所示。

```
mysql> EXPLAIN SELECT * FROM t4 WHERE id=1 \G
*************************** 1. row ***************************
           id: 1
  select_type: SIMPLE
        table: t4
   partitions: NULL
         type: ref
possible_keys: multi
          key: multi
      key_len: 4
          ref: const
         rows: 1
     filtered: 100.00
        Extra: NULL
1 row in set, 1 warning (0.27 sec)

ERROR:
No query specified
```

图 3-42　查看 t4 表的索引使用情况（1）

从图 3-42 中可以看出，possible_keys 和 key 的值都为"multi"，说明 multi 索引已经存在，且已经开始被使用。如果只使用 name 字段作为查询条件，则结果如图 3-43 所示。

```
mysql> EXPLAIN SELECT * FROM t4 WHERE name="张强" \G
*************************** 1. row ***************************
           id: 1
  select_type: SIMPLE
        table: t4
   partitions: NULL
         type: ALL
possible_keys: NULL
          key: NULL
      key_len: NULL
          ref: NULL
         rows: 1
     filtered: 100.00
        Extra: Using where
1 row in set, 1 warning (0.03 sec)
```

图 3-43　查看 t4 表的索引使用情况（2）

从图 3-43 中可以看出，possible_keys 和 key 的值都为"NULL"，说明 multi 索引没有被使用。

2. 使用 CREATE INDEX 语句在已经存在的表中创建索引

在已经存在的表中创建索引的语法格式如下。

```
CREATE [UNIQUE|FULLTEXT|SPATIAL] INDEX 索引名
     ON 表名 (字段名 [(长度)] [ASC|DESC]);
```

其中，UNIQUE、FULLTEXT 和 SPATIAL 都是可选参数，分别表示唯一索引、全文索引和空间索引；INDEX 用于指明字段为索引。

在 3.2.6 小节的任务实施中已经创建了 xsgl 数据库的各个表，本项目从实例 3-34 开始的实例都以 xsgl 数据库为例，讲解如何在已存在的数据表中创建索引。

（1）创建普通索引

【实例 3-34】在 xuesheng 表中的 xm 字段上创建一个名称为 index_xm 的普通索引，具体语句如下。

```
mysql>CREATE INDEX index_xm ON xuesheng(xm);
```

上述 SQL 语句执行后，使用 SHOW CREATE TABLE 语句查看 xuesheng 表的定义脚本，结果如图 3-44 所示。

```
mysql> SHOW CREATE TABLE xuesheng \G
*************************** 1. row ***************************
       Table: xuesheng
Create Table: CREATE TABLE `xuesheng` (
  `xh` char(3) DEFAULT NULL COMMENT '学号',
  `xm` varchar(4) DEFAULT NULL COMMENT '姓名',
  `xb` enum('M','F') DEFAULT NULL COMMENT '性别',
  `csrq` date DEFAULT NULL COMMENT '出生日期',
  `jg` varchar(4) DEFAULT NULL COMMENT '籍贯',
  `lxfs` char(11) DEFAULT NULL COMMENT '联系方式',
  `zydm` char(2) DEFAULT NULL COMMENT '专业代码',
  `xq` set('music','art','sport','technology') DEFAULT NULL COMMENT '兴趣',
  KEY `index_xm` (`xm`)
) ENGINE=InnoDB DEFAULT CHARSET=utf8mb4 COLLATE=utf8mb4_0900_ai_ci COMMENT='学生表'
1 row in set (0.00 sec)
```

图 3-44　创建普通索引后 xuesheng 表的定义脚本

从图 3-44 中可以看出，xuesheng 表中的 xm 字段上已经创建了一个名称为"index_xm"的普通索引。

（2）创建唯一索引

【实例 3-35】在 xuesheng 表的 xh 字段上创建一个名称为 unique_xh 的唯一索引，具体语句如下。

```
mysql>CREATE INDEX unique_xh ON xuesheng(xh);
```

上述 SQL 语句执行后，使用 SHOW CREATE TABLE 语句查看 xuesheng 表的定义脚本，结果如图 3-45 所示。

```
mysql> SHOW CREATE TABLE xuesheng \G
*************************** 1. row ***************************
       Table: xuesheng
Create Table: CREATE TABLE `xuesheng` (
  `xh` char(3) DEFAULT NULL COMMENT '学号',
  `xm` varchar(4) DEFAULT NULL COMMENT '姓名',
  `xb` enum('M','F') DEFAULT NULL COMMENT '性别',
  `csrq` date DEFAULT NULL COMMENT '出生日期',
  `jg` varchar(4) DEFAULT NULL COMMENT '籍贯',
  `lxfs` char(11) DEFAULT NULL COMMENT '联系方式',
  `zydm` char(2) DEFAULT NULL COMMENT '专业代码',
  `xq` set('music','art','sport','technology') DEFAULT NULL COMMENT '兴趣',
  KEY `index_xm` (`xm`),
  KEY `unique_xh` (`xh`)
) ENGINE=InnoDB DEFAULT CHARSET=utf8mb4 COLLATE=utf8mb4_0900_ai_ci COMMENT='学生表'
1 row in set (0.00 sec)
```

图 3-45　创建唯一索引后 xuesheng 表的定义脚本

从图 3-45 中可以看出，xuesheng 表中的 xh 字段上已经创建了一个名称为"unique_xh"的唯一索引。

（3）创建全文索引

【实例 3-36】在 xuesheng 表中的 jg 字段上创建一个名称为 full_jg 的全文索引，具体语句如下。

```
mysql>CREATE INDEX full_jg ON xuesheng(jg);
```

上述 SQL 语句执行后，使用 SHOW CREATE TABLE 语句查看 xuesheng 表的定义脚本，结果如图 3-46 所示。

从图 3-46 中可以看出，xuesheng 表中的 jg 字段上已经创建了一个名称为"full_jg"的全文索引。

```
mysql> SHOW CREATE TABLE xuesheng \G
*************************** 1. row ***************************
       Table: xuesheng
Create Table: CREATE TABLE `xuesheng` (
  `xh` char(3) DEFAULT NULL COMMENT '学号',
  `xm` varchar(4) DEFAULT NULL COMMENT '姓名',
  `xb` enum('M','F') DEFAULT NULL COMMENT '性别',
  `csrq` date DEFAULT NULL COMMENT '出生日期',
  `jg` varchar(4) DEFAULT NULL COMMENT '籍贯',
  `lxfs` char(11) DEFAULT NULL COMMENT '联系方式',
  `zydm` char(2) DEFAULT NULL COMMENT '专业代码',
  `xq` set('music','art','sport','technology') DEFAULT NULL COMMENT '兴趣',
  KEY `index_xm` (`xm`),
  KEY `unique_xh` (`xh`),
  KEY `full_jg` (`jg`)
) ENGINE=InnoDB DEFAULT CHARSET=utf8mb4 COLLATE=utf8mb4_0900_ai_ci COMMENT='学生表'
1 row in set (0.00 sec)
```

图 3-46　创建全文索引后 xuesheng 表的定义脚本

（4）创建多列索引

【实例 3-37】在 xuesheng 表中的 jg 字段和 lxfs 字段上创建一个名称为 multi_jg_lxfs 的多列索引，具体语句如下。

```
mysql>CREATE INDEX multi_jg_lxfs ON xuesheng(jg,lxfs);
```

上述 SQL 语句执行后，使用 SHOW CREATE TABLE 语句查看 xuesheng 表的定义脚本，结果如图 3-47 所示。

```
mysql> SHOW CREATE TABLE xuesheng \G
*************************** 1. row ***************************
       Table: xuesheng
Create Table: CREATE TABLE `xuesheng` (
  `xh` char(3) DEFAULT NULL COMMENT '学号',
  `xm` varchar(4) DEFAULT NULL COMMENT '姓名',
  `xb` enum('M','F') DEFAULT NULL COMMENT '性别',
  `csrq` date DEFAULT NULL COMMENT '出生日期',
  `jg` varchar(4) DEFAULT NULL COMMENT '籍贯',
  `lxfs` char(11) DEFAULT NULL COMMENT '联系方式',
  `zydm` char(2) DEFAULT NULL COMMENT '专业代码',
  `xq` set('music','art','sport','technology') DEFAULT NULL COMMENT '兴趣',
  KEY `index_xm` (`xm`),
  KEY `unique_xh` (`xh`),
  KEY `full_jg` (`jg`),
  KEY `multi_jg_lxfs` (`jg`,`lxfs`)
) ENGINE=InnoDB DEFAULT CHARSET=utf8mb4 COLLATE=utf8mb4_0900_ai_ci COMMENT='学生表'
1 row in set (0.00 sec)
```

图 3-47　创建多列索引后 xuesheng 表的定义脚本

从图 3-47 中可以看出，xuesheng 表中的 jg 字段和 lxfs 字段上已经创建了一个名称为 "multi_jg_lxfs" 的多列索引。

3. 使用 ALTER TABLE 语句在已经存在的表中创建索引

在已经存在的表中创建索引时，除了可以使用 CREATE INDEX 语句外，还可以使用 ALTER TABLE 语句。使用 ALTER TABLE 语句在已经存在的表中创建索引的语法格式如下。

```
ALTER TABLE 表名 ADD [UNIQUE|FULLTEXT|SPATIAL] INDEX|KEY
          索引名 (字段名 [(长度)] [ASC|DESC]);
```

其中，UNIQUE、FULLTEXT 和 SPATIAL 都是可选参数，分别表示唯一索引、全文索引和空间索引；ADD 表示向表中添加字段。

（1）创建普通索引

【实例 3-38】在 zhuanye 表中的 ssyx 字段上创建一个名称为 index_ssyx 的普通索引，具体语句如下。

```
mysql>ALTER TABLE zhuanye ADD INDEX index_ssyx(ssyx);
```

77

上述 SQL 语句执行后，使用 SHOW CREATE TABLE 语句查看 zhuanye 表的定义脚本，结果如图 3-48 所示。

图 3-48　创建普通索引后 zhuanye 表的定义脚本

从图 3-48 中可以看出，zhuanye 表中的 ssyx 字段上已经创建了一个名称为"index_ssyx"的普通索引。

（2）创建唯一索引

【实例 3-39】在 zhuanye 表中的 zymc 字段上创建一个名称为 index_zymc 的唯一索引，具体语句如下。

```
mysql>ALTER TABLE zhuanye ADD UNIQUE INDEX index_zymc(zymc);
```

上述 SQL 语句执行后，使用 SHOW CREATE TABLE 语句查看 zhuanye 表的定义脚本，结果如图 3-49 所示。

图 3-49　创建唯一索引后 zhuanye 表的定义脚本

从图 3-49 中可以看出，zhuanye 表中的 zymc 字段上已经创建了一个名称为"index_zymc"的唯一索引。

（3）创建全文索引

【实例 3-40】在 zhuanye 表中的 zymc 字段上创建一个名称为 full_zymc 的全文索引，具体语句如下。

```
mysql>ALTER TABLE zhuanye ADD FULLTEXT INDEX full_zymc(zymc);
```

上述 SQL 语句执行后，使用 SHOW CREATE TABLE 语句查看 zhuanye 表的定义脚本，结果如图 3-50 所示。

图 3-50　创建全文索引后 zhuanye 表的定义脚本

从图 3-50 中可以看出，zhuanye 表中的 zymc 字段上已经创建了一个名称为"full_zymc"的全文索引。

（4）创建多列索引

【实例 3-41】在 zhuanye 表中的 zymc 字段和 ssyx 字段上创建一个名称为 multi_zymc_ssyx 的多列索引，具体语句如下。

```
mysql>ALTER TABLE zhuanye ADD INDEX multi_zymc_ssyx(zymc,ssyx);
```

上述 SQL 语句执行后，使用 SHOW CREATE TABLE 语句查看 zhuanye 表的定义脚本，结果如图 3-51 所示。

图 3-51　创建多列索引后 zhuanye 表的定义脚本

从图 3-51 中可以看出，在 zhuanye 表中的 zymc 字段和 ssyx 字段上创建了一个名称为"multi_zymc_ssyx"的多列索引。同时，可以看到在 zymc 字段上创建了 3 个索引。这表示在同一个字段上可以创建多个索引，但当执行查询时，MySQL 只能使用其中一个索引，优先使用哪个索引可查阅相关资料，在此不进行介绍。

3.4.3　删除索引

索引会占用一定的磁盘空间，因此为了避免影响数据库性能，应该及时删除不再使用的索引。删除索引的方式有以下两种。

1. 使用 ALTER TABLE 语句删除索引

使用 ALTER TABLE 语句删除索引的基本语法格式如下。

```
ALTER TABLE 表名 DROP INDEX 索引名;
```

【实例 3-42】删除 zhuanye 表中名称为 full_zymc 的全文索引，具体语句如下。

```
mysql>ALTER TABLE zhuanye DROP INDEX full_zymc;
```

上述 SQL 语句执行后，使用 SHOW CREATE TABLE 语句查看 zhuanye 表的定义脚本，结果如图 3-52 所示。

图 3-52　删除 full_zymc 索引后 zhuanye 表的定义脚本

从图 3-52 中可以看出，zhuanye 表中名称为"full_zymc"的全文索引被成功删除了。

2. 使用 DROP INDEX 语句删除索引

使用 DROP INDEX 语句删除索引的基本语法格式如下。

```
DROP INDEX 索引名 ON 表名;
```

【实例 3-43】删除 zhuanye 表中名称为 multi_zymc_ssyx 的多列索引，具体语句如下。

```
mysql>DROP INDEX multi_zymc_ssyx ON zhuanye;
```

上述 SQL 语句执行后，使用 SHOW CREATE TABLE 语句查看 zhuanye 表的定义脚本，结果如图 3-53 所示。

```
mysql> SHOW CREATE TABLE zhuanye \G
*************************** 1. row ***************************
       Table: zhuanye
Create Table: CREATE TABLE `zhuanye` (
  `zydm` char(2) DEFAULT NULL COMMENT '专业代码',
  `zymc` varchar(8) DEFAULT NULL COMMENT '专业名称',
  `ssyx` varchar(8) DEFAULT NULL COMMENT '所属院系',
  UNIQUE KEY `index_zymc` (`zymc`),
  KEY `index_ssyx` (`ssyx`)
) ENGINE=InnoDB DEFAULT CHARSET=utf8mb4 COLLATE=utf8mb4_0900_ai_ci COMMENT='专业表'
1 row in set (0.00 sec)
```

图 3-53　删除 multi_zymc_ssyx 索引后 zhuanye 表的定义脚本

从图 3-53 中可以看出，zhuanye 表中名称为"multi_zymc_ssyx"的多列索引被成功删除了。

3.4.4　任务实施——为 xsgl 数据库中的表添加索引

在 3.2.6 的任务实施中创建的数据库的基础上完成下列操作。

（1）选择 xsgl 数据库，具体语句如下。

```
mysql>USE xsgl;
```

（2）修改 chengji 表，在 pscj 字段上创建名为 pscj 的普通索引，查看表的定义脚本，并通过 EXPLAIN 语句查看索引的使用情况，具体语句如下。

```
mysql>ALTER TABLE chengji
    ADD INDEX pscj(pscj);
mysql>SHOW CREATE TABLE chengji \G
mysql>EXPLAIN SELECT * FROM chengji WHERE pscj=80 \G
```

（3）修改 chengji 表，在 xh 字段和 pscj 字段上创建名为 xh_pscj 的多列索引，并查看表的定义语句，具体语句如下。

```
mysql>ALTER TABLE chengji
    ADD INDEX xh_pscj(xh,pscj);
mysql>SHOW CREATE TABLE chengji \G
```

（4）修改 kecheng 表，在 kcdm 字段上创建名为 kcdm 的唯一索引，并查看表的定义语句，具体语句如下。

```
mysql>ALTER TABLE kecheng
    ADD UNIQUE INDEX kcdm(kcdm);
mysql>SHOW CREATE TABLE kecheng \G
```

（5）修改 zhuanye 表，在 ssyx 字段上创建名为 full_ssyx 的全文索引，并查看表的定义语句，具体语句如下。

```
mysql>ALTER TABLE zhuanye ADD FULLTEXT INDEX full_ssyx(ssyx);
mysql>SHOW CREATE TABLE zhuanye \G
```

（6）修改 xuesheng 表，在 xm 字段和 jg 字段上创建名为 xm_jg 的多列索引，并查看表的定义语句，具体语句如下。

```
mysql>ALTER TABLE xuesheng ADD INDEX xm_jg(xm,jg);
mysql>SHOW CREATE TABLE xuesheng \G
```

（7）删除前面创建的所有索引，并查看各索引是否已被成功删除，具体语句如下。

```
mysql>ALTER TABLE chengji DROP INDEX pscj;
mysql>ALTER TABLE chengji DROP INDEX xh_pscj;
mysql>DROP INDEX kcdm ON kecheng;
mysql>DROP INDEX full_ssyx ON zhuanye;
mysql>DROP INDEX xm_jg ON xuesheng;
mysql>SHOW CREATE TABLE chengji \G
mysql>SHOW CREATE TABLE kecheng \G
mysql>SHOW CREATE TABLE zhuanye \G
mysql>SHOW CREATE TABLE xuesheng \G
```

【项目小结】

本项目主要讲解了数据表的基本操作、数据类型、表的约束及索引。其中，数据表的基本操作是本项目的重要内容，需要通过实践才能更好的掌握；表的约束和索引是本项目的难点，它们需要结合表的实际情况进行运用。

【知识巩固】

一、单项选择题

1. 已知 TINYINT 类型占用 1 字节，那么，其有符号数的最大值是（　　）。
   A. 2^7-1 　　　　　　B. 2^8-1 　　　　C. 2^8 　　　　　　D. 2^7

2. 下列选项中，可以用于存储整数且占用字节数最大的数据类型是（　　）。
   A. BIGINT 　　　　　B. SMALLINT 　　C. INT 　　　　　D. TINYINT

3. 下列选项中，可以用于存储整数且占用字节数最小的数据类型是（　　）。
   A. BIGINT 　　　　　B. SMALLINT 　　C. INT 　　　　　D. TINYINT

4. 下列选项中，保存 3.1415 可以不丢失精度的数据类型是（　　）。
   A. DECIMAL(6,2) 　　　　　　　　　B. DECIMAL(6,3)
   C. DECIMAL(6,4) 　　　　　　　　　D. DECIMAL(6,1)

5. 下列关于 DECIMAL(6,2) 的说法中，正确的是（　　）。
   A. 它不可以存储小数
   B. 6 表示数据的长度，2 表示小数点后的数据长度
   C. 6 表示最多的整数位数，2 表示小数点后的数据长度
   D. 允许最多存储 8 位数字

6. 下列选项中，用于存储二进制大数据的数据类型是（　　）。
   A. CHAR 　　　　　　B. VARCHAR 　　C. TEXT 　　　　　D. BLOB

7. 下列选项中，可用于存储个人年龄的数据类型是（　　）。
   A. DECIMAL 　　　　　B. INT 　　　　C. TEXT 　　　　　D. BLOB

8. 下列选项中，用于存储文章内容或评论的数据类型是（　　）。
   A. CHAR 　　　　　　B. VARCHAR 　　C. TEXT 　　　　　D. VARBINARY

9. 下列关于表的创建的描述中，错误的是（　　　）。

    A. 在创建表之前，应该先指定需要进行操作的数据库

    B. 在创建表时，必须指定表名、字段名和字段的类型

    C. 在创建表时，必须指定字段的完整性约束条件

    D. CREATE TABLE 语句可用于创建表

10. 下列语句中，用于创建数据表的是（　　　）。

    A. ALTER 语句　　　　　　　　　　　　B. CREATE 语句

    C. UPDATE 语句　　　　　　　　　　　D. INSERT 语句

11. 下列选项中，用于创建 book 表并添加 id 字段和 title 字段的是（　　　）。

    A. CREATE TABLE book{ id varchar(32), title varchar(50) };

    B. CREATE TABLE book(id varchar(), title varchar(),);

    C. CREATE TABLE book(id varchar(32), title varchar(50));

    D. CREATE TABLE book[id varchar(32), title varchar(50)];

12. 下列语法格式中，可以正确查看数据表结构的是（　　　）。

    A. SHOW TABLE 表名;　　　　　　　　B. SHOW ALTER TABLE 表名;

    C. SHOW CREATE TABLE 表名;　　　　D. CREATE TABLE 表名;

13. 下列语法格式中，可以删除字段的是（　　　）。

    A. DELETE FROM TABLE 表名 DROP 字段名;

    B. DELETE TABLE 表名 DROP 字段名;

    C. ALTER TABLE 表名 DROP 字段名;

    D. DELETE TABLE 表名 字段名;

14. 下列选项中，用于将 grade 表中 name 字段的名称改为 username，但数据类型保持不变的是（　　　）。

    A. ALTER TABLE grade CHANGE name username;

    B. ALTER TABLE grade CHANGE name username VARCHAR(20);

    C. ALTER TABLE grade MODIFY name username VARCHAR(20);

    D. ALTER TABLE grade CHANGE name username;

15. 下列选项中，可以正确地将表 tb_grade 的名称修改为 grade 的是（　　　）。

    A. ALTER TABLE tb_grade RENAME TO tb_grade;

    B. ALTER TABLE tb_grade RENAME TO grade;

    C. ALTER TABLE tb_grade RENAME tb_grade;

    D. SHOW CREATE TABLE tb_grade;

16. 下列语法格式中，可以用来添加字段的是（　　　）。

    A. ALTER TABLE 表名 MODIFY 旧字段名 新字段名 新数据类型;

    B. ALTER TABLE 表名 MODIFY 字段名 数据类型;

    C. ALTER TABLE 表名 ADD 新字段名 数据类型;

    D. ALTER TABLE 表名 ADD 旧字段名 TO 新字段名 新数据类型;

17. 下列 SQL 语句中，可用于删除数据表 grade 的是（　　　）。

    A. DELETE FROM grade;

    B. DROP TABLE grade;

    C. DELETE grade;

    D. ALTER TABLE grade DROP grade;

18. 下列选项中，用于定义主键的关键字是（　　　）。
    A. FOREIGN KEY　　　　　　　　　B. PRIMARY KEY
    C. NOT NULL　　　　　　　　　　　D. UNIQUE

19. 下列选项中，用于正确定义数据表 student 中的 id 字段为主键的 SQL 语句是（　　　）。
    A. student(id INT PRIMARY KEY ;name VARCHAR(20));
    B. student(id PRIMARY KEY INT,name VARCHAR(20));
    C. student(id INT PRIMARY KEY ,name VARCHAR(20));
    D. student(id INT PRIMARY,name VARCHAR(20));

20. 下列关于主键的说法中，正确的是（　　　）。
    A. 主键允许为 NULL　　　　　　　　B. 主键可以允许有重复值
    C. 主键的值必须来自另一个表中的值　D. 主键具有非空性、唯一性

21. 下列选项中，可以用来定义单字段主键的是（　　　）。
    A. 字段名 PRIMARY KEY 数据类型;　　B. 字段名 数据类型 FOREIGN KEY;
    C. 字段名 数据类型 PRIMARY KEY;　　D. 字段名 数据类型 UNIQUE;

22. 下列选项中，用于定义字段的非空约束的基本语法格式是（　　　）。
    A. 字段名 数据类型 IS NULL;　　　　B. 字段名 数据类型 NOT NULL;
    C. 字段名 数据类型 IS NOT NULL;　　D. 字段名 NOT NULL 数据类型;

23. 下列选项中，用于定义默认值约束的基本语法格式是（　　　）。
    A. 字段名 数据类型 UNION 默认值;
    B. 字段名 数据类型 DEFAULT [默认值];
    C. 字段名 数据类型 DEFAULT {默认值};
    D. 字段名 数据类型 DEFAULT 默认值;

24. 默认情况下，使用 AUTO_INCREMENT 约束的字段值是从（　　　）开始自增的。
    A. 0　　　　　　　　B. 1　　　　　　　　C. 2　　　　　　　　D. 3

25. 下列选项中，用于定义唯一索引的是（　　　）。
    A. KEY　　　　　　　B. UNION　　　　　　C. UNIQUE　　　　　D. INDEX

26. 下列选项中，用于定义全文索引的是（　　　）。
    A. KEY　　　　　　　B. FULLTEXT　　　　　C. UNIQUE　　　　　D. INDEX

27. 在表中的多个字段上创建索引的情况下，只有在查询条件中使用了索引字段中的第一个字段时才会被使用的索引是（　　　）。
    A. 普通索引　　　　　B. 全文索引　　　　　C. 空间索引　　　　　D. 多列索引

28. 下列选项中，可以为 name 字段创建单列索引的是（　　　）。
    A. INDEX multi single_name(name( ));
    B. INDEX single_name(name( ));
    C. FULLTEXT INDEX single_name(name( ));
    D. UNIQUE INDEX single_name(name( ));

29. 下列选项中，用于查看索引是否被使用的 SQL 语句是（　　　）。
    A. EXPLAIN　　　　　　　　　　　B. SHOW CREATE TABLE
    C. DESCRIBE　　　　　　　　　　　D. 以上选项都正确

30. 下列选项中，可以为 id 字段创建唯一索引 unique_id，并按照升序排列的 SQL 语句是（　　　）。
    A. UNIQUE unique_id(id ASC);　　　　B. UNIQUE INDEX unique_id(id ASC);
    C. INDEX unique_id(id ASC);　　　　　D. KEY unique_id(id ASC);

二、填空题

1. 在 MySQL 中，用于删除 xuesheng 表中的 xq 字段的 SQL 语句是_____。

2. 给 student 表增加一列 tel char(10)的部分是_____。

3. 支持外键的存储引擎是_____。

4. "ALTER TABLE t1 MODIFY b INT NOT NULL;"的作用是_____。

5. 修改表，并为 xuesheng 表中的 lxfs 字段添加名为 uni_lxfs 的唯一索引的 SQL 语句是_____。

6. 修改表，并为 xuesheng 表的 xb 字段添加检查约束，且该字段的值只能是"男"或"女"的 SQL 语句是_____。

【实践训练】

请完成表 3-10～表 3-13 电商购物系统数据库 db0_shop 中各表的创建，包括表的主键、外键、唯一约束、默认值、check 约束等数据完整性约束的设置。

表 3-10　部门表：department

字段名称	数据类型	可否为 NULL	描述	备注
id	INT	否	部门编号	自增，主键
dept_name	VARCHAR(20)	否	部门名称	唯一
dept_phone	VARCHAR(13)	否	部门电话	—

表 3-11　职员表：staff

字段名称	数据类型	可否为 NULL	描述	备注
id	INT	否	职员编号	自增，主键
staffer_name	VARCHAR(8)	否	职员姓名	—
dept_id	INT	否	部门编号	外键
sex	ENUM("男","女")	否	性别	—
birthday	DATE	是	出生日期	—

表 3-12　供应商表：supplier

字段名称	数据类型	可否为 NULL	描述	备注
id	INT	否	供应商编号	自增，主键
supplier_name	VARCHAR(50)	否	供应商名称	—
supplier_phone	VARCHAR(11)	是	供应商电话	—

表 3-13　商品表：goods

字段名称	数据类型	可否为 NULL	描述	备注
id	INT	否	商品编号	自增，主键
goods_name	VARCHAR(50)	否	商品名称	—
supplier_id	INT	否	供应商编号	外键
unit_price	DECIMAL(8,2)	是	商品单价	≥0
amount	INT	是	商品数量	默认值为 0

项目四
数据处理

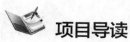

04

 项目导读

通过对项目二和项目三的学习，读者对于数据库和数据表的基本操作已经有了一定的了解，但要想进一步对数据库中的数据进行操作，必须掌握 MySQL 提供的数据库操作语言，包括插入数据的 INSERT 语句、更新数据的 UPDATE 语句及删除数据的 DELETE 语句。本项目将针对这些语句进行详细的讲解，重点在于使用 INSERT、UPDATE、DELETE 等语句进行数据管理，难点在于区分 DELETE 与 TRUNCATE 这两种删除语句。

学习目标

知识目标

- ◆ 学习 INSERT、UPDATE 和 DELETE 语句的基本语法格式；
- ◆ 学习添加、更新和删除表中数据的方法。

技能目标

- ◆ 掌握使用 INSERT 语句的不同语法格式进行表中数据添加的方法；
- ◆ 掌握使用 UPDATE 语句更新部分或全部表中数据的方法；
- ◆ 掌握使用 DELETE 与 TRUNCATE 语句删除表中数据的方法及区别。

素质目标

- ◆ 培养学生的逻辑思维和综合分析能力，使其能够正确使用 INSERT 语句、UPDATE 语句和 DELETE 语句管理数据；
- ◆ 培养学生适应职业变化的能力，以及持续学习新知识的能力。

任务 4.1　添加数据

要想操作数据表中的数据，先要保证数据表中存在数据。在 MySQL 中使用 INSERT 语句向数据表中添加数据的方式分为 4 种，分别是为表中所有字段添加数据、为表中指定字段添加数据、同时添加多条记录及使用 INSERT…SELECT 语句添加数据。本任务将针对这 4 种方式进行详细讲解。

V4-1　添加数据

4.1.1　为表中所有字段添加数据

通常情况下，向数据表中添加的新记录应该包含表的所有字段，即为表中的所有字段添加数据。为表中所有字段添加数据的 INSERT 语句有两种，具体介绍如下。

1. 在 INSERT 语句中指定所有字段名

在向表中添加新记录时，可以在 INSERT 语句中指定表的所有字段名。其语法格式如下。

```
INSERT INTO 表名(字段名1,字段名2,…,字段名n) VALUES(值1,值2,…,值n);
```

其中，"字段名 1,字段名 2,…,字段名 n" 表示数据表中的字段名，此处必须列出表中所有字段的名称；"值 1,值 2,…,值 n" 表示每个字段的值，每个值的顺序、类型必须与对应的字段匹配。

【实例 4-1】向 xuesheng 表中添加一条新记录。该记录中 xh 字段的值为 "001"、xm 字段的值为 "谢文婷"、xb 字段的值为 "F"、csrq 字段的值为 "2005-01-01"、jg 字段的值为 "湖北"、lxfs 字段的值为 "13200000001"、zydm 字段的值为 "01"、xq 字段的值为 "technology"，具体语句如下。

```
mysql>USE xsgl;
mysql>INSERT INTO xuesheng(xh,xm,xb,csrq,jg,lxfs,zydm,xq)
      VALUES('001','谢文婷','F','2005-01-01','湖北','13200000001','01','technology');
```

执行结果如图 4-1 所示。

```
mysql> USE xsgl;
Database changed
mysql> INSERT INTO xuesheng(xh,xm,xb,csrq,jg,lxfs,zydm,xq)
    -> VALUES('001','谢文婷','F','2005-01-01','湖北','13200000001','01','technology');
Query OK, 1 row affected (0.20 sec)
```

图 4-1　指定所有字段名向 xuesheng 表中添加新记录

> **提示** ① 从图 4-1 中可以看出，INSERT 语句成功执行。其中，"Query OK" 表示查询成功；"1 row affected（0.20 sec）" 表示插入了 1 条记录，用时 0.20s。
>
> 为了验证记录是否添加成功，使用 SELECT 语句查看 xuesheng 表中的记录，查询结果如图 4-2 所示。
>
> ```
> mysql> SELECT * FROM xuesheng;
> +-----+--------+------+------------+------+-------------+------+------------+
> | xh  | xm     | xb   | csrq       | jg   | lxfs        | zydm | xq         |
> +-----+--------+------+------------+------+-------------+------+------------+
> | 001 | 谢文婷 | F    | 2005-01-01 | 湖北 | 13200000001 | 01   | technology |
> +-----+--------+------+------------+------+-------------+------+------------+
> 1 row in set (0.00 sec)
> ```
>
> 图 4-2　查询结果（1）
>
> ② 从查询结果可以看出，xuesheng 表中成功地添加了一条记录，"1 row in set" 表示查询出了一条记录。
>
> SELECT 查询语句的相关知识将在项目五中进行详细讲解，这里大致了解即可。需要注意的是，使用 INSERT 语句添加记录时，表名后的字段顺序可以与其在表中定义的顺序不一致，与 VALUES 中值的顺序一致即可。

【实例 4-2】向 xuesheng 表中添加一条新记录。该记录中 xh 字段的值为 "002"，xm 字段的值为 "陈慧"、xb 字段的值为 "F"、csrq 字段的值为 "2004-02-04"、jg 字段的值为 "江西"、lxfs 字段的值为 "13300000001"、zydm 字段的值为 "01"、xq 字段的值为 "music"，具体语句如下。

```
mysql>INSERT INTO xuesheng(xh,xm,xb,zydm,xq,csrq,jg,lxfs)
      VALUES('002','陈慧','F','01','music','2004-02-04','江西','13300000001');
```

执行结果如图 4-3 所示。

```
mysql> INSERT INTO xuesheng(xh, xm, xb, zydm, xq, csrq, jg, lxfs)
    -> VALUES('002','陈慧','F','01','music','2004-02-04','江西','13300000001');
Query OK, 1 row affected (0.01 sec)
```

图 4-3　不按数据表中字段顺序向 xuesheng 表中添加新记录

从图 4-3 中可以看到，5 个字段 csrq、jg、lxfs、zydm、xq 的顺序变化了，同时 VALUES 后面值的顺序也做了相应的调换，INSERT 语句同样执行成功。接下来通过查询语句查看数据是否成功添加，结果图 4-4 所示。

```
mysql> SELECT * FROM xuesheng;
+-----+--------+----+------------+------+-------------+------+------------+
| xh  | xm     | xb | csrq       | jg   | lxfs        | zydm | xq         |
+-----+--------+----+------------+------+-------------+------+------------+
| 001 | 谢文婷 | F  | 2005-01-01 | 湖北 | 13200000001 | 01   | technology |
| 002 | 陈慧   | F  | 2004-02-04 | 江西 | 13300000001 | 01   | music      |
+-----+--------+----+------------+------+-------------+------+------------+
2 rows in set (0.00 sec)
```

图 4-4　查询结果（2）

从图 4-4 中可以看出，xuesheng 表中成功地添加了这条记录。

2. 在 INSERT 语句中不指定字段名

在 MySQL 中，可以通过不指定字段名的方式添加记录。其基本语法格式如下。

```
INSERT INTO 表名 VALUES(值1,值2,…,值n);
```

其中，"值 1,值 2,…,值 n" 用于指定要添加的数据。需要注意的是，由于 INSERT 语句中没有指定字段名，添加的值的顺序必须与字段在表中定义的顺序相同。

【实例 4-3】向 xuesheng 表中添加一条新记录。该记录中 xh 字段的值为 "003"、xm 字段的值为 "欧阳龙燕"、xb 字段的值为 "F"、csrq 字段的值为 "2004-12-21"、jg 字段的值为 "湖南"、lxfs字段的值为 "13800000005"、zydm 字段的值为 "01"、xq 字段的值为 "sport"，具体语句如下。

```
mysql>INSERT INTO xuesheng
      VALUES('003','欧阳龙燕','F','2004-12-21','湖南','13800000005','01','sport');
```

执行结果如图 4-5 所示。

```
mysql> INSERT INTO xuesheng
    -> VALUES('003','欧阳龙燕','F','2004-12-21','湖南','13800000005','01','sport');
Query OK, 1 row affected (0.04 sec)
```

图 4-5　不指定字段名向 xuesheng 表中添加新记录

以上 SQL 语句执行成功后，同样会在 xuesheng 表中添加一条新的记录。为了验证数据是否添加成功，使用 SELECT 语句查看 xuesheng 表中的数据，查询结果如图 4-6 所示。

```
mysql> SELECT * FROM xuesheng;
+-----+----------+----+------------+------+-------------+------+------------+
| xh  | xm       | xb | csrq       | jg   | lxfs        | zydm | xq         |
+-----+----------+----+------------+------+-------------+------+------------+
| 001 | 谢文婷   | F  | 2005-01-01 | 湖北 | 13200000001 | 01   | technology |
| 002 | 陈慧     | F  | 2004-02-04 | 江西 | 13300000001 | 01   | music      |
| 003 | 欧阳龙燕 | F  | 2004-12-21 | 湖南 | 13800000005 | 01   | sport      |
+-----+----------+----+------------+------+-------------+------+------------+
3 rows in set (0.00 sec)
```

图 4-6　查询结果（3）

从图 4-6 中可以看出，xuesheng 表中成功添加了这条记录。由此可见，INSERT 语句中不指定字段名同样可以成功添加数据。

4.1.2　为表中指定字段添加数据

要为表中的指定字段添加数据，可使用 INSERT 语句只向部分字段添加值，而其他字段的值为定义表时的默认值。为表中指定字段添加数据的基本语法格式如下。

```
INSERT INTO 表名(字段名1,字段名2,…,字段名n) VALUES(值1,值2,…,值n);
```

其中，"字段名1,字段名2,…,字段名 n" 表示数据表中的字段名，此次只指定表中部分字段的名称；"值1,值2,…,值 n" 表示指定字段的值，每个值的顺序、类型必须与对应的字段匹配。

【实例4-4】向 xuesheng 表中添加一条新记录。该记录中 xh 字段的值为"004"、xm 字段的值为"周忠群"、xb 字段的值为"M"、zydm 字段的值为"04"，具体语句如下。

```
mysql>INSERT INTO xuesheng(xh,xm,xb,zydm)
      VALUES('004','周忠群','M','04');
```

执行结果如图4-7所示。

```
mysql> INSERT INTO xuesheng(xh, xm, xb, zydm)
    -> VALUES('004','周忠群','M','04');
Query OK, 1 row affected (0.01 sec)
```

图4-7 指定字段名向 xuesheng 表中添加新记录

上述 SQL 语句执行成功后，同样会在 xuesheng 表中添加一条新的记录。为了验证数据是否添加成功，使用 SELECT 语句查看 xuesheng 表中的数据，查询结果如图4-8所示。

```
mysql> SELECT * FROM xuesheng;

| xh  | xm       | xb | csrq       | jg   | lxfs        | zydm | xq         |
| 001 | 谢文婷    | F  | 2005-01-01 | 湖北 | 13200000001 | 01   | technology |
| 002 | 陈慧      | F  | 2004-02-04 | 江西 | 13300000001 | 01   | music      |
| 003 | 欧阳龙燕  | F  | 2004-12-21 | 湖南 | 13800000005 | 01   | sport      |
| 004 | 周忠群    | M  | NULL       | NULL | NULL        | 04   | NULL       |

4 rows in set (0.00 sec)
```

图4-8 查询结果（4）

从图4-8中可以看出，新记录添加成功，但是 jg、lxfs 字段的值为"NULL"。这是因为在添加新记录时，如果没有为某个字段赋值，则系统会自动为该字段赋默认值。xq 字段为 SET 类型，默认值为空字符串。通过语句"SHOW CREATE TABLE xuesheng\G"可以查看 xuesheng 表的定义脚本，结果如图4-9所示。

```
mysql> SHOW CREATE TABLE xuesheng\G
*************************** 1. row ***************************
       Table: xuesheng
Create Table: CREATE TABLE `xuesheng` (
  `xh` char(3) CHARACTER SET utf8mb4 COLLATE utf8mb4_0900_ai_ci NOT NULL COMMENT '学号',
  `xm` varchar(4) DEFAULT NULL COMMENT '姓名',
  `xb` enum('M','F') DEFAULT NULL COMMENT '性别',
  `csrq` date DEFAULT NULL COMMENT '出生日期',
  `jg` varchar(4) DEFAULT NULL COMMENT '籍贯',
  `lxfs` char(11) DEFAULT NULL COMMENT '联系方式',
  `zydm` char(2) DEFAULT NULL COMMENT '专业代码',
  `xq` set('music','art','sport','technology') DEFAULT NULL COMMENT '兴趣',
  PRIMARY KEY (`xh`)
) ENGINE=InnoDB DEFAULT CHARSET=utf8mb4 COLLATE=utf8mb4_0900_ai_ci COMMENT='学生表'
1 row in set (0.00 sec)
```

图4-9 xuesheng 表的定义脚本

从图4-9中可以看出，jg、lxfs 字段的默认值为 NULL，xq 字段的默认值为空字符串。本例中没有为它们赋值，系统会自动为其赋对应的默认值。

 注意 如果在定义某个字段时为其添加了非空约束，但没有添加默认值约束，那么插入新记录时必须为该字段赋值，否则数据库系统会提示错误。

4.1.3　同时添加多条记录

前面的实例中都是一次插入一条记录，也可以通过 INSERT…VALUES 语句一次添加多条记录，该语句适合批量添加记录，效率很高。其语法格式如下。

```
INSERT INTO 表名[(字段名1,字段名2,…,字段名n)] VALUES(值1,值2,…,值n)
       ,…,(值1,值2,…);
```

其中，"VALUES(值 1,值 2,…,值 n),…,(值 1,值 2,…,值 n)"表示插入的记录可以有多条，且每条记录之间用半角逗号隔开。

【实例 4-5】向 xuesheng 表中一次添加 5 条记录，分别为('005','刘小燕','F','2002-07-22','河南','13600000005','02','music,sport') 、('006',' 李 丽 文 ','F','2003-09-04',' 湖 北 ','13400000006','06','music,technology')、('007','贺佳','M','2005-01-31','湖北','13500000009','03','sport')、('008','张皓程','M','2003-08-30','河南','13500000008','01','technology')、('009','吴鹏','M','2003-10-14','江西','13500000007','05','technology')，具体语句如下。

```
mysql>INSERT INTO xuesheng
       VALUES('005','刘小燕','F','2002-07-22','河南','13600000005','02','music,sport'),
       ('006','李丽文','F','2003-09-04','湖北','13400000006','06','music,technology'),
       ('007','贺佳','M','2005-01-31','湖北','13500000009','03','sport'),
       ('008','张皓程','M','2003-08-30','河南','13500000008','01','technology'),
       ('009','吴鹏','M','2003-10-14','江西','13500000007','05','technology');
```

执行结果如图 4-10 所示。

图 4-10　向 xuesheng 表中一次添加 5 条记录

提示　从图 4-10 中可以看出，INSERT 语句成功执行。其中，"Records: 5"表示添加了 5 条记录，"Duplicates: 0"表示添加的 5 条记录没有重复，"Warnings:0"表示添加记录时没有警告。

在添加多条记录时，可以不指定字段名列表，但要保证 VALUES 后面的值列表中的值的顺序与字段在表中定义的顺序相同。接下来通过查询语句查看数据是否成功添加，xuesheng 表中的数据如图 4-11 所示。

图 4-11　xuesheng 表中的数据

从图 4-11 中可以看出，xuesheng 表中添加了 5 条新记录。与添加单条记录一样，如果不指定字段名，则必须为每个字段添加数据；如果指定了字段名，则只需要为指定字段添加数据。

4.1.4 使用 INSERT…SELECT 语句添加数据

除了可以使用 VALUES 关键字添加常量字段值外，还可以使用 INSERT…SELECT 语句将从其他表查询到的数据添加到目标表中。其语法格式如下。

```
INSERT [INTO] 表名1[(字段名1,字段名2,…,字段名n)]
       SELECT (字段名1,字段名2,…,字段名n) FROM 表名2;
```

对上述语法格式的说明如下。

（1）使用 SELECT 子查询语句可以将从一个或多个表中查询到的数据插入目标表"表名 1"中。

（2）"表名 1"与"表名 2"中的字段数及数据类型要一致。

（3）关于 SELECT 语句的更多语法将在项目五中详细讲解。

【实例 4-6】先复制 xuesheng 表的结构至 xuesheng_bk 表中，再使用 INSERT…SELECT 语句将 xuesheng 表中的所有数据添加到 xuesheng_bk 表中，具体语句如下。

```
mysql>CREATE TABLE IF NOT EXISTS xuesheng_bk LIKE xuesheng;
mysql>INSERT INTO xuesheng_bk
       SELECT * FROM xuesheng;
```

执行结果如图 4-12 所示。

```
mysql> CREATE TABLE IF NOT EXISTS xuesheng_bk LIKE xuesheng;
Query OK, 0 rows affected (0.17 sec)

mysql> INSERT INTO xuesheng_bk
    -> SELECT * FROM xuesheng;
Query OK, 9 rows affected (0.10 sec)
Records: 9  Duplicates: 0  Warnings: 0
```

图 4-12 执行结果（1）

上述 SQL 语句执行成功后，为了验证数据是否添加成功，使用 SELECT 语句查看 xuesheng_bk 表中的数据，结果如图 4-13 所示。

```
mysql> SELECT * FROM xuesheng_bk;
+-----+-----------+------+------------+------+-------------+------+------------------+
| xh  | xm        | xb   | csrq       | jg   | lxfs        | zydm | xq               |
+-----+-----------+------+------------+------+-------------+------+------------------+
| 001 | 谢文婷    | F    | 2005-01-01 | 湖北 | 13200000001 | 01   | technology       |
| 002 | 陈慧      | F    | 2004-02-04 | 江西 | 13300000001 | 01   | music            |
| 003 | 欧阳龙燕  | F    | 2004-12-21 | 湖南 | 13800000005 | 01   | sport            |
| 004 | 周忠群    | M    | NULL       | NULL | NULL        | 04   | NULL             |
| 005 | 刘小燕    | F    | 2002-07-22 | 河南 | 13600000005 | 02   | music,sport      |
| 006 | 李丽文    | F    | 2003-09-04 | 湖北 | 13400000006 | 06   | music,technology |
| 007 | 贺佳      | M    | 2005-01-31 | 湖北 | 13500000009 | 03   | sport            |
| 008 | 张皓程    | M    | 2003-08-30 | 河南 | 13500000008 | 01   | technology       |
| 009 | 吴鹏      | M    | 2003-10-14 | 江西 | 13500000007 | 05   | technology       |
+-----+-----------+------+------------+------+-------------+------+------------------+
9 rows in set (0.00 sec)
```

图 4-13 xuesheng_bk 表中的数据

从图 4-13 中可以看出，xuesheng_bk 表中的记录与 xuesheng 表中的记录是完全一样的，表示数据添加成功。

4.1.5 任务实施——完成 xsgl 数据库中表数据的添加

在 3.2.6 小节的任务实施中完成了 xsgl 数据库中各表的创建，下面完成 xsgl 数据库中表数据的添加。

（1）选择 xsgl 数据库，具体语句如下。

```
mysql>USE xsgl;
```

（2）分两次采用不同的语法格式为 kecheng 表添加两条记录，并确认是否添加成功，具体语句如下。

```
mysql>INSERT INTO kecheng
        VALUES('C01','数据结构',5);
mysql>INSERT INTO kecheng(kcdm,kcmc,xf)
        VALUES('C02','C++程序设计',4);
mysql>SELECT * FROM kecheng;
```

（3）一次为 kecheng 表添加 14 条记录，并确认是否添加成功，具体语句如下。

```
mysql>INSERT INTO kecheng
        VALUES ('C03','计算机网络技术',5.0),('C04','汇编程序设计',5.0),
        ('C05','算法设计与分析',3.0),('H01','健康评估',2.5),('H02','护理心理',3.0),
        ('H03','基础护理技术',3.0),('J01','生物化学',4.0),('J02','分析化学',3.5),
        ('J03','检验仪器学',5.0),('K01','基础会计',3.0),('L02','生理学',4.0),
        ('L03','药理学',5.0),('S01','室内色彩学',2.0),('S02','环境心理学',4.0);
mysql>SELECT * FROM kecheng;
```

（4）为 zhuanye 表添加 7 条记录，并确认是否添加成功，具体语句如下。

```
mysql>INSERT INTO zhuanye(zydm,zymc,ssyx)
        VALUES('01','护理','医学院'),('02','检验','医药技术学院'),
        ('03','临床','医学院'),('04','计算机应用','计算机学院'),
        ('05','园林设计','园林学院'),('06','室内设计','生态宜居学院'),('07','会计','商学院');
mysql>SELECT * FROM zhuanye;
```

（5）为 chengji 表添加 14 条记录，并查看添加记录后的表内容，具体语句如下。

```
mysql>INSERT INTO chengji VALUES('001','H01','72','60','85','0.0'),('001','H02',
        '80','78','100','0.0'),('001','H03','82','89','54','0.0'),('002','H01','60','51',
        '86','0.0'),('002','H02','53','68','96','0.0'),('002','H03','86','85','24','0.0'),
        ('003','H01','91','61','78','0.0'),('003','H02','47','77','80','0.0'),('003','H03',
        '60','65','72','0.0'),('004','C01','78','68','71','0.0'),('004','C02','77','56',
        '81','0.0'),('004','C03','80','76','92','0.0'),('005','J01','66','87','60','0.0'),
        ('005','J02','63','71','75','0.0');
mysql>SELECT * FROM chengji;
```

任务 4.2 更新数据

更新数据是指对表中存在的记录进行修改，这是常见的数据库操作，例如，某位学生改了名字，就需要对其记录中的 xm 字段进行修改。在 MySQL 中使用 UPDATE 语句来更新表中的数据。其基本语法格式如下。

```
UPDATE 表名 SET 字段名1=值1[,字段名2=值2,…][WHERE 条件表达式]
```

其中，"字段名 1""字段名 2"用于指定要更新数据的字段名；"值 1""值 2"表示字段更新的数据；"WHERE 条件表达式"是可选的，用于指定更新数据需要满足的条件。UPDATE 语句可用于更新表中的部分数据和全部数据，下面对这两种情况进行讲解。

V4-2　更新数据

4.2.1　更新部分数据

更新部分数据是指根据指定条件更新表中的某一条或者某几条记录，需要使用 WHERE 子句来指定更新记录的条件。

【实例 4-7】通过任务 4.1 的操作，在 xuesheng 表中插入了 9 条记录，但是"周忠群"的籍贯与联系方式为 NULL，如图 4-11 所示。现更新其 jg 为山东、lxfs 为 18900000005，具体语句如下。

```
mysql>USE xuesheng;
mysql>UPDATE xuesheng SET jg="山东",lxfs="18900000005" WHERE xm="周忠群";
```

执行结果如图 4-14 所示。

```
mysql> UPDATE xuesheng SET jg="山东",lxfs="18900000005" WHERE xm="周忠群";
Query OK, 1 row affected (0.27 sec)
Rows matched: 1  Changed: 1  Warnings: 0
```

图 4-14　更新 xuesheng 表中"周忠群"的 jg 与 lxfs 字段

提 示 从图 4-14 中可以看出，UPDATE 语句成功执行。其中，"Rows matched: 1"表示匹配的行数为 1，"Changed:1"表示修改了 1 条记录，"Warnings:0"表示修改记录时没有警告。

接下来通过查询语句查看数据是否成功更新，结果如图 4-15 所示。

```
mysql> SELECT * FROM xuesheng;

| xh  | xm      | xb | csrq       | jg   | lxfs        | zydm | xq               |
| 001 | 谢文婷   | F  | 2005-01-01 | 湖北 | 13200000001 | 01   | technology       |
| 002 | 陈慧     | F  | 2004-02-04 | 江西 | 13300000001 | 01   | music            |
| 003 | 欧阳龙燕 | F  | 2004-12-21 | 湖南 | 13800000005 | 01   | sport            |
| 004 | 周忠群   | M  | NULL       | 山东 | 18900000005 | 04   | NULL             |
| 005 | 刘小燕   | F  | 2002-07-22 | 河南 | 13600000005 | 02   | music,sport      |
| 006 | 李丽文   | F  | 2003-09-04 | 湖北 | 13400000006 | 06   | music,technology |
| 007 | 贺佳     | M  | 2005-01-31 | 湖北 | 13500000009 | 03   | sport            |
| 008 | 张皓程   | M  | 2003-08-30 | 河南 | 13500000005 | 01   | technology       |
| 009 | 吴鹏     | M  | 2003-10-14 | 江西 | 13500000007 | 05   | technology       |

9 rows in set (0.00 sec)
```

图 4-15　查询结果

4.2.2　更新全部数据

如果在 UPDATE 语句中没有使用 WHERE 子句，则会对表中所有指定字段的数据进行更新。

【实例 4-8】在 4.1.5 小节的任务实施中完成了 chengji 表中 14 条记录的插入，但是 zhcj 字段的值全部是 0.0，综合成绩中平时成绩占 20%、实验成绩占 30%、考试成绩占 50%，使用 UPDATE 语句计算其值，具体语句如下。

```
mysql>UPDATE chengji SET zhcj=pscj*0.2+sycj*0.3+kscj*0.5;
```

执行结果如图 4-16 所示。

```
mysql> UPDATE chengji SET zhcj=pscj*0.2+sycj*0.3+kscj*0.5;
Query OK, 14 rows affected (0.22 sec)
Rows matched: 14  Changed: 14  Warnings: 0
```

图 4-16　更新全部数据

为了验证数据是否更新成功，使用 SELECT 语句查询 chengji 表中的数据，结果如图 4-17 所示。

图 4-17　查询结果

从图 4-17 中可以看出，chengji 表中 zhcj 字段的值全部计算出来了，数据更新成功。

4.2.3　级联更新数据

xsgl 数据库中有 4 个表，这 4 个表之间互有关联，如果主表的数据发生了改变，从表的数据也需要及时更新，这时可以采用级联更新数据操作。为实现该目的，主表要设置主键，从表要设置外键约束，且设置级联更新。

【实例 4-9】将 xuesheng 表中 xh 字段为"001"的值修改为"111"，要求级联修改 chengji 表中对应的学号。

分析：查看 xuesheng 表是否存在以 xh 为主键的约束，chengji 表是否存在以 xh 为外键的约束且设置有级联更新与删除，如果没有，则添加主键和外键约束并设置级联更新与删除；如果有，则直接进入步骤（2）的操作更新数据。后续可根据需要进行步骤（3）的操作将数据还原。

（1）查看与添加主键和外键约束，设置级联更新与删除。

```
mysql>SHOW CREATE TABLE xuesheng \G
#如果 xuesheng 表中没有主键约束，则使用以下语句进行添加；如果有主键约束，则忽略
mysql>ALTER TABLE xuesheng ADD CONSTRAINT PK_xh PRIMARY KEY(xh);
mysql>SHOW CREATE TABLE chengji \G
#如果 chengji 表中有外键约束，则使用以下语句进行删除；如果没有外键约束，则忽略
mysql>ALTER TABLE chengji DROP FOREIGN KEY chengji_ibfk_xh;
#为 chengji 表添加 chengji_ibfk_xh 外键约束，并设置级联更新与删除
mysql>ALTER TABLE chengji ADD CONSTRAINT chengji_ibfk_xh FOREIGN KEY(xh) REFERENCES
    xuesheng(xh) ON UPDATE CASCADE ON DELETE CASCADE;
mysql>SHOW CREATE TABLE xuesheng \G
```

（2）修改 xuesheng 表的学号。

```
mysql>UPDATE xuesheng SET xh='111' WHERE xh='001';
```

执行结果如图 4-18 所示。

图 4-18　执行结果

93

使用 SELECT 语句查看 xuesheng 表与 chengji 表中的数据，验证数据是否更新成功，结果如图 4-19 所示。

```
mysql> SELECT * FROM xuesheng;
+-----+------------+----+------------+------+-------------+------+------------------+
| xh  | xm         | xb | csrq       | jg   | lxfs        | zydm | xq               |
+-----+------------+----+------------+------+-------------+------+------------------+
| 002 | 陈慧        | F  | 2004-02-04 | 江西  | 13300000001 | 01   | music            |
| 003 | 欧阳龙燕     | F  | 2004-12-21 | 湖南  | 13800000005 | 01   | sport            |
| 004 | 周忠群      | M  | NULL       | 山东  | 18900000004 | 04   |                  |
| 005 | 刘小燕      | F  | 2002-07-22 | 河南  | 13600000005 | 02   | music, sport     |
| 006 | 李丽文      | F  | 2003-09-04 | 湖北  | 13400000006 | 06   | music, technology|
| 007 | 贺佳        | F  | 2005-01-31 | 湖北  | 13500000009 | 03   | sport            |
| 008 | 张皓程      | M  | 2003-08-30 | 河南  | 13500000008 | 01   | technology       |
| 009 | 吴鹏        | M  | 2003-10-14 | 江西  | 13500000007 | 05   | technology       |
| 111 | 谢文婷      | F  | 2005-01-01 | 湖北  | 13200000001 | 01   | technology       |
+-----+------------+----+------------+------+-------------+------+------------------+
9 rows in set (0.00 sec)

mysql> SELECT * FROM chengji;
+-----+------+------+------+------+------+
| xh  | kcdm | pscj | sycj | kscj | zhcj |
+-----+------+------+------+------+------+
| 111 | H01  | 72   | 60   | 85   | 74.9 |
| 111 | H02  | 80   | 78   | 100  | 89.4 |
| 111 | H03  | 82   | 89   | 54   | 70.1 |
| 002 | H01  | 60   | 51   | 86   | 70.3 |
| 002 | H02  | 53   | 68   | 96   | 79.0 |
| 002 | H03  | 86   | 85   | 24   | 54.7 |
| 003 | H01  | 91   | 61   | 78   | 75.5 |
| 003 | H02  | 47   | 77   | 80   | 72.5 |
| 003 | H03  | 60   | 65   | 72   | 67.5 |
| 004 | C01  | 78   | 68   | 71   | 71.5 |
| 004 | C02  | 77   | 56   | 81   | 72.7 |
| 004 | C03  | 80   | 76   | 92   | 84.8 |
| 005 | J01  | 66   | 87   | 60   | 69.3 |
| 005 | J02  | 63   | 71   | 75   | 71.4 |
+-----+------+------+------+------+------+
14 rows in set (0.00 sec)
```

图 4-19　查询结果

（3）将 xuesheng 表中 xh 字段的值"111"改回"001"。

```
mysql>UPDATE xuesheng SET xh='001' WHERE xh='111';
```

 提 示 如果直接更新从表中的数据，则不会级联更新主表中的数据，对于有外键约束的字段，不能更新在主表中不存在的字段值，如 xuesheng 表中没有 xh 字段为"666"的学生，就不能更新 chengji 表中学号为"666"的学生的相关信息。

4.2.4　任务实施——完成 xsgl 数据库中表数据的修改

按下列步骤完成 xsgl 数据库中表数据的修改。

（1）选择 xsgl 数据库，具体语句如下。

```
mysql>USE xsgl;
```

（2）将 zhuanye 表中专业名称"检验"修改为"检验技术"，将"临床"修改为"临床医学"，具体语句如下。

```
mysql>UPDATE zhuanye SET zymc="检验技术" WHERE zymc="检验";
```

```
mysql>UPDATE zhuanye SET zymc="临床医学" WHERE zymc="临床";
```

（3）查看修改后的 zhuanye 表的数据，具体语句如下。

```
mysql>SELECT * FROM zhuanye;
```

（4）将 kecheng 表中所有学生的学分减 0.5，具体语句如下。

```
mysql>UPDATE kecheng set xf=xf-0.5;
```

（5）查看修改后的 kecheng 表的数据，具体语句如下。

```
mysql>SELECT * FROM kecheng;
```

（6）修改 chengji 表，增加级联修改与删除操作约束，并将 kcdm 为"C01"的课程的代码改为"CCC"，查看修改后的 chengji 表和 kecheng 表的数据。

```
mysql>ALTER TABLE chengji ADD CONSTRAINT chengji_ibfk_kcdm FOREIGN KEY(kcdm)
      REFERENCES kecheng(kcdm) ON UPDATE CASCADE ON DELETE CASCADE;
mysql>UPDATE kecheng SET kcdm="CCC" WHERE kcdm="C01";
mysql>SELECT * FROM chengji;
mysql>SELECT * FROM kecheng;
```

（7）将步骤（6）中的 kcdm 改回"C01"。

```
mysql>UPDATE kecheng SET kcdm="C01" WHERE kcdm="CCC";
```

任务 4.3　删除数据

随着时间的推移，数据库应用系统中的有些数据已经成为无用的历史数据，为提高数据表的检索速度，通常需要将无用的历史数据从数据表中删除。例如，若一名学生转学或退学了，就需要在 xuesheng 表中将其数据删除。

V4-3　删除数据

4.3.1　使用 DELETE 语句删除表中的数据

在 MySQL 中，可以使用 DELETE 语句来删除表中的数据。其语法格式如下。

```
DELETE FROM 表名 [WHERE 条件表达式];
```

其中，"表名"用于指定要执行删除操作的表；"WHERE 条件表达式"为可选参数，用于指定删除的条件，满足条件的数据会被删除。使用 DELETE 语句可以删除表中的部分数据和全部数据，下面对这两种情况进行讲解。

1. 使用 DELETE 语句删除部分数据

删除部分数据是指根据指定条件删除表中的某一条或者某几条记录，需要使用 WHERE 子句来指定删除记录的条件。

【实例 4-10】复制 xuesheng 表至 xuesheng_bak 表中，并删除 xuesheng_bak 表中 jg 为"江西"的学生的数据，具体语句如下。

```
mysql>USE xsgl;
mysql>CREATE TABLE IF NOT EXISTS xuesheng_bak
      AS SELECT * FROM xuesheng;
mysql>DELETE FROM xuesheng_bak WHERE jg="江西";
```

执行结果如图 4-20 所示。

```
mysql> USE xsgl;
Database changed
mysql> CREATE TABLE IF NOT EXISTS xuesheng_bak
    -> AS SELECT * FROM xuesheng;
Query OK, 9 rows affected (0.36 sec)
Records: 9  Duplicates: 0  Warnings: 0

mysql> DELETE FROM xuesheng_bak WHERE jg="江西";
Query OK, 2 rows affected (0.06 sec)
```

图 4-20　删除部分数据

请使用 SELECT * FROM xuesheng_bak；语句验证数据是否删除成功。

2. 使用 DELETE 语句删除全部数据

如果 DELETE 语句中没有使用 WHERE 子句，则会将表中的所有数据删除。

【实例 4-11】删除 xuesheng_bak 表中的所有数据，具体语句如下。

```
mysql>DELETE FROM xuesheng_bak;
```

执行结果如图 4-21 所示。

```
mysql> DELETE FROM xuesheng_bak;
Query OK, 7 rows affected (0.04 sec)
```

图 4-21　删除全部数据

通过查询语句查询 xuesheng_bak 表中的数据，结果如图 4-22 所示。

```
mysql> SELECT * FROM xuesheng_bak;
Empty set (0.00 sec)
```

图 4-22　查询结果

从图 4-22 中可以看到 xuesheng_bak 表为空，说明表中的所有数据被成功删除了。

4.3.2　使用 TRUNCATE 语句清空表

DELETE 语句通过扫描记录进行删除，删除全部数据时的速度比较慢。此时可通过使用 TRUNCATE 语句释放存储表数据所用的数据页来删除数据，以快速清空数据。其语法格式如下。

```
TRUNCATE [TABLE] 表名;
```

使用上面的语法格式，可物理性地清除指定"表名"中的数据，清除的数据不能通过日志恢复。

【实例 4-12】先使用 INSERT INTO…FROM 语句向 xuesheng_bak 表中添加数据，再使用 TRUNCATE 语句清空 xuesheng_bak 表中的数据，并查看结果。

```
mysql>INSERT INTO xuesheng_bak
       SELECT * FROM xuesheng;
mysql>TRUNCATE TABLE xuesheng_bak;
```

执行结果如图 4-23 所示。

```
mysql> INSERT INTO xuesheng_bak
    -> SELECT * FROM xuesheng;
Query OK, 9 rows affected (0.06 sec)
Records: 9  Duplicates: 0  Warnings: 0

mysql> TRUNCATE TABLE xuesheng_bak;
Query OK, 0 rows affected (0.54 sec)
```

图 4-23　使用 TRUNCATE 语句清空表

执行 TRUNCATE 语句删除 xuesheng_bak 表的数据后，通过查询语句查看 xuesheng_bak 表中的数据，其查询结果与图 4-22 一致，为空集，说明 xuesheng_bak 表中的数据被全部删除了。

4.3.3　使用 DELETE 与 TRUNCATE 语句删除数据的比较

TRUNCATE 语句和 DELETE 语句都能用来删除表中的所有数据，但两者也有一定的区别，下面针对两者的区别进行说明。

（1）DELETE 语句是 DML 语句，TRUNCATE 语句通常被认为是 DDL 语句。

（2）DELETE 语句的后面可以接 WHERE 子句，通过指定 WHERE 子句中的条件表达式可以只删除满足条件的部分数据，而 TRUNCATE 语句只能用于删除表中的所有数据。

（3）使用 TRUNCATE 语句删除表中的数据后，当再次向表中添加数据时，自动增加字段的默认初始值为 1；而使用 DELETE 语句删除表中所有数据后，当再次向表中添加数据时，自动增加字段的值为删除时该字段的最大值加 1。

【实例 4-13】复制两次 xuesheng 表，复制的表名分别为 xuesheng_bak1、xuesheng_bak2，修改 xuesheng_bak1、xuesheng_bak2 两个表中的 xh 字段为 INT 类型，并设置为自动增加；分别使用 TRUNCATE 语句和 DELETE 语句删除 xuesheng_bak1、xuesheng_bak2 两个表中的数据；向两个表中添加一条记录，其中 xm 为"张三"、xb 为"M"。

（1）创建两个表，修改 xh 字段的数据类型，具体语句如下。

```
mysql>CREATE TABLE IF NOT EXISTS xuesheng_bak1
      AS SELECT * FROM xuesheng;
mysql>ALTER TABLE xuesheng_bak1
      MODIFY xh int(2) AUTO_INCREMENT PRIMARY KEY;
mysql>CREATE TABLE IF NOT EXISTS xuesheng_bak2
      AS SELECT * FROM xuesheng;
mysql>ALTER TABLE xuesheng_bak2
      MODIFY xh int(2) AUTO_INCREMENT PRIMARY KEY;
```

执行结果如图 4-24 所示。

图 4-24　创建两个表并修改 xh 字段的数据类型

（2）删除两个表中的数据，具体语句如下。

```
mysql>TRUNCATE TABLE xuesheng_bak1;
mysql>DELETE FROM xuesheng_bak2;
```

执行结果如图 4-25 所示。

图 4-25　删除两个表中的数据

（3）向两个表中添加数据，并查看结果，具体语句如下。

```
mysql>INSERT INTO xuesheng_bak1(xm,xb) VALUES("张三","M");
mysql>INSERT INTO xuesheng_bak2(xm,xb) VALUES("张三","M");
```

```
mysql>SELECT * FROM xuesheng_bak1;
mysql>SELECT * FROM xuesheng_bak2;
```

执行结果如图 4-26 所示。

图 4-26　向两个表中添加数据

从图 4-26 中可以看出，系统为 xuesheng_bak1 表中的 xh 字段默认添加了值，初始值为 1；同时，系统为 xuesheng_bak2 表中的 xh 字段默认添加了值，但初始值是 10，因为使用 DELETE 语句删除表时，自动增加的字段的值为删除表中的数据时该字段的最大值加 1，从图 4-24 中可以看出删除数据前 xuesheng_bak2 表中有 9 条记录，所以此处 xh 字段的值为 10。

（4）为了节约磁盘空间，删除 xuesheng_bak、xuesheng_bak1、xuesheng_bak2 这 3 个表，具体语句如下。

```
mysql>DROP TABLE xuesheng_bak,xuesheng_bak1,xuesheng_bak2 ;
```

执行结果如图 4-27 所示。

图 4-27　删除表

4.3.4　级联删除数据

与级联更新数据同理，如果主表的数据删除了，从表的数据也应该删除，此时可以采用级联删除数据操作。与级联更新数据操作一样，主表需要设置主键，从表需要设置外键约束，且设置级联删除操作。

【实例 4-14】xh 字段为"005"的学生"刘小燕"退学了，需要删除 xuesheng 表中关于"刘小燕"的记录，并级联删除 chengji 表中对应的成绩信息。在实例 4-9 中已经设置好了主键与外键，并设置好了级联删除，在此不需要进行其他设置。具体语句如下。

```
#查看xuesheng表（主表）与chengji表（从表）中xh字段为"005"的记录
mysql>SELECT * FROM xuesheng WHERE xh="005";
mysql>SELECT * FROM chengji WHERE xh="005";
#删除xuesheng表中的记录
mysql>DELETE FROM xuesheng WHERE xh="005";
```

执行结果如图 4-28 所示。

```
mysql> DELETE FROM xuesheng WHERE xh="005";
Query OK, 1 row affected (0.01 sec)
```

图 4-28　执行结果

从图 4-28 中可以看出，命令成功执行了，xuesheng 表与 chengji 表中 xh 字段为"005"的记录被全部删除了，可分别使用查询语句 SELECT * FROM xuesheng WHERE xh="005"与 SELECT * FROM chengji WHERE xh="005"查看 xuesheng 表与 chengji 表的记录。

提 示 如果直接删除从表 **chengji** 表中的数据，则不会级联删除主表 **xuesheng** 表中的记录。

4.3.5　任务实施——完成 xsgl 数据库中表数据的删除

按下列步骤完成 xsgl 数据库中表数据的删除。

（1）选择 xsgl 数据库，具体语句如下。

```
mysql>USE xsgl;
```

（2）复制 kecheng 表至 kecheng_bak1 表中，删除 kecheng_bak1 表中 kcdm 字段的值为"C04"的数据，具体语句如下。

```
mysql>CREATE TABLE IF NOT EXISTS kecheng_bak1
    AS SELECT * FROM kecheng;
mysql>DELETE FROM kecheng_bak1 WHERE kcdm="C04";
```

（3）查看删除数据后的 kecheng_bak1 表中的数据，具体语句如下。

```
mysql>SELECT * FROM kecheng_bak1;
```

（4）使用 DELETE 语句删除 kecheng_ba1k 表中的所有数据，具体语句如下。

```
mysql>DELETE FROM kecheng_bak1;
```

（5）查看删除数据后的 kecheng_bak1 表中的数据，具体语句如下。

```
mysql>SELECT * FROM kecheng_bak1;
```

（6）复制 kecheng 表至表 kecheng_bak2 中，使用 TRUNCATE 语句删除 kecheng_bak2 表中的所有数据，具体语句如下。

```
mysql>CREATE TABLE IF NOT EXISTS kecheng_bak2
    AS SELECT * FROM kecheng;
mysql>TRUNCATE TABLE kecheng_bak2;
```

（7）为了节约磁盘空间，将复制的两个表 kecheng_bak1、kecheng_bak2 删除，具体语句如下。

```
mysql>DROP TABLE kecheng_bak1, kecheng_bak2 ;
```

（8）查看 chengji 表的定义脚本，如果表中没有 kcdm 的外键约束，也没有设置级联删除操作，则需要先按照下列语句进行设置。

```
mysql>SHOW CREATE TABLE chengji\G;
mysql>ALTER TABLE chengji ADD CONSTRAINT chengji_ibfk_kcdm FOREIGN KEY(kcdm)
    REFERENCES kecheng(kcdm) ON DELETE CASCADE;
```

（9）删除 kecheng 表中 kcdm 字段为"C01"的记录，并查看 kecheng 表和 chengji 表中的 kcdm 字段为"C01"的记录是否被删除。

```
mysql>SHOW CREATE TABLE kecheng \G
mysql>SHOW CREATE TABLE chengji \G
mysql>DELETE FROM kecheng WHERE kcdm="C01";
mysql>SELECT * FROM kecheng WHERE kcdm="C01";
mysql>SELECT * FROM chengji WHERE kcdm="C01";
```

【项目小结】

本项目主要以 xsgl 数据库为引导，介绍了添加、更新和删除表中数据的基本语法，演示了表中数据的插入、更新和删除的技术方法及实施过程，比较了使用 DELETE 语句与 TRUNCATE 语句删除表中数据的区别。这些内容都是本项目的重点，也是数据库开发中的基础操作。读者在学习时要多加练习，在实际操作中掌握本项目的内容，为以后的数据操作和数据库开发奠定坚实的基础，以便能够高效地管理表中的数据。

【知识巩固】

一、单项选择题

1. "DELETE FROM xuesheng;" 语句的作用是（   ）。
    A. 删除当前数据库中的 xuesheng 表，包括表结构
    B. 删除当前数据库中 xuesheng 表内的所有数据
    C. 没有使用 WHERE 子句，因此不删除任何数据
    D. 删除当前数据库中 xuesheng 表内的当前行

2. UPDATE 语句属于（   ）语句。
    A. DML   B. DDL   C. DQL   D. DCL

3. 更新数据表中的数据可使用（   ）语句。
    A. INSERT   B. UPDATE   C. DELETE   D. UPDATES

4. 用来插入数据的语句是（   ）。
    A. INSERT   B. CREATE   C. DELETE   D. UPDATE

5. 以下用于删除记录的语句正确的是（   ）。
    A. DELETE FROM emp WHERE name='dony ';
    B. DELETE * FROM emp WHERE name=dony ;
    C. DROP FROM emp;
    D. DROP * FROM emp WHERE name='dony';

6. 以下用于插入记录的语句正确的是（   ）。
    A. INSERT INTO emp (ename,hiredate,sal) VALUES(value1,value2,value3) ;
    B. INSERT INTO emp (ename,sal) VALUES(value1,value2 value3) ;
    C. INSERT INTO emp (ename) VALUES(value1/value2,value3) ;
    D. INSERT INTO emp (ename,hiredate,sal) VALUES(value1,value2);

7. "DELETE FROM S WHERE 年龄>60;" 语句的功能是（   ）。
    A. 从 S 表中删除年龄大于 60 岁的记录
    B. S 表中年龄大于 60 岁的记录被加上删除标记
    C. 删除 S 表
    D. 删除 S 表中的 "年龄" 字段

二、多项选择题

1. 关于删除操作，下列说明正确的有（   ）。

   A. DROP DATABASE 数据库名;（删除数据库）

   B. DELETE FROM 表名;（删除表中所有数据）

   C. DELETE FROM 表名 WHERE 字段名=值;（删除符合条件的数据）

   D. DROP TABLE 表名;（删除表）

2. 关于 INSERT 语句，下列说明正确的有（   ）。

   A. INSERT INTO 表名 VALUES(字段名 1 对应的值);

   B. INSERT INTO 表名 VALUES(字段名 1 对应的值,字段名 2 对应的值);

   C. INSERT INTO 表名(字段名 1) VALUES(字段名 1 对应的值);

   D. INSERT INTO 表名(字段名 1,字段名 2) VALUES(字段名 1 对应的值,字段名 2 对应的值);

3. 关于 DELETE 和 TRUNCATE TABLE 语句的说法正确的有（   ）。

   A. 两者都可以用于删除指定的记录

   B. 前者可以用于删除指定的记录，后者不能

   C. 两者都返回被删除记录的数目

   D. 前者能返回被删除记录的数目，后者不能

【实践训练】

1. 根据附录中 xsgl 数据库中的数据，完成对 xuesheng 表中全部数据的添加。

2. 更新 chengji 表中 pscj 字段的值，使 pscj 字段的值在原有基础上都增加 10，但将超出 100 的值都修改为 100。

3. 删除 chengji 表中 xh 字段的值为"002"的学生的相关成绩信息。

项目五
数据查询

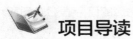

项目导读

　　数据查询是数据库操作中最常用的操作之一，进行数据查询的方法有很多，可以根据实际情况选择合适的查询方法，以获得需要的数据。本项目以学生管理系统为例，讲解根据实际需要对数据库进行检索的方法，主要包括简单查询、条件查询、高级查询、连接查询和子查询这 5 个任务。本项目的重点是查询的基本语法、基于行列查询的多种查询语法、条件查询及高级查询，难点是分组查询、连接查询和子查询。

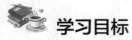

学习目标

知识目标
◆　学习简单查询的基本语法格式；
◆　学习条件查询的基本原理；
◆　学习高级查询、连接查询及子查询的基本方法。

技能目标
◆　具备熟练使用 SELECT 语句进行表内数据查询和统计的能力；
◆　掌握高级查询的应用方法；
◆　掌握使用连接查询和子查询进行复杂查询的方法。

素质目标
◆　培养学生分析并解决问题的能力，能够灵活使用 SELECT 语句查询数据；
◆　培养学生合法获取数据、遵守社会公德的意识。

任务 5.1　简单查询

　　通过对前面项目的学习，了解了如何对数据进行添加、修改和删除等操作，在数据库中还可进行的更重要的操作是查询数据。查询数据是指从数据库中获取需要的数据，可以根据对数据的需求来查询数据。本任务重点讲解如何针对MySQL 数据库中的表进行查询。

V5-1　简单查询（1）

5.1.1　查询语句格式

　　MySQL 中查询语句的基本语法格式如下。

```
SELECT *|<字段名>|<表达式> FROM <表 1>[,<表 2>,…]
[WHERE <表达式>]
[GROUP BY <字段列表>] [HAVING <expression>]
[ORDER BY <字段列表>ASC|DESC]
[LIMIT[<offset>,]<row count>]
```

其中，各参数的含义如下。

（1）[]表示其中的内容为可选项，<>表示其中的内容为必选项。

（2）*|<字段名>|<表达式>：表示可以查询所有字段或多个字段，字段与字段之间用半角逗号分隔，也可以是查询表达式，查询过程是先计算表达式的值，再显示其值。

（3）FROM <表 1>[,<表 2>,…]：表示选择出来的字段或条件可以来自 1 个或多个表。

（4）WHERE：表示查询行必须满足的查询条件。

（5）GROUP BY <字段列表>：表示按照字段列表进行分组。

（6）HAVING <expression>：表示对分组查询出来的结果进行筛选。

（7）[ORDER BY <字段列表>]：表示按字段列表进行排序，ASC 为升序，DESC 为降序。

（8）[LIMIT[<offset>，]<row count>]：表示显示查询出来的记录条数。

5.1.2 查询所有字段

查询所有字段是指查询表中所有字段的数据，在 MySQL 中有两种方式可以查询表中所有字段，下面对这两种方式进行详细讲解。

1. 在 SELECT 语句中指定所有字段

在 SELECT 语句中列出所有字段名来查询表中的数据。其语法格式如下。

```
SELECT 字段名 1,字段名 2,… FROM 表名;
```

其中，"字段名 1,字段名 2,…"表示要查询的字段名，这里需要列出表中所有的字段名。

【实例 5-1】在 xsgl 数据库中查询 xuesheng 表中的所有学生的信息，具体语句如下。

```
mysql>USE xsgl;
mysql>SELECT xh,xm,xb,csrq,jg,lxfs,zydm,xq FROM xuesheng;
```

执行结果如图 5-1 所示。

```
mysql> SELECT xh, xm, xb, csrq, jg, lxfs, zydm, xq FROM xuesheng;
+-----+-----------+----+------------+------+-------------+------+----------------------+
| xh  | xm        | xb | csrq       | jg   | lxfs        | zydm | xq                   |
+-----+-----------+----+------------+------+-------------+------+----------------------+
| 001 | 谢文婷    | F  | 2005-01-01 | 湖北 | 13200000001 | 01   | technology           |
| 002 | 陈慧      | F  | 2004-02-04 | 江西 | 13300000001 | 01   | music                |
| 003 | 欧阳龙燕  | F  | 2004-12-21 | 湖南 | 13800000005 | 01   | sport                |
| 004 | 周忠群    | M  | 2002-06-11 | 山东 | 18900000005 | 04   |                      |
| 005 | 刘小燕    | F  | 2002-07-22 | 河南 | 13600000005 | 02   | music, sport         |
| 006 | 李丽文    | F  | 2003-09-04 | 湖北 | 13400000006 | 06   | music, technology    |
| 007 | 贺佳      | M  | 2005-01-31 | 湖北 | 13500000009 | 03   | sport                |
| 008 | 张皓程    | M  | 2003-08-30 | 河南 | 13500000008 | 01   | technology           |
| 009 | 吴鹏      | M  | 2003-10-14 | 江西 | 13500000007 | 05   | technology           |
| 010 | 陈颜洁    | F  | 2002-03-12 | 湖南 | 13500000002 | 07   | music                |
| 011 | 张豪      | M  | 2002-02-16 | 湖北 | 13500000001 | 03   | music                |
| 012 | 周士哲    | M  | 2004-08-01 | 北京 | 13011111111 | 03   | music, sport         |
| 013 | 喻李      | M  | 2005-01-14 | 江西 | 13101111111 | 07   | art, sport           |
| 014 | 于莹      | F  | 2005-01-04 | 湖北 | 13001111111 | 02   | art                  |
| 015 | 任天赐    | M  | 2002-02-03 | 湖南 | 13811111115 | 04   | sport                |
| 016 | 刘坤      | M  | 2002-04-01 | 北京 | 13100000001 | 04   | sport, technology    |
| 017 | 欧阳文强  | M  | 2004-01-01 | 湖南 | 13511111116 | 01   | art, sport, technology|
| 018 | 陈平      | M  | 2004-12-03 | 湖南 | 13700000006 | 06   | art                  |
| 019 | 谢颖      | F  | 2003-01-23 | 北京 | 13300000006 | 05   | art, technology      |
+-----+-----------+----+------------+------+-------------+------+----------------------+
19 rows in set (0.00 sec)
```

图 5-1　查询到的 xuesheng 表中的所有学生的信息

从图 5-1 中可以看出，使用 SELECT 语句成功地查询出了表中所有字段的数据。需要注意的是，在 SELECT 语句的查询字段列表中，字段的顺序是可以改变的，无须按照表中定义的顺序进行排列。例如，使用 SELECT 语句时将 xm 字段放在查询字段列表的最后，则查询结果如图 5-2 所示。

```
mysql> SELECT xh, xb, csrq, jg, lxfs, zydm, xq, xm FROM xuesheng;
+-----+----+------------+------+-------------+------+-------------------------+------------+
| xh  | xb | csrq       | jg   | lxfs        | zydm | xq                      | xm         |
+-----+----+------------+------+-------------+------+-------------------------+------------+
| 001 | F  | 2005-01-01 | 湖北 | 13200000001 | 01   | technology              | 谢文婷     |
| 002 | F  | 2004-02-04 | 江西 | 13300000001 | 01   | music                   | 陈慧       |
| 003 | F  | 2004-12-21 | 湖南 | 13800000005 | 01   | sport                   | 欧阳龙燕   |
| 004 | M  | 2002-06-11 | 山东 | 18900000005 | 04   |                         | 周忠群     |
| 005 | F  | 2002-07-22 | 河南 | 13600000005 | 02   | music, sport            | 刘小燕     |
| 006 | F  | 2003-09-04 | 湖北 | 13400000006 | 06   | music, technology       | 李丽文     |
| 007 | M  | 2005-01-31 | 湖北 | 13500000009 | 03   | sport                   | 贺佳       |
| 008 | M  | 2003-08-30 | 河南 | 13500000008 | 01   | technology              | 张皓程     |
| 009 | M  | 2003-10-14 | 江西 | 13500000007 | 05   | technology              | 吴鹏       |
| 010 | F  | 2002-03-12 | 湖南 | 13500000002 | 07   | music                   | 陈颜洁     |
| 011 | M  | 2002-02-16 | 湖北 | 13500000001 | 03   | music                   | 张豪       |
| 012 | M  | 2004-08-01 | 北京 | 13011111111 | 03   | music, sport            | 周士哲     |
| 013 | M  | 2005-01-14 | 江西 | 13101111111 | 07   | art, sport              | 喻李       |
| 014 | F  | 2005-01-04 | 湖北 | 13001111111 | 02   | art                     | 于莹       |
| 015 | M  | 2002-02-03 | 湖南 | 13811111115 | 04   | sport                   | 任天赐     |
| 016 | M  | 2002-04-01 | 北京 | 13100000001 | 04   | sport, technology       | 刘坤       |
| 017 | M  | 2004-01-01 | 湖南 | 13511111116 | 01   | art, sport, technology  | 欧阳文强   |
| 018 | M  | 2004-12-03 | 湖南 | 13700000006 | 06   | art                     | 陈平       |
| 019 | F  | 2003-01-23 | 北京 | 13300000006 | 05   | art, technology         | 谢颖       |
+-----+----+------------+------+-------------+------+-------------------------+------------+
19 rows in set (0.00 sec)
```

图 5-2　改变字段顺序后查询到的 xuesheng 表中的所有学生的信息

2. 在 SELECT 语句中使用星号（*）通配符代替所有字段名

在 MySQL 中可以使用星号（*）通配符来代替所有字段名。其基本语法格式如下。

```
SELECT * FROM 表名;
```

【实例 5-2】在 xsgl 数据库中，使用 * 查询 xuesheng 表中的所有学生的信息，具体语句如下。

```
mysql>SELECT * FROM xuesheng;
```

执行结果如图 5-3 所示。

```
mysql> SELECT * FROM xuesheng;
+-----+------------+----+------------+------+-------------+------+-------------------------+
| xh  | xm         | xb | csrq       | jg   | lxfs        | zydm | xq                      |
+-----+------------+----+------------+------+-------------+------+-------------------------+
| 001 | 谢文婷     | F  | 2005-01-01 | 湖北 | 13200000001 | 01   | technology              |
| 002 | 陈慧       | F  | 2004-02-04 | 江西 | 13300000001 | 01   | music                   |
| 003 | 欧阳龙燕   | F  | 2004-12-21 | 湖南 | 13800000005 | 01   | sport                   |
| 004 | 周忠群     | M  | 2002-06-11 | 山东 | 18900000005 | 04   |                         |
| 005 | 刘小燕     | F  | 2002-07-22 | 河南 | 13600000005 | 02   | music, sport            |
| 006 | 李丽文     | F  | 2003-09-04 | 湖北 | 13400000006 | 06   | music, technology       |
| 007 | 贺佳       | M  | 2005-01-31 | 湖北 | 13500000009 | 03   | sport                   |
| 008 | 张皓程     | M  | 2003-08-30 | 河南 | 13500000008 | 01   | technology              |
| 009 | 吴鹏       | M  | 2003-10-14 | 江西 | 13500000007 | 05   | technology              |
| 010 | 陈颜洁     | F  | 2002-03-12 | 湖南 | 13500000002 | 07   | music                   |
| 011 | 张豪       | M  | 2002-02-16 | 湖北 | 13500000001 | 03   | music                   |
| 012 | 周士哲     | M  | 2004-08-01 | 北京 | 13011111111 | 03   | music, sport            |
| 013 | 喻李       | M  | 2005-01-14 | 江西 | 13101111111 | 07   | art, sport              |
| 014 | 于莹       | F  | 2005-01-04 | 湖北 | 13001111111 | 02   | art                     |
| 015 | 任天赐     | M  | 2002-02-03 | 湖南 | 13811111115 | 04   | sport                   |
| 016 | 刘坤       | M  | 2002-04-01 | 北京 | 13100000001 | 04   | sport, technology       |
| 017 | 欧阳文强   | M  | 2004-01-01 | 湖南 | 13511111116 | 01   | art, sport, technology  |
| 018 | 陈平       | M  | 2004-12-03 | 湖南 | 13700000006 | 06   | art                     |
| 019 | 谢颖       | F  | 2003-01-23 | 北京 | 13300000006 | 05   | art, technology         |
+-----+------------+----+------------+------+-------------+------+-------------------------+
19 rows in set (0.00 sec)
```

图 5-3　使用*查询 xuesheng 表中的所有学生的信息

从图 5-3 中可以看出，使用星号（*）通配符同样可以查询出表中所有字段的数据，这种方式比较简单，但查询结果只能按照字段在表中定义的顺序显示。

5.1.3　查询指定字段

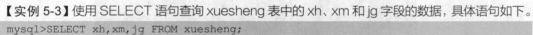

V5-2　简单查询（2）

在查询数据时，可以在 SELECT 语句的查询字段列表中指定要查询的字段，这种方式只针对部分字段进行查询。其语法格式如下。

```
SELECT 字段名 1,字段名 2,… FROM 表名;
```

其中，"字段名 1,字段名 2,…"表示要查询的字段名称，这里只需指定表中部分字段的名称。

【实例 5-3】使用 SELECT 语句查询 xuesheng 表中的 xh、xm 和 jg 字段的数据，具体语句如下。

```
mysql>SELECT xh,xm,jg FROM xuesheng;
```

执行结果如图 5-4 所示。

从图 5-4 中可以看出，只查询了 xh、xm、jg 这 3 个字段的数据，如果在 SELECT 语句中改变查询字段的顺序，则查询结果中字段显示的顺序也会相应改变。例如，将 SELECT 语句中 xh 和 xm 字段的位置互换，则查询结果如图 5-5 所示。

```
mysql> SELECT xh, xm, jg FROM xuesheng;

| xh  | xm       | jg   |
| 001 | 谢文婷    | 湖北 |
| 002 | 陈慧      | 江西 |
| 003 | 欧阳龙燕  | 湖南 |
| 004 | 周忠群    | 山东 |
| 005 | 刘小燕    | 河南 |
| 006 | 李丽文    | 湖北 |
| 007 | 贺佳      | 湖北 |
| 008 | 张皓程    | 河南 |
| 009 | 吴鹏      | 江西 |
| 010 | 陈颜洁    | 湖南 |
| 011 | 张豪      | 湖北 |
| 012 | 周士哲    | 北京 |
| 013 | 喻李      | 江西 |
| 014 | 于莹      | 湖北 |
| 015 | 任天赐    | 湖南 |
| 016 | 刘坤      | 北京 |
| 017 | 欧阳文强  | 湖南 |
| 018 | 陈平      | 湖南 |
| 019 | 谢颖      | 北京 |

19 rows in set (0.00 sec)
```

图 5-4　查询 xh、xm、jg 这 3 个字段的数据

```
mysql> SELECT xm, xh, jg FROM xuesheng;

| xm       | xh  | jg   |
| 谢文婷    | 001 | 湖北 |
| 陈慧      | 002 | 江西 |
| 欧阳龙燕  | 003 | 湖南 |
| 周忠群    | 004 | 山东 |
| 刘小燕    | 005 | 河南 |
| 李丽文    | 006 | 湖北 |
| 贺佳      | 007 | 湖北 |
| 张皓程    | 008 | 河南 |
| 吴鹏      | 009 | 江西 |
| 陈颜洁    | 010 | 湖南 |
| 张豪      | 011 | 湖北 |
| 周士哲    | 012 | 北京 |
| 喻李      | 013 | 江西 |
| 于莹      | 014 | 湖北 |
| 任天赐    | 015 | 湖南 |
| 刘坤      | 016 | 北京 |
| 欧阳文强  | 017 | 湖南 |
| 陈平      | 018 | 湖南 |
| 谢颖      | 019 | 北京 |

19 rows in set (0.00 sec)
```

图 5-5　改变 xh 和 xm 字段位置后的查询结果

从图 5-5 中可以看出，字段显示的顺序和 SELECT 语句中指定的顺序一致。

5.1.4　改变字段的显示名称

数据表中的字段一般用英文命名，若希望查询结果中的字段名称显示为中文，则可以为字段取一个别名。其语法格式如下。

```
SELECT 字段名 1 [AS] 别名[,字段名 2 [AS] 别名,…] FROM 表名;
```

其中，AS 关键字可以省略不写。

【实例 5-4】使用 SELECT 语句查询 xuesheng 表中的 xh、xm 和 jg 字段的数据，并为这 3 个字段分别取别名为学号、姓名和籍贯，具体语句如下。

方法一：使用 AS 关键字。

```
mysql>SELECT xh AS 学号,xm AS 姓名,jg AS 籍贯 FROM xuesheng;
```

执行结果如图 5-6 所示。

图 5-6　使用 AS 关键字指定别名查询数据

从图 5-6 中可以看出，显示的是指定的别名而不是 xuesheng 表中的字段名。需要注意的是，省略 AS 关键字时，其查询结果与不省略时相同。

方法二：省略 AS 关键字。

```
mysql>SELECT xh 学号,xm 姓名,jg 籍贯 FROM xuesheng;
```

执行结果如图 5-7 所示。

图 5-7　省略 AS 关键字指定别名查询数据

5.1.5　显示计算列值

SELECT 查询的列也可以是表达式。当 SELECT 后面是表达式时，先计算表达式的值，再将计算出的值作为该行的显示列值。

计算列值可使用的算术运算符为+（加）、-（减）、*（乘）、/（除）、%（求余）。

【实例 5-5】使用 SELECT 语句查询 xuesheng 表中的 xh、xm 和年龄，并为它们分别取别名为学号、姓名和年龄，具体语句如下。

```
mysql>SELECT xh AS 学号,xm AS 姓名,YEAR(CURDATE())-YEAR(csrq)
      AS 年龄 FROM xuesheng;
```

执行结果如图 5-8 所示。

```
mysql> SELECT xh AS 学号,xm AS 姓名,YEAR(CURDATE())-YEAR(csrq)
    -> AS 年龄 FROM xuesheng;
+------+----------+------+
| 学号 | 姓名     | 年龄 |
+------+----------+------+
| 001  | 谢文婷   |   17 |
| 002  | 陈慧     |   18 |
| 003  | 欧阳龙燕 |   18 |
| 004  | 周忠群   |   20 |
| 005  | 刘小燕   |   20 |
| 006  | 李丽文   |   19 |
| 007  | 贺佳     |   17 |
| 008  | 张皓程   |   19 |
| 009  | 吴鹏     |   19 |
| 010  | 陈颜洁   |   20 |
| 011  | 张豪     |   20 |
| 012  | 周士哲   |   18 |
| 013  | 喻李     |   17 |
| 014  | 于莹     |   17 |
| 015  | 任天赐   |   20 |
| 016  | 刘坤     |   20 |
| 017  | 欧阳文强 |   18 |
| 018  | 陈平     |   18 |
| 019  | 谢颖     |   19 |
+------+----------+------+
19 rows in set (0.00 sec)
```

图 5-8　查询显示计算列值

提 示 计算学生年龄时，需要先用 CURDATE( )函数取得当前的日期，再用 YEAR( )函数从日期中取得当前的年份，最后减去用 YEAR 函数从出生日期中得到的年份，这样才能得出学生的年龄。因此计算年龄的表达式为年龄=YEAR(CURDATE())-YEAR(csrq)。

5.1.6　使用 LIMIT 限制查询结果的数量

查询数据时，可能会返回很多条记录，而用户需要的记录可能只是其中的一条或者几条，此时需要实现分页功能，如每页显示 10 条记录，每次查询就只显示 10 条记录。为此，MySQL 提供了一个关键字 LIMIT 来指定查询结果从哪一条记录开始及一共查询多少条记录。其语法格式如下。

```
SELECT 字段名1,字段名2,… FROM 表名 LIMIT [OFFSET, ] 记录数;
```

其中，LIMIT 后面可以接两个参数，第一个参数 OFFSET 表示偏移量，如果偏移量为 0，则查询结果从第一条记录开始，如果偏移量为 1，则查询结果从第二条记录开始，以此类推，但 OFFSET 为可选参数，如果不指定，则其默认值为 0；第二个参数"记录数"表示返回查询到的记录的条数。

【实例 5-6】使用 SELECT 语句查询 xuesheng 表中的前 4 条记录，具体语句如下。

```
mysql>SELECT * FROM xuesheng LIMIT 4;
```

执行结果如图 5-9 所示。

```
mysql> SELECT * FROM xuesheng LIMIT 4;
+-----+-----------+-----+------------+------+-------------+------+------------+
| xh  | xm        | xb  | csrq       | jg   | lxfs        | zydm | xq         |
+-----+-----------+-----+------------+------+-------------+------+------------+
| 001 | 谢文婷     | F   | 2005-01-01 | 湖北  | 13200000001 | 01   | technology |
| 002 | 陈慧       | F   | 2004-02-04 | 江西  | 13300000001 | 01   | music      |
| 003 | 欧阳龙燕   | F   | 2004-12-21 | 湖南  | 13800000005 | 01   | sport      |
| 004 | 周忠群     | M   | 2002-06-11 | 山东  | 18900000005 | 04   |            |
+-----+-----------+-----+------------+------+-------------+------+------------+
4 rows in set (0.00 sec)
```

图 5-9　查询 xuesheng 表中的前 4 条记录

从图 5-9 中可以看出，SQL 语句中没有指定返回记录的偏移量，只指定了查询记录的条数为 4，因此返回结果从第一条记录开始，一共返回 4 条记录。

【实例 5-7】使用 SELECT 语句查询 xuesheng 表中的第 5 条到第 9 条记录，具体语句如下。

```
mysql>SELECT * FROM xuesheng LIMIT 4,5;
```

执行结果如图 5-10 所示。

```
mysql> SELECT * FROM xuesheng LIMIT 4,5;
+-----+-----------+-----+------------+------+-------------+------+------------------+
| xh  | xm        | xb  | csrq       | jg   | lxfs        | zydm | xq               |
+-----+-----------+-----+------------+------+-------------+------+------------------+
| 005 | 刘小燕     | F   | 2002-07-22 | 河南  | 13600000005 | 02   | music,sport      |
| 006 | 李丽文     | F   | 2003-09-04 | 湖北  | 13400000006 | 06   | music,technology |
| 007 | 贺佳       | M   | 2005-01-31 | 湖北  | 13500000009 | 03   | sport            |
| 008 | 张皓程     | M   | 2003-08-30 | 河南  | 13500000008 | 01   | technology       |
| 009 | 吴鹏       | M   | 2003-10-14 | 江西  | 13500000007 | 05   | technology       |
+-----+-----------+-----+------------+------+-------------+------+------------------+
5 rows in set (0.00 sec)
```

图 5-10　查询 xuesheng 表中第 5 条到第 9 条记录

从图 5-10 中可以看出，LIMIT 后面接了两个参数，第一个参数表示偏移量为 4，即从第 5 条记录开始查询；第二个参数表示一共返回 5 条记录，即返回第 5 位到第 9 位学生的数据。

5.1.7　任务实施——完成对 xsgl 数据库中表数据的简单查询

按下列步骤完成对 xsgl 数据库中表数据的简单查询。
（1）选择 xsgl 数据库，具体语句如下。

```
mysql>USE xsgl;
```

（2）查询 kecheng、zhuanye、chengji 这 3 个表中的所有数据，具体语句如下。

```
mysql>SELECT * FROM kecheng;
mysql>SELECT * FROM zhuanye;
mysql>SELECT * FROM chengji;
```

（3）查询 kecheng 表中 kcmc、xf 这两列的数据，具体语句如下。

```
mysql>SELECT kcmc,xf FROM kecheng;
```

（4）查询 chengji 表中 xh、kcdm、zhcj 这 3 列的数据，并将这 3 列分别取别名为学号、课程代码、综合成绩，使用两种语法格式实现，并比较这两种语法格式的区别，具体语句如下。

```
mysql>SELECT xh AS 学号,kcdm AS 课程代码,zhcj AS 综合成绩 FROM chengji;
mysql>SELECT xh 学号,kcdm 课程代码,zhcj 综合成绩 FROM chengji;
```

（5）查询 chengji 表中所有列的数据，并计算出 zhcj 的值，各列名以中文别名显示，具体语句如下。

```
mysql>SELECT xh 学号,kcdm 课程代码,pscj 平时成绩,sycj 实验成绩,
    kscj 考试成绩,pscj*0.2+sycj*0.3+kscj*0.5 综合成绩 FROM chengji;
```

（6）查询 chengji 表中的前 6 条记录，具体语句如下。

```
mysql>SELECT * FROM chengji LIMIT 6;
```

（7）查询 chengji 表中从第 10 行开始的 8 条记录，具体语句如下。

```
mysql>SELECT * FROM chengji LIMIT 9,8;
```

任务5.2 条件查询

数据库中包含大量的数据，很多时候需要根据需求获取指定的数据，或者对查询的数据重新进行排列组合，此时可使用 SELECT 语句并在其中指定查询条件对查询结果进行过滤，本任务将针对 SELECT 语句的条件查询进行详细讲解。

5.2.1 带关系运算符的查询

在 SELECT 语句中，较常见的是使用 WHERE 子句指定查询条件对数据进行过滤。其语法格式如下。

```
SELECT 字段名 1,字段名 2,… FROM 表名 WHERE 条件表达式;
```

其中，"条件表达式"是指 SELECT 语句的查询条件。MySQL 提供了一系列的关系运算符，在 WHERE 子句中可以使用关系运算符连接操作数作为查询条件对数据进行过滤。MySQL 中常见的关系运算符及其说明如表 5-1 所示。

V5-3 条件查询（1）

表 5-1 MySQL 中常见的关系运算符及其说明

关系运算符	说明	关系运算符	说明
=	等于	<=	小于等于
<>	不等于	>	大于
!=	不等于	>=	大于等于
<	小于		

需要说明的是，"<>"和"!="运算符等价，都表示不等于。接下来以表 5-1 中的运算符作为查询条件对数据进行过滤。

【实例 5-8】查询 xuesheng 表中 xh 字段值为 "006" 的学生的信息，具体语句如下。

```
mysql>USE xsgl;
mysql>SELECT * FROM xuesheng WHERE xh="006";
```

执行结果如图 5-11 所示。

```
mysql> USE xsgl;
Database changed
mysql> SELECT * FROM xuesheng WHERE xh="006";
+-----+--------+----+------------+------+-------------+------+------------------+
| xh  | xm     | xb | csrq       | jg   | lxfs        | zydm | xq               |
+-----+--------+----+------------+------+-------------+------+------------------+
| 006 | 李丽文  | F  | 2003-09-04 | 湖北 | 13400000006 | 06   | music,technology |
+-----+--------+----+------------+------+-------------+------+------------------+
1 row in set (0.00 sec)
```

图 5-11 查询 xh 字段值为 "006" 的学生的信息

从图 5-11 中可以看到，xh 字段值为 "006" 的学生数据被查询出来了。

【实例 5-9】 在 xuesheng 表中查询 2003-09-01 以后出生的学生的 xh、xm 与 csrq 数据，具体语句如下。

```
mysql>SELECT xh,xm,csrq FROM xuesheng WHERE csrq>"2003-09-01";
```

执行结果如图 5-12 所示。

图 5-12 查询指定日期之后的记录

从图 5-12 中可以看到，查询结果中只有 csrq 大于"2003-09-01"的记录。

【实例 5-10】 在 xuesheng 表中查询 zydm 不是"01"的学生的信息，具体语句如下。

```
mysql>SELECT * FROM xuesheng WHERE zydm!="01";
```

执行结果如图 5-13 所示。

图 5-13 查询 zydm 不是"01"的学生的信息

通过以上 3 个实例可以看出，在查询条件中，如果字段的数据类型为字符类型或日期和时间类型，则该字段的值需要使用单引号或双引号引起来。

5.2.2 带 IN 关键字的查询

IN 关键字用于判断某个字段的值是否在指定集合中，如果字段的值在集合中，则满足条件，该字段所在的记录会被查询出来。其语法格式如下。

```
SELECT *  | 字段名 1,字段名 2,…
FROM 表名
```

```
WHERE 字段名 [NOT]  IN(元素 1,元素 2,…);
```

其中,"元素 1,元素 2,…"表示集合中的元素,即指定的条件范围;NOT 是可选参数,使用 NOT 表示查询不在 IN 关键字指定的集合范围中的记录。

【实例 5-11】在 xuesheng 表中查询籍贯为湖南、湖北和河南的学生的信息,具体语句如下。

```
mysql>SELECT * FROM xuesheng WHERE jg IN("湖南","湖北","河南");
```

执行结果如图 5-14 所示。

```
mysql> SELECT * FROM xuesheng WHERE jg IN ("湖南","湖北","河南");
+-----+----------+----+------------+------+-------------+------+----------------------+
| xh  | xm       | xb | csrq       | jg   | lxfs        | zydm | xq                   |
+-----+----------+----+------------+------+-------------+------+----------------------+
| 001 | 谢文婷    | F  | 2005-01-01 | 湖北 | 13200000001 | 01   | technology           |
| 003 | 欧阳龙燕  | F  | 2004-12-21 | 湖南 | 13800000005 | 01   | sport                |
| 005 | 刘小燕    | F  | 2002-07-22 | 河南 | 13600000005 | 02   | music,sport          |
| 006 | 李丽文    | F  | 2003-09-04 | 湖北 | 13400000006 | 06   | music,technology     |
| 007 | 贺佳      | M  | 2005-01-31 | 湖北 | 13500000009 | 03   | sport                |
| 008 | 张皓程    | M  | 2003-08-30 | 河南 | 13500000008 | 01   | technology           |
| 010 | 陈颜洁    | F  | 2002-03-12 | 湖南 | 13500000002 | 07   | music                |
| 011 | 张豪      | M  | 2002-02-16 | 湖北 | 13500000001 | 03   | music                |
| 014 | 于莹      | F  | 2005-01-04 | 湖北 | 13001111111 | 02   | art                  |
| 015 | 任天赐    | M  | 2002-02-03 | 湖南 | 13811111115 | 04   | sport                |
| 017 | 欧阳文强  | M  | 2004-01-01 | 湖南 | 13511111116 | 01   | art,sport,technology |
| 018 | 陈平      | M  | 2004-12-03 | 湖南 | 13700000006 | 06   | art                  |
+-----+----------+----+------------+------+-------------+------+----------------------+
12 rows in set (0.00 sec)
```

图 5-14　使用 IN 关键字查询学生信息

相反,在关键字 IN 之前使用 NOT 关键字可以查询不在指定集合范围中的记录。

【实例 5-12】在 xuesheng 表中查询籍贯不为湖南、湖北和河南的学生的信息,具体语句如下。

```
mysql>SELECT * FROM xuesheng WHERE jg NOT IN("湖南","湖北","河南");
```

执行结果如图 5-15 所示。

```
mysql> SELECT * FROM xuesheng WHERE jg NOT IN ("湖南","湖北","河南");
+-----+--------+----+------------+------+-------------+------+------------------+
| xh  | xm     | xb | csrq       | jg   | lxfs        | zydm | xq               |
+-----+--------+----+------------+------+-------------+------+------------------+
| 002 | 陈慧   | F  | 2004-02-04 | 江西 | 13300000001 | 01   | music            |
| 004 | 周忠群 | M  | 2002-06-11 | 山东 | 18900000005 | 04   |                  |
| 009 | 吴鹏   | M  | 2003-10-14 | 江西 | 13500000007 | 05   | technology       |
| 012 | 周士哲 | M  | 2004-08-01 | 北京 | 13011111111 | 03   | music,sport      |
| 013 | 喻李   | M  | 2005-01-14 | 江西 | 13101111111 | 07   | art,sport        |
| 016 | 刘坤   | M  | 2002-04-01 | 北京 | 13100000001 | 04   | sport,technology |
| 019 | 谢颖   | F  | 2003-01-23 | 北京 | 13300000006 | 05   | art,technology   |
+-----+--------+----+------------+------+-------------+------+------------------+
7 rows in set (0.00 sec)
```

图 5-15　使用 NOT IN 关键字查询学生信息

从图 5-15 中可以看出,在 IN 关键字前使用 NOT 关键字后,查询的结果与实例 5-11 的查询结果正好相反,查询出了籍贯不为湖南、湖北、河南的所有记录。

5.2.3　带 BETWEEN AND 关键字的查询

BETWEEN AND 关键字用于判断某个字段的值是否在指定的范围内,如果字段的值在指定范围内,则该字段所在的记录会被查询出来,反之不会被查询出来。其语法格式如下。

```
SELECT *  | 字段名 1,字段名 2,…
FROM 表名
WHERE 字段名 [NOT]  BETWEEN 值 1 AND 值 2;
```

V5-4　条件查询(2)

111

其中，"值1"表示范围的起始值，"值2"表示范围的结束值；NOT是可选参数，使用NOT表示查询指定范围之外的记录。通常情况下，"值1"小于"值2"，否则查询不到任何结果。

【实例5-13】在xuesheng表中查询学号为010～016的学生的学号与姓名，具体语句如下。

```
mysql>SELECT xh,xm FROM xuesheng WHERE xh BETWEEN "010" AND "016";
```

执行结果如图5-16所示。

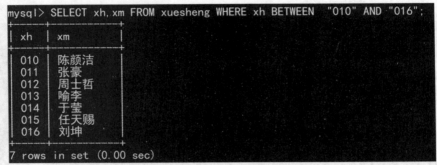

图5-16　使用BETWEEN AND关键字查询学生信息

从图5-16中可以看出，查询出了xh字段值为010～016的所有学生的学号与姓名，且包括范围的起始值与结束值。

在BETWEEN AND之前可以使用NOT关键字，以查询指定范围之外的记录。

【实例5-14】在xuesheng表中查询学号不为010～016的学生的学号与姓名，具体语句如下。

```
mysql>SELECT xh,xm FROM xuesheng WHERE xh NOT BETWEEN "010" AND "016";
```

执行结果如图5-17所示。

```
mysql> SELECT xh,xm FROM xuesheng WHERE xh NOT BETWEEN "010" AND "016";
+-----+-----------+
| xh  | xm        |
+-----+-----------+
| 001 | 谢文婷     |
| 002 | 陈慧       |
| 003 | 欧阳龙燕   |
| 004 | 周忠群     |
| 005 | 刘小燕     |
| 006 | 李丽文     |
| 007 | 贺佳       |
| 008 | 张皓程     |
| 009 | 吴鹏       |
| 017 | 欧阳文强   |
| 018 | 陈平       |
| 019 | 谢颖       |
+-----+-----------+
12 rows in set (0.00 sec)
```

图5-17　使用NOT BETWEEN AND关键字查询学生信息

从图5-17中可以看出，查询出了xh字段值小于010或者大于016的学生的学号和姓名。

5.2.4　空值查询

在数据表中，某些字段的值可能为空值（NULL），空值不同于0，也不同于空字符串。在MySQL中，使用IS NULL关键字来判断字段的值是否为空值。其语法格式如下。

```
SELECT * | 字段名1,字段名2,…
FROM 表名
```

```
WHERE 字段名 IS [NOT] NULL;
```

其中，NOT 是可选参数，使用 IS NOT NULL 可判断字段值是否为空值。

【实例 5-15】在 xuesheng 表中查询 lxfs 字段值为空值的记录。由于 xuesheng 表中所有学生都有联系方式，为了演示效果，这里先在 xuesheng 表中添加一条记录，再进行查询，具体语句如下。

```
mysql>INSERT INTO xuesheng(xh,xm)  VALUES("020","燕鹏能");
mysql>SELECT * FROM xuesheng WHERE lxfs IS NULL;
```

执行结果如图 5-18 所示。

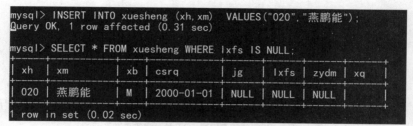

图 5-18　空值查询

图 5-18 中给出了 lxfs 字段值为空值的记录，xb 字段与 csrq 字段分别自动填充默认值"M"和"2000-01-01"。

在关键字 IS 和 NULL 之间可以使用 NOT 关键字，用来查询字段值不为空值的记录。

【实例 5-16】在 xuesheng 表中查询 lxfs 字段值不为空值的记录，具体语句如下。

```
mysql>SELECT * FROM xuesheng WHERE lxfs IS NOT NULL;
```

执行结果如图 5-19 所示。

```
mysql> SELECT * FROM xuesheng WHERE lxfs IS NOT NULL;
+-----+----------+-----+------------+------+-------------+------+-------------------------+
| xh  | xm       | xb  | csrq       | jg   | lxfs        | zydm | xq                      |
+-----+----------+-----+------------+------+-------------+------+-------------------------+
| 001 | 谢文婷   | F   | 2005-01-01 | 湖北 | 13200000001 | 01   | technology              |
| 002 | 陈慧     | F   | 2004-02-04 | 江西 | 13300000001 | 01   | music                   |
| 003 | 欧阳龙燕 | F   | 2004-12-21 | 湖南 | 13800000005 | 01   | sport                   |
| 004 | 周忠群   | M   | 2002-06-11 | 山东 | 18900000005 | 04   |                         |
| 005 | 刘小燕   | F   | 2002-07-22 | 河南 | 13600000005 | 02   | music,sport             |
| 006 | 李丽文   | F   | 2003-09-04 | 湖北 | 13400000006 | 06   | music,technology        |
| 007 | 贺佳     | M   | 2005-01-31 | 湖北 | 13500000009 | 03   | sport                   |
| 008 | 张皓程   | M   | 2003-08-30 | 河南 | 13500000008 | 01   | technology              |
| 009 | 吴鹏     | M   | 2003-10-14 | 江西 | 13500000007 | 05   | technology              |
| 010 | 陈颜洁   | F   | 2002-03-12 | 湖南 | 13500000006 | 07   | music                   |
| 011 | 张豪     | M   | 2002-02-16 | 湖北 | 13500000001 | 03   | music                   |
| 012 | 周士哲   | M   | 2004-08-01 | 北京 | 13011111111 | 03   | music,sport             |
| 013 | 喻李     | M   | 2005-01-14 | 江西 | 13101111111 | 07   | art,sport               |
| 014 | 于莹     | F   | 2005-01-04 | 湖北 | 13001111111 | 02   | art                     |
| 015 | 任天赐   | M   | 2002-02-03 | 湖南 | 13811111115 | 04   | sport                   |
| 016 | 刘坤     | M   | 2002-04-01 | 北京 | 13100000001 | 04   | sport,technology        |
| 017 | 欧阳文强 | M   | 2004-01-01 | 湖南 | 13511111116 | 01   | art,sport,technology    |
| 018 | 陈平     | M   | 2004-12-03 | 湖南 | 13700000006 | 06   | art                     |
| 019 | 谢颖     | F   | 2003-01-23 | 北京 | 13300000006 | 05   | art,technology          |
+-----+----------+-----+------------+------+-------------+------+-------------------------+
19 rows in set (0.00 sec)
```

图 5-19　非空值查询

从图 5-19 中可以看出，查询结果中的所有记录的 lxfs 字段值都不为空值。

5.2.5　带 DISTINCT 关键字的查询

在很多表中，某些字段存在重复的值，如 xuesheng 表中性别为 M 的记录有 11 条。有时候，需要过滤查询结果中的重复值，在 SELECT 语句中使用 DISTINCT 关键字可实现这种功能。DISTINCT

关键字可作用于一个字段，也可作用于多个字段。

1. DISTINCT 关键字作用于一个字段

其语法格式如下。

```
SELECT DISTINCT 字段名 FROM 表名;
```

【实例 5-17】在 xuesheng 表中查询 xb 字段的值，查询结果中的记录不能重复，具体语句如下。

```
mysql>SELECT DISTINCT xb FROM xuesheng;
```

执行结果如图 5-20 所示。

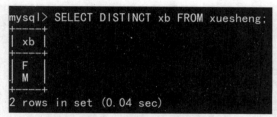

图 5-20 使用 DISTINCT 关键字的查询

从图 5-20 中可以看出，只查询到了两条记录，xb 字段的值分别为 F、M，没有重复值。

2. DISTINCT 关键字作用于多个字段

DISTINCT 关键字作用于多个字段时，只有当 DISTINCT 关键字后指定的多个字段在不同的记录中的值都对应相同时，才会将这些记录看作重复记录。其语法格式如下。

```
SELECT DISTINCT 字段名1,字段名2,… FROM 表名;
```

【实例 5-18】在 xuesheng 表中查询 xb 与 jg 两个字段的值，观察不使用与使用 DISTINCT 关键字的查询结果，具体语句如下。

```
mysql>SELECT xb,jg FROM xuesheng;
mysql>SELECT DISTINCT xb,jg FROM xuesheng;
```

执行结果如图 5-21 所示。

图 5-21 不使用与使用 DISTINCT 关键字进行多字段查询的结果对比

从图 5-21（a）可以看出，没有使用 DISTINCT 关键字时，返回的记录中 xb 和 jg 两个字段的值中有重复值，且有部分记录中这两个字段的值是一样的，属于重复记录。从图 5-21（b）中可以看出，使用 DISTINCT 关键字时，虽然 xb 和 jg 两个字段的值中也出现了重复值，但是只有这两个字段的值都相同的记录才被认为是重复记录，查询结果中只保留了重复记录中的第 1 条记录，所以总记录减少了 8 条，这说明使用 DISTINCT 关键字过滤掉了重复的记录。

5.2.6　带 LIKE 关键字的查询

在查询字符串时，通常查询条件值并不能完全精准确定，此时可以进行模式匹配查询。使用 LIKE 关键字可以实现模式匹配查询。其语法格式如下。

V5-5　条件查询（3）

```
SELECT *  | 字段名 1,字段名 2,…
FROM 表名
WHERE 字段名 [NOT] LIKE "匹配字符串";
```

其中，NOT 是可选参数，使用 NOT LIKE 可查询与指定字符串不匹配的记录，"匹配字符串"用来指定要匹配的字符串，其值可以是一个普通字符串，也可以是包含百分号（%）和下画线（_）的通配符。

1. 百分号通配符

百分号通配符用于匹配任意长度的字符串，包含空字符串。

【实例 5-19】在 xuesheng 表中查询刘姓学生的信息，具体语句如下。

```
mysql>SELECT * FROM xuesheng WHERE xm LIKE "刘%";
```

执行结果如图 5-22 所示。

```
mysql> SELECT * FROM xuesheng WHERE xm LIKE "刘%";
+-----+--------+----+------------+------+-------------+------+------------------+
| xh  | xm     | xb | csrq       | jg   | lxfs        | zydm | xq               |
+-----+--------+----+------------+------+-------------+------+------------------+
| 005 | 刘小燕  | F  | 2002-07-22 | 河南  | 13600000005 | 02   | music,sport      |
| 016 | 刘坤    | M  | 2002-04-01 | 北京  | 13100000001 | 04   | sport,technology |
+-----+--------+----+------------+------+-------------+------+------------------+
2 rows in set (0.00 sec)
```

图 5-22　查询刘姓学生的信息

从图 5-22 中可以看出，xm 字段的值均以"刘"开头，后面可以接任意数量的字符。

【实例 5-20】在 xuesheng 表中查询姓名中包含"燕"字的学生的信息，具体语句如下。

```
mysql>SELECT * FROM xuesheng WHERE xm LIKE "%燕%";
```

执行结果如图 5-23 所示。

```
mysql> SELECT * FROM xuesheng WHERE xm LIKE "%燕%";
+-----+----------+----+------------+------+-------------+------+-------------+
| xh  | xm       | xb | csrq       | jg   | lxfs        | zydm | xq          |
+-----+----------+----+------------+------+-------------+------+-------------+
| 003 | 欧阳龙燕  | F  | 2004-12-21 | 湖南  | 13800000005 | 01   | sport       |
| 005 | 刘小燕    | F  | 2002-07-22 | 河南  | 13600000005 | 02   | music,sport |
| 020 | 燕鹏能    | M  | 2000-01-01 | NULL | NULL        | NULL |             |
+-----+----------+----+------------+------+-------------+------+-------------+
3 rows in set (0.00 sec)
```

图 5-23　查询姓名中包含"燕"字的学生的信息

在上述 SQL 语句中，"燕"字前后都有一个百分号通配符，这表示匹配包含字符"燕"的字符串，而无论"燕"字在字符串的什么位置。

LIKE 之前可以使用 NOT 关键字，用来查询与指定通配字符串不匹配的记录。

【实例 5-21】在 xuesheng 表中查询姓名中不包含"燕"字的学生的信息，具体语句如下。

```
mysql>SELECT * FROM xuesheng WHERE xm NOT LIKE "%燕%";
```

执行结果如图 5-24 所示。

```
mysql> SELECT * FROM xuesheng WHERE xm NOT LIKE "%燕%";
+-----+----------+----+------------+------+-------------+------+----------------------+
| xh  | xm       | xb | csrq       | jg   | lxfs        | zydm | xq                   |
+-----+----------+----+------------+------+-------------+------+----------------------+
| 001 | 谢文婷   | F  | 2005-01-01 | 湖北 | 13200000001 | 01   | technology           |
| 002 | 陈慧     | F  | 2004-02-04 | 江西 | 13300000001 | 01   | music                |
| 004 | 周忠群   | M  | 2002-06-11 | 山东 | 18900000005 | 04   |                      |
| 006 | 李丽文   | F  | 2003-09-04 | 湖北 | 13400000006 | 06   | music,technology     |
| 007 | 贺佳     | F  | 2005-01-31 | 湖北 | 13500000009 | 03   | sport                |
| 008 | 张皓程   | M  | 2003-08-30 | 河南 | 13500000008 | 01   | technology           |
| 009 | 吴鹏     | M  | 2003-10-14 | 江西 | 13500000007 | 05   | technology           |
| 010 | 陈颜洁   | F  | 2002-03-12 | 湖南 | 13500000002 | 07   | music                |
| 011 | 张豪     | M  | 2002-02-16 | 湖北 | 13500000001 | 03   | music                |
| 012 | 周士哲   | M  | 2004-08-01 | 北京 | 13011111111 | 03   | music,sport          |
| 013 | 喻李     | M  | 2005-01-14 | 江西 | 13101111111 | 07   | art,sport            |
| 014 | 于莹     | F  | 2005-01-04 | 湖北 | 13001111111 | 02   | art                  |
| 015 | 任天赐   | M  | 2002-02-03 | 湖南 | 13811111115 | 04   | sport                |
| 016 | 刘坤     | M  | 2002-04-01 | 北京 | 13100000001 | 04   | sport,technology     |
| 017 | 欧阳文强 | M  | 2004-01-01 | 湖南 | 13511111116 | 01   | art,sport,technology |
| 018 | 陈平     | M  | 2004-12-03 | 湖南 | 13700000006 | 06   | art                  |
| 019 | 谢颖     | F  | 2003-01-23 | 北京 | 13300000006 | 05   | art,technology       |
+-----+----------+----+------------+------+-------------+------+----------------------+
17 rows in set (0.00 sec)
```

图 5-24　查询姓名中不包含"燕"字的学生信息

从图 5-24 中可以看出，xm 字段的值中都不包含"燕"字。

2. 下画线通配符

下画线通配符与百分号通配符的作用有些不同，一个下画线通配符只用于匹配单个字符，如果要匹配多个字符，则需要使用多个下画线通配符。需要注意的是，如果使用多个下画线通配符匹配多个连续的字符，则下画线通配符之间不能有空格，例如，通配字符串"M_ _QL"能匹配字符串"MySQL"，而不能匹配字符串"My SQL"。

【实例 5-22】在 xuesheng 表中查询姓陈且姓名为两个字的学生的信息，具体语句如下。

```
mysql>SELECT * FROM xuesheng WHERE xm LIKE "陈_";
```

执行结果如图 5-25 所示。

```
mysql> SELECT * FROM xuesheng WHERE xm LIKE "陈_";
+-----+------+----+------------+------+-------------+------+-------+
| xh  | xm   | xb | csrq       | jg   | lxfs        | zydm | xq    |
+-----+------+----+------------+------+-------------+------+-------+
| 002 | 陈慧 | F  | 2004-02-04 | 江西 | 13300000001 | 01   | music |
| 018 | 陈平 | M  | 2004-12-03 | 湖南 | 13700000006 | 06   | art   |
+-----+------+----+------------+------+-------------+------+-------+
2 rows in set (0.00 sec)
```

图 5-25　查询姓陈且姓名为两个字的学生的信息

从图 5-25 中可以看到，已经查询到姓陈且姓名为两个字的学生的信息。一个下画线通配符只能匹配一个字符，因此当要匹配 3 个字的姓名时，可以使用两个下画线通配符。

【实例 5-23】在 xuesheng 表中查询姓陈且姓名为 3 个字的学生的信息，具体语句如下。

```
mysql>SELECT * FROM xuesheng WHERE xm LIKE "陈__";
```

执行结果如图 5-26 所示。

```
mysql> SELECT * FROM xuesheng WHERE xm LIKE "陈__";
+-----+--------+----+------------+------+-------------+------+-------+
| xh  | xm     | xb | csrq       | jg   | lxfs        | zydm | xq    |
+-----+--------+----+------------+------+-------------+------+-------+
| 010 | 陈颜洁 | F  | 2002-03-12 | 湖南 | 13500000002 | 07   | music |
+-----+--------+----+------------+------+-------------+------+-------+
1 row in set (0.00 sec)
```

图 5-26　查询姓陈且姓名为 3 个字的学生的信息

5.2.7　多条件查询

在使用 SELECT 语句查询数据时，为了使查询结果更加精确，可以使用多个查询条件。MySQL 中提供了 AND、OR 与 NOT 关键字。其中，NOT 用于返回与条件相反的结果集。这里主要学习带 AND 与 OR 关键字的多条件查询。

1. 带 AND 关键字的多条件查询

使用 AND 关键字可以连接两个或者多个条件表达式，只有满足所有条件表达式的记录才会被返回。其语法格式如下。

```
SELECT * | 字段名 1, 字段名 2, …
FROM 表名
WHERE 条件表达式 1 AND 条件表达式 2 [… AND 条件表达式 n];
```

其中，WHERE 关键字后面跟了多个条件表达式，每两个条件表达式之间用 AND 关键字连接。

【实例 5-24】在 xuesheng 表中查询陈姓女生的信息，具体语句如下。

```
mysql>SELECT * FROM xuesheng WHERE xm LIKE "陈%" AND xb="F";
```

执行结果如图 5-27 所示。

```
mysql> SELECT * FROM xuesheng WHERE xm LIKE "陈%" AND xb="F";
+-----+--------+----+------------+------+-------------+------+-------+
| xh  | xm     | xb | csrq       | jg   | lxfs        | zydm | xq    |
+-----+--------+----+------------+------+-------------+------+-------+
| 002 | 陈慧   | F  | 2004-02-04 | 江西 | 13300000001 | 01   | music |
| 010 | 陈颜洁 | F  | 2002-03-12 | 湖南 | 13500000002 | 07   | music |
+-----+--------+----+------------+------+-------------+------+-------+
2 rows in set (0.00 sec)
```

图 5-27　查询陈姓女生的信息

从图 5-27 中可以看出，查询到了同时满足姓陈且性别为女的学生的信息。

【实例 5-25】在 xuesheng 表中查询姓陈且籍贯为湖南的女生的信息，具体语句如下。

```
mysql>SELECT * FROM xuesheng WHERE xm LIKE "陈%" AND xb="F" AND jg="湖南";
```

执行结果如图 5-28 所示。

```
mysql> SELECT * FROM xuesheng WHERE xm LIKE "陈%" AND xb="F" AND jg="湖南";
+-----+--------+----+------------+------+-------------+------+-------+
| xh  | xm     | xb | csrq       | jg   | lxfs        | zydm | xq    |
+-----+--------+----+------------+------+-------------+------+-------+
| 010 | 陈颜洁 | F  | 2002-03-12 | 湖南 | 13500000002 | 07   | music |
+-----+--------+----+------------+------+-------------+------+-------+
1 row in set (0.00 sec)
```

图 5-28　查询陈姓的湖南女生的信息

从图 5-28 中可以看出，查询到了同时满足姓陈、籍贯为湖南且性别为女的学生的信息。

2. 带 OR 关键字的多条件查询

OR 关键字与 AND 关键字不同，在使用 OR 关键字进行查询时，只要记录满足任意一个条件表达式就会被查询出来。其语法格式如下。

```
SELECT * | 字段名 1, 字段名 2, …
FROM 表名
WHERE 条件表达式 1 OR 条件表达式 2 [… OR 条件表达式 n];
```

【**实例 5-26**】在 xuesheng 表中查询姓陈或性别为女的学生的信息，具体语句如下。

```
mysql>SELECT * FROM xuesheng WHERE xm LIKE "陈%" OR xb="F";
```

执行结果如图 5-29 所示。

```
mysql> SELECT * FROM xuesheng WHERE xm LIKE "陈%" OR xb="F";
+-----+-----------+----+------------+------+-------------+------+------------------+
| xh  | xm        | xb | csrq       | jg   | lxfs        | zydm | xq               |
+-----+-----------+----+------------+------+-------------+------+------------------+
| 001 | 谢文婷    | F  | 2005-01-01 | 湖北 | 13200000001 | 01   | technology       |
| 002 | 陈慧      | F  | 2004-02-04 | 江西 | 13300000001 | 01   | music            |
| 003 | 欧阳龙燕  | F  | 2004-12-21 | 湖南 | 13800000005 | 01   | sport            |
| 005 | 刘小燕    | F  | 2002-07-22 | 河南 | 13600000005 | 02   | music,sport      |
| 006 | 李丽文    | F  | 2003-09-04 | 湖北 | 13400000006 | 06   | music,technology |
| 010 | 陈颜洁    | F  | 2002-03-12 | 湖南 | 13500000002 | 07   | music            |
| 014 | 于莹      | F  | 2005-01-04 | 湖北 | 13001111111 | 02   | art              |
| 018 | 陈平      | M  | 2004-12-03 | 湖南 | 13700000006 | 06   | art              |
| 019 | 谢颖      | F  | 2003-01-23 | 北京 | 13300000006 | 05   | art,technology   |
+-----+-----------+----+------------+------+-------------+------+------------------+
9 rows in set (0.00 sec)
```

图 5-29　查询陈姓或性别为女的学生的信息

从图 5-29 中可以看出，在返回的 9 条记录中，其中 7 条记录的 xb 字段值是 F，一条记录的 xb 字段值是 M，但是这条记录的 xm 字段值是"陈平"。这就说明，只要记录满足由 OR 关键字连接的任意一个条件表达式就会被查询出来，而不需要同时满足所有条件表达式。

3. 同时带 OR 和 AND 关键字的多条件查询

OR 关键字和 AND 关键字可以一起使用。需要注意的是，AND 的优先级高于 OR。因此，当两者一起使用时，应该先计算 AND 两边的条件表达式，再计算 OR 两边的条件表达式。

【**实例 5-27**】在 xuesheng 表中查询专业代码为 01 或 06，且姓陈的学生的信息，具体语句如下。

```
mysql>SELECT * FROM xuesheng WHERE  xm LIKE "陈%" AND (zydm="01" OR
    zydm="06");
```

执行结果如图 5-30 所示。

```
mysql> SELECT * FROM xuesheng WHERE  xm LIKE "陈%" AND (zydm="01" OR zydm="06");
+-----+------+----+------------+------+-------------+------+-------+
| xh  | xm   | xb | csrq       | jg   | lxfs        | zydm | xq    |
+-----+------+----+------------+------+-------------+------+-------+
| 002 | 陈慧 | F  | 2004-02-04 | 江西 | 13300000001 | 01   | music |
| 018 | 陈平 | M  | 2004-12-03 | 湖南 | 13700000006 | 06   | art   |
+-----+------+----+------------+------+-------------+------+-------+
2 rows in set (0.00 sec)
```

图 5-30　带 OR 与 AND 关键字的多条件查询

从图 5-30 中可以看出，由 OR 连接的条件表达式用括号括了起来，查询到了姓陈且专业代码为 01 或 06 的学生的信息。如果由 OR 连接的条件表达式不加括号，则执行结果如图 5-31 所示。

```
mysql> SELECT * FROM xuesheng WHERE  xm LIKE "陈%" AND zydm="01" OR zydm="06";
+-----+--------+----+------------+------+-------------+------+------------------+
| xh  | xm     | xb | csrq       | jg   | lxfs        | zydm | xq               |
+-----+--------+----+------------+------+-------------+------+------------------+
| 002 | 陈慧   | F  | 2004-02-04 | 江西 | 13300000001 | 01   | music            |
| 006 | 李丽文 | F  | 2003-09-04 | 湖北 | 13400000006 | 06   | music,technology |
| 018 | 陈平   | M  | 2004-12-03 | 湖南 | 13700000006 | 06   | art              |
+-----+--------+----+------------+------+-------------+------+------------------+
3 rows in set (0.00 sec)
```

图 5-31　未加括号时使用 OR 与 AND 的多条件查询

从图 5-31 中可以看出，姓陈且专业代码为 01，以及专业代码为 06 的学生信息都被查询出来了。如果将专业代码的条件表达式放在前面，姓陈的条件表达式放在后面，则执行结果如图 5-32 所示。

```
mysql> SELECT * FROM xuesheng WHERE  zydm="01" OR zydm="06" AND xm LIKE "陈%";

| xh  | xm       | xb | csrq       | jg | lxfs        | zydm | xq                  |
| 001 | 谢文婷   | F  | 2005-01-01 | 湖北 | 13200000001 | 01   | technology          |
| 002 | 陈慧     | F  | 2004-02-04 | 江西 | 13300000001 | 01   | music               |
| 003 | 欧阳龙燕 | F  | 2004-12-21 | 湖南 | 13800000005 | 01   | sport               |
| 008 | 张皓程   | M  | 2003-08-30 | 河南 | 13500000008 | 01   | technology          |
| 017 | 欧阳文强 | M  | 2004-01-01 | 湖南 | 13511111116 | 01   | art,sport,technology |
| 018 | 陈平     | M  | 2004-12-03 | 湖南 | 13700000006 | 06   | art                 |
6 rows in set (0.00 sec)
```

图 5-32　改变 OR 与 AND 位置后的查询

从图 5-32 中可以看出，专业代码是 01，以及专业代码是 06 且姓陈的学生的信息都被查询出来了。

5.2.8　任务实施——完成对 xsgl 数据库中的表数据的多条件查询

按下列步骤完成对 xsgl 数据库中的表数据的多条件查询。

（1）选择 xsgl 数据库。

```
mysql>USE xsgl;
```

（2）查询 kecheng 表中 xf 字段的值大于 3.0 的课程信息，具体语句如下。

```
mysql>SELECT * FROM kecheng WHERE xf>3.0;
```

（3）查询 chengji 表中 pscj 字段的值在 85 及以上的成绩信息，具体语句如下。

```
mysql>SELECT * FROM chengji WHERE pscj>=85;
```

（4）查询 chengji 表中 sycj 字段的值为 85～95 的成绩信息，具体语句如下。

```
mysql>SELECT * FROM chengji WHERE sycj>=85 AND sycj<=95;
```

或者使用下面的语句。

```
mysql>SELECT * FROM chengji WHERE sycj BETWEEN 85 AND 95;
```

（5）查询 kecheng 表中 xf 字段的值是 4.0 或 5.0 的课程信息，具体语句如下。

```
mysql>SELECT * FROM kecheng WHERE xf=4.0 OR xf=5.0;
```

或者使用下面的语句。

```
mysql>SELECT * FROM kecheng WHERE xf IN(4.0,5.0);
```

（6）向 kecheng 表中添加两条记录，并查询 xf 字段的值为空值的课程信息，具体语句如下。

```
mysql>INSERT INTO kecheng(kcdm,kcmc) VALUES("Y04","园林规划"),
      ("H04","基础护理");
mysql>SELECT * FROM kecheng WHERE xf IS NULL;
```

（7）查询 kecheng 表中 xf 字段的值不为空值的课程信息，具体语句如下。

```
mysql>SELECT * FROM kecheng WHERE xf IS NOT NULL;
```

（8）查询哪些学生选修了课程，具体语句如下。

```
mysql>SELECT DISTINCT xh FROM chengji;
```

（9）查询 kecheng 表中课程名称以"园林"两个字开头的课程信息，具体语句如下。

```
mysql>SELECT * FROM kecheng WHERE kcmc LIKE "园林%";
```

（10）查询 kecheng 表中课程名称的第三个字是"学"的课程信息，具体语句如下。

```
mysql>SELECT * FROM kecheng WHERE kcmc LIKE "_ _学%";
```

（11）查询 kecheng 表中课程名称中包含"化学"两个字的课程信息，具体语句如下。

```
mysql>SELECT * FROM kecheng WHERE kcmc LIKE "%化学%";
```

（12）查询 kecheng 表中课程名称以"园林"两个字开头，且学分不为空值的课程信息，具体语句如下。

```
mysql>SELECT * FROM kecheng WHERE kcmc LIKE "园林%"
      AND xf IS NOT NULL;
```

（13）查询 zhuanye 表中专业名称包含"设计"两个字，或者所属院系以"医"字开头的课程信息，具体语句如下。

```
mysql>SELECT * FROM zhuanye WHERE zymc LIKE "%设计%"
      OR ssyx LIKE "医%";
```

任务 5.3 高级查询

V5-6 高级查询（1）

5.3.1 聚合函数

在实际开发中，经常需要对某些数据进行统计，如统计某个字段的最大值、最小值或平均值等。为此，MySQL 提供了聚合函数来实现这些功能。聚合函数及其作用如表 5-2 所示。

表 5-2 聚合函数及其作用

函数名称	作用	函数名称	作用
COUNT( )	返回记录的条数	MAX( )	返回某字段的最大值
SUM( )	返回某字段值的和	MIN( )	返回某字段的最小值
AVG( )	返回某字段的平均值		

表 5-2 中的函数用于对一组值进行统计，并返回唯一值。接下来对聚合函数的用法进行讲解。

1. COUNT()函数

COUNT()函数用于统计记录的条数。其语法格式如下。

```
SELECT COUNT(*) FROM 表名;
```

【实例 5-28】统计 xuesheng 表中一共有多少条记录，具体语句如下。

```
mysql>USE xsgl;
mysql>SELECT COUNT(*)  FROM xuesheng;
```

执行结果如图 5-33 所示。

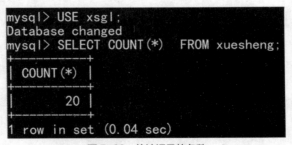

图 5-33 统计记录的条数

从图 5-33 中可以看出 xuesheng 表中一共有 20 条记录。

2. SUM()函数

SUM()是求和函数，用于求出表中某个字段的所有值的总和。其语法格式如下。

```
SELECT SUM(字段名) FROM 表名;
```

【实例5-29】计算kecheng表中xf字段值的总和，具体语句如下。

```
mysql>SELECT SUM(xf) FROM kecheng;
```

执行结果如图5-34所示。

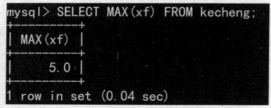

```
mysql> SELECT SUM(xf) FROM kecheng;
+--------+
| SUM(xf) |
+--------+
|   89.0 |
+--------+
1 row in set (0.00 sec)
```

图5-34　计算xf字段值的总和

3. AVG()函数

AVG()函数用于求出表中某个字段的所有值的平均值。其语法格式如下。

```
SELECT AVG(字段名) FROM 表名;
```

【实例5-30】计算kecheng表中xf字段值的平均值，具体语句如下。

```
mysql>SELECT AVG(xf) FROM kecheng;
```

执行结果如图5-35所示。

```
mysql> SELECT AVG(xf) FROM kecheng;
+---------+
| AVG(xf) |
+---------+
| 3.86957 |
+---------+
1 row in set (0.00 sec)
```

图5-35　计算xf字段值的平均值

4. MAX()函数

MAX()函数用于求出表中某个字段值的最大值。其语法格式如下。

```
SELECT MAX(字段名) FROM 表名;
```

【实例5-31】计算kecheng表中xf字段的最大值，具体语句如下。

```
mysql>SELECT MAX(xf) FROM kecheng;
```

执行结果如图5-36所示。

```
mysql> SELECT MAX(xf) FROM kecheng;
+--------+
| MAX(xf) |
+--------+
|    5.0 |
+--------+
1 row in set (0.04 sec)
```

图5-36　计算xf字段值的最大值

5. MIN()函数

MIN()函数用于求出表中某个字段值的最小值。其语法格式如下。

```
SELECT MIN(字段名) FROM 表名;
```

【实例 5-32】计算 kecheng 表中 xf 字段值的最小值，具体语句如下。

```
mysql>SELECT MIN(xf) FROM kecheng;
```

执行结果如图 5-37 所示。

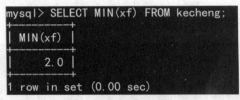

图 5-37　计算 xf 字段值的最小值

5.3.2　对查询结果排序

从表中查询出来的数据可能是无序的，或者其排列顺序不是需要的。为了使查询结果满足要求，可以使用 ORDER BY 对查询结果进行排序。其语法格式如下。

```
SELECT 字段名1，字段名2，…
FROM 表名
ORDER BY 字段名1 ASC | DESC，字段名2 ASC | DESC…
```

V5-7　高级查询（2）

其中，指定的"字段名 1""字段名 2"等是对查询结果排序的依据；参数 ASC 表示按照升序进行排列；参数 DESC 表示按照降序进行排列。默认情况下，查询结果会按照 ASC 方式进行排序。

【实例 5-33】查询 xuesheng 表中的所有记录，并按照 xm 字段进行排序，具体语句如下。

```
mysql>SELECT * FROM xuesheng ORDER BY xm;
```

执行结果如图 5-38 所示。

```
mysql> SELECT * FROM xuesheng ORDER BY xm;
+-----+----------+------+------------+------+-------------+------+------------------------+
| xh  | xm       | xb   | csrq       | jg   | lxfs        | zydm | xq                     |
+-----+----------+------+------------+------+-------------+------+------------------------+
| 014 | 于莹     | F    | 2005-01-04 | 湖北 | 13001111111 | 02   | art                    |
| 015 | 任天赐   | M    | 2002-02-03 | 湖南 | 13811111115 | 04   | sport                  |
| 016 | 刘坤     | M    | 2002-04-01 | 北京 | 13100000001 | 04   | sport,technology       |
| 005 | 刘小燕   | F    | 2002-07-22 | 河南 | 13600000005 | 02   | music,sport            |
| 009 | 吴鹏     | M    | 2003-10-14 | 江西 | 13500000007 | 05   | technology             |
| 012 | 周士哲   | M    | 2004-08-01 | 北京 | 13011111111 | 03   | music,sport            |
| 004 | 周忠群   | M    | 2002-06-11 | 山东 | 18900000005 | 04   |                        |
| 013 | 喻李     | M    | 2005-01-14 | 江西 | 13101111111 | 07   | art,sport              |
| 008 | 张皓程   | M    | 2003-08-30 | 河南 | 13500000008 | 01   | technology             |
| 011 | 张蒙     | M    | 2002-02-16 | 湖北 | 13500000001 | 03   | music                  |
| 006 | 李丽文   | F    | 2003-09-04 | 湖北 | 13400000006 | 06   | music,technology       |
| 017 | 欧阳文强 | M    | 2004-01-01 | 湖南 | 13511111116 | 01   | art,sport,technology   |
| 003 | 欧阳龙燕 | F    | 2004-12-21 | 湖南 | 13800000005 | 01   | sport                  |
| 020 | 燕鹏能   | M    | 2000-01-01 | NULL | NULL        | NULL |                        |
| 001 | 谢文婷   | F    | 2005-01-01 | 湖北 | 13200000001 | 01   | technology             |
| 019 | 谢颖     | F    | 2003-01-23 | 北京 | 13300000006 | 05   | art,technology         |
| 007 | 贺佳     | M    | 2005-01-31 | 湖北 | 13500000009 | 03   | sport                  |
| 018 | 陈平     | M    | 2004-12-03 | 湖南 | 13700000006 | 06   | art                    |
| 002 | 陈慧     | F    | 2004-02-04 | 江西 | 13300000001 | 01   | music                  |
| 010 | 陈颜洁   | F    | 2002-03-12 | 湖南 | 13500000002 | 07   | music                  |
+-----+----------+------+------------+------+-------------+------+------------------------+
20 rows in set (0.00 sec)
```

图 5-38　按 xm 字段对查询结果进行排序

从图 5-38 中可以看出，查询结果按照 ORDER BY 指定的字段 xm 进行了排序，且默认按升序排列。

【实例 5-34】查询 xuesheng 表中的所有记录，使用参数 ASC 使记录按照 xm 字段升序排列，具体语句如下。

```
mysql>SELECT * FROM xuesheng ORDER BY xm ASC;
```

执行结果如图 5-39 所示。

```
mysql> SELECT * FROM xuesheng ORDER BY xm ASC;
+-----+----------+------+------------+------+-------------+------+---------------------+
| xh  | xm       | xb   | csrq       | jg   | lxfs        | zydm | xq                  |
+-----+----------+------+------------+------+-------------+------+---------------------+
| 014 | 于莹     | F    | 2005-01-04 | 湖北 | 13001111111 | 02   | art                 |
| 015 | 任天赐   | M    | 2002-02-03 | 湖南 | 13811111115 | 04   | sport               |
| 016 | 刘坤     | M    | 2002-04-01 | 北京 | 13100000001 | 04   | sport, technology   |
| 005 | 刘小燕   | F    | 2002-07-22 | 河南 | 13600000005 | 02   | music, sport        |
| 009 | 吴鹏     | M    | 2003-10-14 | 江西 | 13500000007 | 05   | technology          |
| 012 | 周士哲   | M    | 2004-08-01 | 北京 | 13011111111 | 03   | music, sport        |
| 004 | 周忠群   | M    | 2002-06-11 | 山东 | 18900000005 | 04   |                     |
| 013 | 喻李     | M    | 2005-01-14 | 江西 | 13101111111 | 07   | art, sport          |
| 008 | 张皓程   | M    | 2003-08-30 | 河南 | 13500000008 | 01   | technology          |
| 011 | 张豪     | M    | 2002-02-16 | 湖北 | 13500000001 | 03   | music               |
| 006 | 李丽文   | F    | 2003-09-04 | 湖北 | 13400000006 | 06   | music, technology   |
| 017 | 欧阳文强 | M    | 2004-01-01 | 湖南 | 13511111116 | 01   | art, sport, technology |
| 003 | 欧阳龙燕 | F    | 2004-12-21 | 湖南 | 13800000005 | 01   | sport               |
| 020 | 燕鹏能   | M    | 2000-01-01 | NULL | NULL        | NULL |                     |
| 001 | 谢文婷   | F    | 2005-01-01 | 湖北 | 13200000001 | 01   | technology          |
| 019 | 谢颖     | F    | 2003-01-23 | 北京 | 13300000006 | 05   | art, technology     |
| 007 | 贺佳     | M    | 2005-01-31 | 湖北 | 13500000009 | 03   | sport               |
| 018 | 陈平     | M    | 2004-12-03 | 湖南 | 13700000006 | 06   | art                 |
| 002 | 陈慧     | F    | 2004-02-04 | 江西 | 13300000001 | 01   | music               |
| 010 | 陈颜洁   | F    | 2002-03-12 | 湖南 | 13500000002 | 07   | music               |
+-----+----------+------+------------+------+-------------+------+---------------------+
20 rows in set (0.00 sec)
```

图 5-39　按 xm 字段对查询结果进行升序排列

从图 5-39 中可以看出，在 ORDER BY 后使用了 ASC 关键字，返回结果和图 5-38 所示的结果一致。

【实例 5-35】查询 xuesheng 表中的所有记录，使用参数 DESC 使记录按照 xm 字段降序排列，具体语句如下。

```
mysql>SELECT * FROM xuesheng ORDER BY xm DESC;
```

执行结果如图 5-40 所示。

```
mysql> SELECT * FROM xuesheng ORDER BY xm DESC;
+-----+----------+------+------------+------+-------------+------+---------------------+
| xh  | xm       | xb   | csrq       | jg   | lxfs        | zydm | xq                  |
+-----+----------+------+------------+------+-------------+------+---------------------+
| 010 | 陈颜洁   | F    | 2002-03-12 | 湖南 | 13500000002 | 07   | music               |
| 002 | 陈慧     | F    | 2004-02-04 | 江西 | 13300000001 | 01   | music               |
| 018 | 陈平     | M    | 2004-12-03 | 湖南 | 13700000006 | 06   | art                 |
| 007 | 贺佳     | M    | 2005-01-31 | 湖北 | 13500000009 | 03   | sport               |
| 019 | 谢颖     | F    | 2003-01-23 | 北京 | 13300000006 | 05   | art, technology     |
| 001 | 谢文婷   | F    | 2005-01-01 | 湖北 | 13200000001 | 01   | technology          |
| 020 | 燕鹏能   | M    | 2000-01-01 | NULL | NULL        | NULL |                     |
| 003 | 欧阳龙燕 | F    | 2004-12-21 | 湖南 | 13800000005 | 01   | sport               |
| 017 | 欧阳文强 | M    | 2004-01-01 | 湖南 | 13511111116 | 01   | art, sport, technology |
| 006 | 李丽文   | F    | 2003-09-04 | 湖北 | 13400000006 | 06   | music, technology   |
| 011 | 张豪     | M    | 2002-02-16 | 湖北 | 13500000001 | 03   | music               |
| 008 | 张皓程   | M    | 2003-08-30 | 河南 | 13500000008 | 01   | technology          |
| 013 | 喻李     | M    | 2005-01-14 | 江西 | 13101111111 | 07   | art, sport          |
| 004 | 周忠群   | M    | 2002-06-11 | 山东 | 18900000005 | 04   |                     |
| 012 | 周士哲   | M    | 2004-08-01 | 北京 | 13011111111 | 03   | music, sport        |
| 009 | 吴鹏     | M    | 2003-10-14 | 江西 | 13500000007 | 05   | technology          |
| 005 | 刘小燕   | F    | 2002-07-22 | 河南 | 13600000005 | 02   | music, sport        |
| 016 | 刘坤     | M    | 2002-04-01 | 北京 | 13100000001 | 04   | sport, technology   |
| 015 | 任天赐   | M    | 2002-02-03 | 湖南 | 13811111115 | 04   | sport               |
| 014 | 于莹     | F    | 2005-01-04 | 湖北 | 13001111111 | 02   | art                 |
+-----+----------+------+------------+------+-------------+------+---------------------+
20 rows in set (0.00 sec)
```

图 5-40　按 xm 字段对查询结果进行降序排列

从图 5-40 中可以看到，在 ORDER BY 后使用了 DESC 关键字，查询结果按照 xm 字段降序排列。

在 MySQL 中，可以指定按照多个字段对查询结果进行排序，此时先按第一个字段排序，在第一个字段值相同的情况下再按第二个字段进行排序，以此类推。

【实例 5-36】查询 xuesheng 表中的所有记录，按照 xb 字段的升序和 jg 字段的降序进行排列，具体语句如下。

```
mysql>SELECT * FROM xuesheng ORDER BY xb ASC,jg DESC;
```

执行结果如图 5-41 所示。

图 5-41　先按 xb 字段升序再按 jg 字段降序排列的结果

从图 5-41 中可以看出，查询结果先按照 xb 字段升序排列，当 xb 字段值相同时再按照 jg 字段降序排列。

> **提示** 在使记录按照指定字段进行升序排列时，如果某个字段值为 NULL，则相应记录会在第一条显示，这是因为 NULL 被认为是最小值。

5.3.3　分组查询

在对表中的数据进行统计时，可能需要按照一定的类别进行统计，例如，统计 xuesheng 表中 xb 字段值分别为 M、F 的学生的人数。在 MySQL 中，可以使用 GROUP BY 按某个字段或者多个字段进行分组，字段值相同的为一组。其语法格式如下。

```
SELECT 字段名 1，字段名 2，…
FROM 表名
GROUP BY 字段名 1，字段名 2，… [HAVING 条件表达式]
```

其中，指定的"字段名 1""字段名 2"等是对查询结果进行分组的依据；HAVING 关键字指定了条件表达式用于对分组后的内容进行过滤。

分组查询比较复杂，下面将分 3 种情况对分组查询进行讲解。

1. 单独使用 GROUP BY

单独使用 GROUP BY 关键字，可查询每个分组中的一条记录。

【实例 5-37】查询 xuesheng 表中的记录，按 xb 字段进行分组，具体语句如下。

```
mysql>SELECT xb FROM xuesheng GROUP BY xb;
```

执行结果如图 5-42 所示。

图 5-42　记录按 xb 字段进行分组

从图 5-42 中可以看到返回了两条记录，这两条记录中 xb 字段的值分别为 M、F，这说明了查询结果按照 xb 字段中不同的值进行了分类。然而，这样的查询结果只显示了每个分组中的一条记录，意义并不大，一般情况下，GROUP BY 和聚合函数一起使用。

2. GROUP BY 和聚合函数一起使用

将 GROUP BY 和聚合函数一起使用，可以统计出某个或者某些字段在一个分组中的最大值、最小值、平均值等。

【实例 5-38】将 xuesheng 表按照 xb 字段进行分组查询，分别统计出男女生的人数，具体语句如下。

```
mysql>SELECT xb,COUNT(*) FROM xuesheng GROUP BY xb;
```

执行结果如图 5-43 所示。

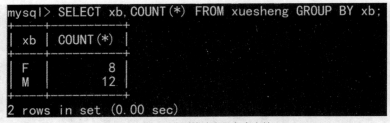

图 5-43　分别统计出男女生人数

从图 5-43 中可以看出，通过 GROUP BY 对 xuesheng 表按照 xb 字段的不同值进行了分组，并通过 COUNT( )函数统计出 xb 字段值为 F 的学生有 8 个，为 M 的学生有 12 个。

3. GROUP BY 和 HAVING 一起使用

HAVING 关键字和 WHERE 关键字的作用基本相同，都用于设置条件表达式对查询结果进行过滤，两者的区别在于，HAVING 关键字后可以跟聚合函数，而 WHERE 关键字不能。通常情况下，HAVING 和 GROUP BY 一起使用，用于对分组后的结果进行过滤。

【实例 5-39】将 xuesheng 表按照 jg 字段进行分组查询，查询人数大于等于 2 的籍贯有哪些，具体语句如下。

```
mysql>SELECT jg,COUNT(*) FROM xuesheng GROUP BY jg HAVING COUNT(*)>=2;
```

执行结果如图 5-44 所示。

图 5-44　查询人数大于等于 2 的籍贯

从图 5-44 中可以看出，通过 GROUP BY 对 xuesheng 表按照 jg 字段的不同值进行了分组，并在通过 COUNT()函数统计出不同 jg 字段值的数量的同时使用 HAVING 筛选出 jg 字段中数量大于等于 2 的值。

5.3.4　函数（列表）

MySQL 提供了丰富的函数，通过这些函数可以简化用户对数据的操作。MySQL 中的函数包括数值型函数、字符串函数、日期和时间函数等。下面讲解两个函数：CONCAT(s1,s2,…)（用于返回由一个或者多个字符串连接产生的新字符串）和 IF(expr1,expr2,expr3)（如果 expr1 表达式的值为 true，则返回 expr2，否则返回 expr3）。

【实例 5-40】查询 xuesheng 表中的所有记录，将各个字段值使用下画线"_"连接起来，具体语句如下。

```
mysql>SELECT CONCAT(xh, "_", xm,"_",xb,"_",csrq, "_",jg, "_", lxfs,"_", zydm,"_",xq)
    FROM xuesheng;
```

执行结果如图 5-45 所示。

图 5-45　使用 CONCAT 函数的查询结果

从图 5-45 中可以看出，通过 CONCAT(s1,s2,…)函数将 xuesheng 表中各个字段的值使用下画线连接起来了。需要注意的是，CONCAT(s1,s2,…)用于返回由连接参数产生的字符串，如果有任何一个参数值为 NULL，则返回值为 NULL。

【实例 5-41】查询 xuesheng 表中的 xh 字段和 xb 字段的值，如果 xb 字段的值为 M，则返回"男"；如果不为 M，则返回"女"，具体语句如下。

```
mysql>SELECT xh, IF(xb= "M","男","女") FROM xuesheng;
```

执行结果如图 5-46 所示。

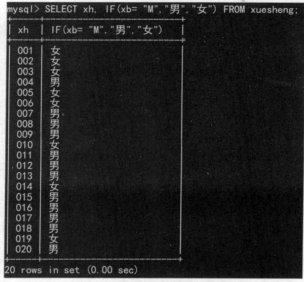

图 5-46   使用 IF 函数的查询结果

对比图 5-45 和图 5-46 可知，xuesheng 表中 xb 字段值为 M 的记录都对应返回"男"，为 F 的记录都对应返回"女"。

5.3.5   为表取别名

在进行查询操作时，如果表名很长，使用起来不太方便，则可以为表取一个别名，使用这个别名来代替表的名称。其语法格式如下。

```
SELECT 字段名 1, 字段名 2, …
FROM 表名 [AS] 别名
```

其中，AS 关键字用于指定表名的别名，该关键字可以省略。

【实例 5-42】为 xuesheng 表取别名 xs，查询籍贯为湖南的学生的信息，具体语句如下。

```
mysql>SELECT * FROM xuesheng AS xs WHERE xs.jg="湖南";
```

执行结果如图 5-47 所示。

```
mysql> SELECT * FROM xuesheng AS xs WHERE xs.jg="湖南";

| xh  | xm      | xb | csrq       | jg   | lxfs        | zydm | xq                   |

| 003 | 欧阳龙燕  | F  | 2004-12-21 | 湖南 | 13800000005 | 01   | sport                |
| 010 | 陈颜洁    | F  | 2002-03-12 | 湖南 | 13500000002 | 07   | music                |
| 015 | 任天赐    | M  | 2002-02-03 | 湖南 | 13811111115 | 04   | sport                |
| 017 | 欧阳文强  | M  | 2004-01-01 | 湖南 | 13511111116 | 01   | art,sport,technology |
| 018 | 陈平      | M  | 2004-12-03 | 湖南 | 13700000006 | 06   | art                  |

5 rows in set (0.00 sec)
```

图 5-47   使用别名查询籍贯为湖南的学生的信息

从图 5-47 中可以看到，为 xuesheng 表取了一个别名 xs，在条件表达式中以 xs 表示 xuesheng 表，以 xs.jg 或 xuesheng.jg 表示字段 jg。

5.3.6 任务实施——完成对 xsgl 数据库中的表数据的高级查询

按下列步骤完成对 xsgl 数据库中的表数据的高级查询。

（1）选择 xsgl 数据库，具体语句如下。

```
mysql>USE xsgl;
```

（2）统计选修了课程代码为"H01"的学生的人数，具体语句如下。

```
mysql>SELECT COUNT(*) FROM chengji WHERE kcdm="H01";
```

（3）查询学号为"004"的学生的考试成绩平均分和考试成绩总分。

```
mysql>SELECT xh 学号,AVG(kscj) 考试成绩平均分,sum(kscj) 考试成绩总分 FROM chengji WHERE
      xh="004";
```

（4）查询每位学生的平时成绩、考试成绩的平均分，具体语句如下。

```
mysql>SELECT xh,AVG(pscj),AVG(kscj) FROM chengji GROUP BY xh;
```

（5）查询考试成绩的平均分在 75 分及以上的课程的课程代码，具体语句如下。

```
mysql>SELECT kcdm,AVG(kscj) FROM chengji GROUP BY kcdm
      HAVING AVG(kscj)>=75;
```

（6）查询 kecheng 表中学分大于等于 3.0 的课程信息，并为 kecheng 表取一个别名 kc，具体语句如下。

```
mysql>SELECT * FROM kecheng AS kc WHERE kc.xf>=3.0;
```

任务 5.4 连接查询

在关系数据库管理系统中创建表时，各个数据之间的关系不必确定。通常将每个实体的所有信息存放在一个表中，当查询数据时，通过连接操作查询多个表中的实体信息，当两个或多个表中存在相同意义的字段时，便可以通过这些字段对不同的表进行连接查询。连接查询包括交叉连接、内连接和外连接，下面将针对这些连接查询进行详细讲解。

5.4.1 交叉连接

交叉连接返回的结果是被连接的两个表中所有数据行的笛卡儿积，也就是返回第一个表中符合查询条件的数据行数乘以第二个表中符合查询条件的数据行数。例如，xuesheng 表中有 20 个学生的信息，zhuanye 表有 7 个学生的信息，那么交叉连接的结果就有 20×7=140 条数据。交叉连接的语法格式如下。

V5-8 连接查询（1）

```
SELECT 查询字段 FROM 表 1 CROSS JOIN 表 2 [WHERE 子句];
```

其中，CROSS JOIN 用于连接两个要查询的表，通过该语句可以查询两个表中所有数据的组合。

【实例 5-43】使用交叉连接查询 xuesheng 表和 zhuanye 表中的所有数据，具体语句如下。

```
mysql>USE xsgl;
mysql>SELECT * FROM xuesheng CROSS JOIN zhuanye;
```

执行结果（部分）如图 5-48 所示。

图 5-48　交叉连接查询结果

从图 5-48 中可以看出，交叉连接的结果就是两个表中所有数据的组合。需要注意的是，这种业务需求在实际开发中是很少见的，一般不会使用交叉连接查询，通常使用具体的条件对数据进行有目的的查询。

5.4.2　内连接

内连接（Inner Join）又称简单连接或自然连接，是一种常见的连接查询。内连接使用比较运算符对两个表中的数据进行比较，并列出与连接条件匹配的数据，组合成新的记录，也就是说，在使用内连接查询时，只有满足条件的记录才会出现在查询结果中。内连接可以使用 ANSI SQL-92 标准语法和 MySQL 语法，使用 ANSI SQL-92 标准语法有利于数据在各平台间移植。

第一种内连接语法（ANSI SQL-92 标准语法）格式如下。

```
SELECT 查询字段 FROM 表1 [INNER] JOIN 表2 ON 表1.关系字段=表2.关系字段;
```

第二种内连接语法（MySQL 内连接语法）格式如下。

```
SELECT 查询字段 FROM 表1, 表2  WHERE 表1.关系字段=表2.关系字段;
```

在第一种语法格式中，INNER JOIN 用于连接两个表，ON 用来指定连接条件，其中 INNER 可以省略。在第二种语法格式中，通过 WHERE 语句中的字段值相等来连接两个表。

1. 使用 INNER JOIN 的内连接

【实例 5-44】在 xuesheng 表和 zhuanye 表之间使用 INNER JOIN 查询 xh、xm、jg、zydm、xq 字段的内容，具体语句如下。

```
mysql>SELECT xh,xm,jg,A.zydm,xq,B.zydm FROM xuesheng A INNER JOIN zhuanye B ON
    A.zydm=B.zydm;
```

执行结果如图 5-49 所示。

图 5-49　使用 INNER JOIN 的内连接查询结果

从图 5-49 中可以看出，只有 xuesheng.zydm 和 zhuanye.zydm 相等的学生的信息才会显示出来，SQL 语句中 INNER 可以省略。在 MySQL 中，还可以使用 WHERE 条件语句来实现同样的功能。

> **提 示** 在进行连接查询时，如果两个表中存在同名字段，则必须在字段名称的前面加表名，并以"."
> 符号进行连接，表明字段属于哪个表。

2. 使用 WHERE 的内连接

【实例 5-45】在 xuesheng 表和 zhuanye 表之间使用 WHERE 查询 xh、xm、jg、zydm、xq
字段的内容，具体语句如下。

```
mysql>SELECT xh,xm,jg,A.zydm,xq,B.zydm FROM xuesheng A,zhuanye B WHERE
      A.zydm=B.zydm;
```

执行结果如图 5-50 所示。

```
mysql> SELECT xh,xm,jg,A.zydm,xq,B.zydm FROM xuesheng A,zhuanye B WHERE A.zydm=B.zydm;
+-----+-----------+------+------+-------------------------+------+
| xh  | xm        | jg   | zydm | xq                      | zydm |
+-----+-----------+------+------+-------------------------+------+
| 007 | 贺佳      | 湖北 | 03   | sport                   | 03   |
| 011 | 张豪      | 湖北 | 03   | music                   | 03   |
| 012 | 周士哲    | 北京 | 03   | music,sport             | 03   |
| 010 | 陈颜洁    | 湖南 | 07   | music                   | 07   |
| 013 | 喻李      | 江西 | 07   | art,sport               | 07   |
| 009 | 吴鹏      | 江西 | 05   | technology              | 05   |
| 019 | 谢颖      | 北京 | 05   | art,technology          | 05   |
| 006 | 李丽文    | 湖北 | 06   | music,technology        | 06   |
| 018 | 陈平      | 湖南 | 06   | art                     | 06   |
| 001 | 谢文婷    | 湖北 | 01   | technology              | 01   |
| 002 | 陈慧      | 江西 | 01   | music                   | 01   |
| 003 | 欧阳龙燕  | 湖南 | 01   | sport                   | 01   |
| 008 | 张皓程    | 河南 | 01   | technology              | 01   |
| 017 | 欧阳文强  | 湖南 | 01   | art,sport,technology    | 01   |
| 005 | 刘小燕    | 河南 | 02   | music,sport             | 02   |
| 014 | 于莹      | 湖北 | 02   | art                     | 02   |
| 004 | 周忠群    | 山东 | 04   |                         | 04   |
| 015 | 任天赐    | 湖南 | 04   | sport                   | 04   |
| 016 | 刘坤      | 北京 | 04   | sport,technology        | 04   |
+-----+-----------+------+------+-------------------------+------+
19 rows in set (0.00 sec)
```

图 5-50　使用 WHERE 的内连接查询结果

对比图 5-49 和图 5-50 可以看出，使用 WHERE 的查询结果与使用 INNER JOIN 的查询结果是
一致的。需要注意的是，INNER JOIN 是内连接语句，WHERE 是条件判断语句，在 WHERE 语句后
可以直接添加其他条件表达式，而 INNER JOIN 语句后不可以直接添加其他条件表达式。

3. 多个表的内连接

前面都是针对两个表进行的内连接查询。很多情况下，查询会涉及 3 个或 4 个表，甚至更多表。下
面介绍 3 个表的内连接查询，4 个表或更多表的内连接查询与此类似。

【实例 5-46】查询所有女学生的学号、姓名、性别、籍贯、平时成绩及课程名称，按学号升序排列，
具体语句如下。

```
mysql>SELECT xuesheng.xh,xm,xb,jg,pscj,kcmc FROM chengji INNER JOIN xuesheng
      ON chengji.xh=xuesheng.xh INNER JOIN  kecheng
      ON kecheng.kcdm=chengji.kcdm WHERE xb="F";
```

或者使用下面的内连接查询语句。

```
mysql>SELECT xuesheng.xh,xm,xb,jg,pscj,kcmc FROM xuesheng INNER JOIN chengji
      ON xuesheng.xh=chengji.xh INNER JOIN  kecheng
      ON kecheng.kcdm=chengji.kcdm WHERE xb="F";
```

也可使用 WHERE 语句进行内连接查询。

```
mysql>SELECT xuesheng.xh,xm,xb,jg,pscj,kcmc FROM xuesheng,chengji,kecheng
    WHERE xuesheng.xh=chengji.xh AND kecheng.kcdm=chengji.kcdm AND xb="F";
```

以上 3 条语句的执行结果是一样的，如图 5-51 所示。

```
mysql> SELECT xuesheng.xh, xm, xb, jg,pscj, kcmc FROM chengji INNER JOIN xuesheng ON chengji.xh=xuesheng.xh
INNER JOIN  kecheng ON kecheng.kcdm=chengji.kcdm WHERE xb="F";
+-----+-----------+----+------+------+----------------+
| xh  | xm        | xb | jg   | pscj | kcmc           |
+-----+-----------+----+------+------+----------------+
| 001 | 谢文婷    | F  | 湖北 | 72   | 健康评估       |
| 001 | 谢文婷    | F  | 湖北 | 80   | 护理心理       |
| 001 | 谢文婷    | F  | 湖北 | 82   | 基础护理技术   |
| 002 | 陈慧      | F  | 江西 | 60   | 健康评估       |
| 002 | 陈慧      | F  | 江西 | 53   | 护理心理       |
| 002 | 陈慧      | F  | 江西 | 86   | 基础护理技术   |
| 003 | 欧阳龙燕  | F  | 湖南 | 91   | 健康评估       |
| 003 | 欧阳龙燕  | F  | 湖南 | 47   | 护理心理       |
| 003 | 欧阳龙燕  | F  | 湖南 | 60   | 基础护理技术   |
| 005 | 刘小燕    | F  | 河南 | 66   | 生物化学       |
| 005 | 刘小燕    | F  | 河南 | 63   | 分析化学       |
| 005 | 刘小燕    | F  | 河南 | 69   | 检验仪器学     |
| 006 | 李丽文    | F  | 湖北 | 90   | 室内色彩学     |
| 006 | 李丽文    | F  | 湖北 | 76   | 环境心理学     |
| 006 | 李丽文    | F  | 湖北 | 87   | 平面设计       |
| 010 | 陈颜洁    | F  | 湖南 | 71   | 基础会计       |
| 010 | 陈颜洁    | F  | 湖南 | 82   | 会计电算化     |
| 010 | 陈颜洁    | F  | 湖南 | 89   | 财务管理       |
| 014 | 于莹      | F  | 湖北 | 61   | 生物化学       |
| 014 | 于莹      | F  | 湖北 | 79   | 分析化学       |
| 014 | 于莹      | F  | 湖北 | 76   | 检验仪器学     |
+-----+-----------+----+------+------+----------------+
21 rows in set (0.04 sec)
```

图 5-51　多张表的内连接查询结果

5.4.3　自连接

如果在一个连接查询中涉及的两个表是同一个表，则称这种查询为自连接。自连接是一种特殊的内连接，其相互连接的表在物理上为同一个表，但在逻辑上分为两个表。

【实例 5-47】在 xuesheng 表中查询陈慧所学的专业都有哪些学生，可以使用两种 SQL 语句实现，具体如下。

V5-9　连接查询（2）

第一种 SQL 语句如下。

```
mysql>SELECT S1.xh,S1.xm,S1.zydm,S2.zydm FROM xuesheng S1 JOIN xuesheng S2 ON
    S1.zydm=S2.zydm WHERE S2.xm="陈慧";
```

执行结果如图 5-52 所示。

```
mysql> SELECT S1.xh, S1.xm, S1.zydm, S2.zydm FROM xuesheng S1 JOIN xuesheng S2 ON
S1.zydm=S2.zydm WHERE S2.xm="陈慧";
+-----+-----------+------+------+
| xh  | xm        | zydm | zydm |
+-----+-----------+------+------+
| 001 | 谢文婷    | 01   | 01   |
| 002 | 陈慧      | 01   | 01   |
| 003 | 欧阳龙燕  | 01   | 01   |
| 008 | 张皓程    | 01   | 01   |
| 017 | 欧阳文强  | 01   | 01   |
+-----+-----------+------+------+
5 rows in set (0.00 sec)
```

图 5-52　第一种 SQL 语句的执行结果

第二种 SQL 语句如下。

```
mysql>SELECT S2.xh,S2.xm,S2.zydm,S1.zydm FROM xuesheng S1 JOIN xuesheng S2 ON
      S1.zydm=S2.zydm  WHERE S1.xm="陈慧";
```

执行结果如图 5-53 所示。

图 5-53　第二种 SQL 语句的执行结果

从图 5-52 和图 5-53 中可以看到，使用这两种 SQL 语句都可以查询出与陈慧在同一个专业的学生，他们的专业代码都是 01。使用自连接查询时，为一个表取两个别名 S1、S2，并在这两个别名表中进行查询。第一种 SQL 语句是从 S1 表中查询学生的学号、姓名、专业代码。因此，为了与 S1 表中的专业代码进行比较，书写了 S2 表中的专业代码列，连接条件是 S1 表与 S2 表中的专业代码相同。图 5-52 中 WHERE 语句之后的条件表达式的意思是 S2 表中的学生陈慧，而不是 S1 表中的学生陈慧。第二种 SQL 语句的含义与第一种 SQL 语句相反。

5.4.4　外连接

使用外连接查询至少返回一个表中的所有记录，同时根据连接条件有选择地返回另外一个表中的记录，再将不符合连接条件的字段填充为 NULL 后返回到结果集中。外连接适用于处理信息缺失的情况。

外连接分为 3 类：左外连接、右外连接和完全外连接（MySQL 8 暂时不支持完全外连接）。外连接的语法格式如下。

```
SELECT 所查询字段 FROM 表 1 LEFT|RIGHT [OUTRE] JOIN 表 2
      ON 表 1.关系字段=表 2.关系字段 WHERE 条件；
```

外连接的语法格式和内连接的语法格式类似，只不过外连接使用的是 LEFT JOIN、RIGHT JOIN 关键字，其中关键字左边的表称为左表，关键字右边的表称为右表。

在使用左外连接和右外连接进行查询时，查询结果是不一致的，具体如下。

（1）使用左外连接查询可返回左表中的所有记录和右表中符合连接条件的记录。如果左表的某条记录在右表中不存在，则其在右表中显示为空，即 NULL 值。

（2）使用右外连接查询可返回右表中的所有记录和左表中符合连接条件的记录。如果右表的某条记录在左表中不存在，则其在左表中显示为空，即 NULL 值。

为了让初学者更好地了解外连接，下面针对外连接中的左外连接和右外连接进行详细讲解。

1. 左外连接

【实例 5-48】在 xuesheng 表和 zhuanye 表之间使用左外连接查询学生的学号、姓名、专业代码及 zhuanye 表的所有字段，具体语句如下。

```
mysql>SELECT xh,xm,xuesheng.zydm,zhuanye.* FROM xuesheng LEFT JOIN zhuanye ON
      xuesheng.zydm=zhuanye.zydm;
```

执行结果如图 5-54 所示。

```
mysql> SELECT xh, xm, xuesheng.zydm, zhuanye.* FROM xuesheng LEFT JOIN zhuanye ON xuesheng.zydm=zhuanye.zydm;
```

xh	xm	zydm	zydm	zymc	ssyx
001	谢文婷	01	01	护理	医学院
002	陈慧	01	01	护理	医学院
003	欧阳龙燕	01	01	护理	医学院
004	周忠群	04	04	计算机应用	计算机学院
005	刘小燕	02	02	检验技术	医药技术学院
006	李丽文	06	06	室内设计	生态宜居学院
007	贺佳	03	03	临床医学	医学院
008	张皓程	01	01	护理	医学院
009	吴鹏	05	05	园林设计	园林学院
010	陈颜洁	07	07	会计	商学院
011	张豪	03	03	临床医学	医学院
012	周士哲	03	03	临床医学	医学院
013	喻李	07	07	会计	商学院
014	于莹	02	02	检验技术	医药技术学院
015	任天赐	04	04	计算机应用	计算机学院
016	刘坤	04	04	计算机应用	计算机学院
017	欧阳文强	01	01	护理	医学院
018	陈平	06	06	室内设计	生态宜居学院
019	谢颖	05	05	园林设计	园林学院
020	燕鹏能	NULL	NULL	NULL	NULL

```
20 rows in set (0.00 sec)
```

图 5-54　左外连接查询结果

从图 5-54 中可以看出，查询结果中包括 20 条记录，左表中的"燕鹏能"没有对应的专业代码，所以右表（即 zhuanye 表）中对应字段值为 NULL。

2. 右外连接

【**实例 5-49**】在 zhuanye 表和 xuesheng 表之间使用右外连接查询 zhuanye 表的所有字段及学生的学号、姓名，具体语句如下。

```
mysql>SELECT zhuanye.*,xh,xm FROM zhuanye RIGHT JOIN xuesheng ON
      xuesheng.zydm=zhuanye.zydm;
```

执行结果如图 5-55 所示。

```
mysql> SELECT zhuanye.*, xh, xm FROM zhuanye RIGHT JOIN xuesheng ON
    -> xuesheng.zydm=zhuanye.zydm;
```

zydm	zymc	ssyx	xh	xm
01	护理	医学院	001	谢文婷
01	护理	医学院	002	陈慧
01	护理	医学院	003	欧阳龙燕
04	计算机应用	计算机学院	004	周忠群
02	检验技术	医药技术学院	005	刘小燕
06	室内设计	生态宜居学院	006	李丽文
03	临床医学	医学院	007	贺佳
01	护理	医学院	008	张皓程
05	园林设计	园林学院	009	吴鹏
07	会计	商学院	010	陈颜洁
03	临床医学	医学院	011	张豪
03	临床医学	医学院	012	周士哲
07	会计	商学院	013	喻李
02	检验技术	医药技术学院	014	于莹
04	计算机应用	计算机学院	015	任天赐
04	计算机应用	计算机学院	016	刘坤
01	护理	医学院	017	欧阳文强
06	室内设计	生态宜居学院	018	陈平
05	园林设计	园林学院	019	谢颖
NULL	NULL	NULL	020	燕鹏能

```
20 rows in set (0.00 sec)
```

图 5-55　右外连接查询结果

从图 5-55 中可以看出，查询结果中包含 20 条记录，右表中的"燕鹏能"没有对应的专业代码，所以左表（即 zhuanye 表）中对应的字段值为 NULL。

5.4.5 复合条件连接查询

复合条件连接查询就是在连接查询的过程中通过添加过滤条件来限制查询结果，使查询结果更加精确。

【实例 5-50】在 xuesheng 表和 zhuanye 表之间使用内连接查询专业名称为“计算机应用”的学生的学号、姓名、专业代码及专业名称，具体语句如下。

```
mysql>SELECT xh,xm,zhuanye.zydm,zymc FROM xuesheng,zhuanye WHERE
    xuesheng.zydm=zhuanye.zydm AND zhuanye.zymc="计算机应用";
```

执行结果如图 5-56 所示。

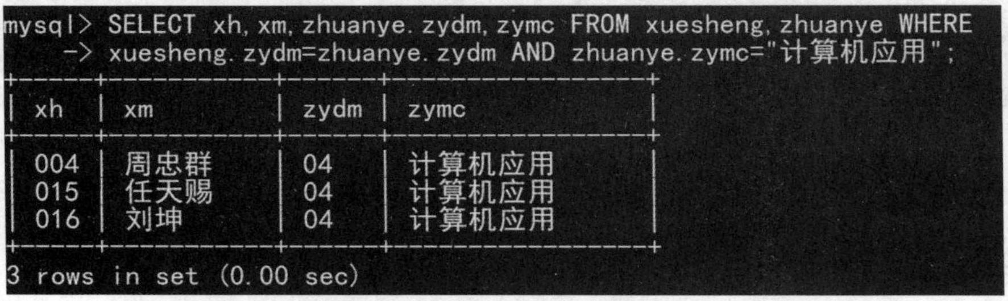

```
mysql> SELECT xh, xm, zhuanye.zydm, zymc FROM xuesheng, zhuanye WHERE
    -> xuesheng.zydm=zhuanye.zydm AND zhuanye.zymc="计算机应用";
+-----+----------+------+----------------+
| xh  | xm       | zydm | zymc           |
+-----+----------+------+----------------+
| 004 | 周忠群   | 04   | 计算机应用     |
| 015 | 任天赐   | 04   | 计算机应用     |
| 016 | 刘坤     | 04   | 计算机应用     |
+-----+----------+------+----------------+
3 rows in set (0.00 sec)
```

图 5-56 复合条件连接查询结果

从图 5-56 中可以看出，只查询出了计算机应用专业的学生的信息，所以使用复合条件查询可以缩小查询范围，使结果更加精确，以符合实际需求。

5.4.6 任务实施——完成对 xsgl 数据库中的表数据的连接查询

按下列步骤完成对 xsgl 数据库中表数据的连接查询。

（1）选择 xsgl 数据库，具体语句如下。

```
mysql>USE xsgl;
```

（2）使用内连接查询每位学生的学号、姓名、课程代码及综合成绩，具体语句如下。

```
mysql>SELECT chengji.xh,xm,kcdm,zhcj FROM xuesheng INNER JOIN chengji
    ON xuesheng.xh=chengji.xh;
```

（3）分别通过左外连接和右外连接查询 chengji 表与 kecheng 表的 kcdm、kcmz、xh、zhcj 这 4 个字段的值。

左连接的 SQL 语句如下。

```
mysql>SELECT kecheng.kcdm,kcmc,xh,zhcj FROM kecheng LEFT JOIN chengji
    ON kecheng.kcdm=chengji.kcdm;
```

右连接的 SQL 语句如下。

```
mysql>SELECT zhcj,kecheng.kcdm,kcmc,xh FROM chengji RIGHT JOIN kecheng
    ON chengji.kcdm=kecheng.kcdm;
```

（4）通过 4 个表的连接查询每位学生的学号、姓名、专业名称、课程名称及综合成绩，并将其按学号进行升序排列，具体语句如下。

```
mysql>SELECT xuesheng.xh,xm,zymc,kcmc,zhcj
    FROM xuesheng,kecheng,zhuanye,chengji
    WHERE xuesheng.xh=chengji.xh AND chengji.kcdm=kecheng.kcdm
    AND xuesheng.zydm=zhuanye.zydm ORDER BY xuesheng.xh;
```

（5）通过自连接查询专业代码为01（护理）和04（计算机应用）的学生的学号、姓名、籍贯与专业代码，具体语句如下。

```
mysql>SELECT A.xh,A.xm,A.jg,B.jg,A.zydm,B.zydm FROM xuesheng A,xuesheng B
      WHERE A.xh=B.xh AND (A.zydm="01" OR B.zydm="04");
```

任务5.5 子查询

子查询是指一个查询语句嵌套在另一个查询语句内部的查询。子查询语句可以嵌套在 SELECT、SELECT…INTO 等语句中。在执行查询语句时，先执行子查询（即内层查询）中的语句，再将返回的结果作为外层查询的过滤条件，在子查询语句中可以使用 IN、EXISTS、ANY、ALL 等关键字。下面将针对子查询进行详细讲解。

5.5.1 带 IN 关键字的子查询

使用 IN 关键字进行子查询时，内层查询语句仅返回一个数据列，这个数据列中的值供外层查询语句进行比较查询。

V5-10 子查询（1）

【实例 5-51】查询湖南籍学生所学专业的信息，具体语句如下。

```
mysql>SELECT * FROM zhuanye WHERE zydm IN
      (SELECT zydm FROM xuesheng WHERE jg="湖南");
```

执行结果如图 5-57 所示。

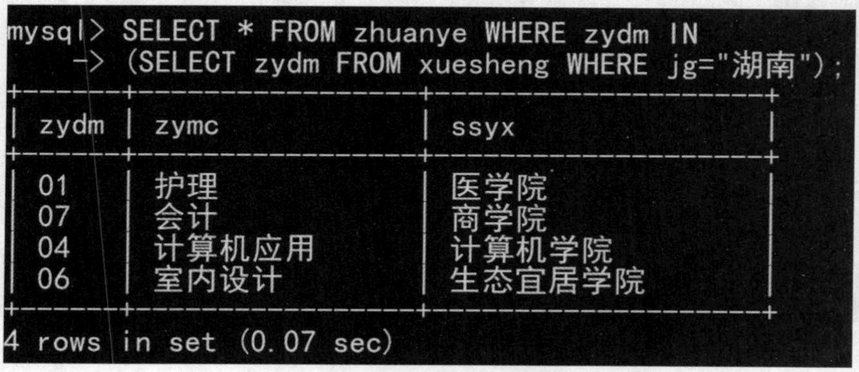

```
mysql> SELECT * FROM zhuanye WHERE zydm IN
    -> (SELECT zydm FROM xuesheng WHERE jg="湖南");
+------+--------------+--------------+
| zydm | zymc         | ssyx         |
+------+--------------+--------------+
| 01   | 护理         | 医学院       |
| 07   | 会计         | 商学院       |
| 04   | 计算机应用   | 计算机学院   |
| 06   | 室内设计     | 生态宜居学院 |
+------+--------------+--------------+
4 rows in set (0.07 sec)
```

图 5-57 使用 IN 关键字的子查询

从图 5-57 中可以看出，只有 zydm 为 01、07、04、06 的专业信息显示出来了。在查询过程中，先执行子查询语句，得到籍贯为湖南的学生的专业代码，再根据专业代码与外层查询的比较条件得到符合条件的数据。注意，当子查询的结果数据比较少时，也可以使用 OR 来表示条件。

SELECT 语句中还可以使用 NOT IN 关键字，其作用正好与 IN 关键字相反。

【实例 5-52】查询不是湖南籍的学生所在专业的信息，具体语句如下。

```
mysql>SELECT * FROM zhuanye WHERE zydm NOT IN
      (SELECT zydm FROM xuesheng WHERE jg="湖南");
```

执行结果如图 5-58 所示。

从图 5-58 中可以看出，zydm 为 02、03、05 的专业信息显示出来了，即使用 NOT IN 关键字的作用与使用 IN 关键字的作用正好相反。

```
mysql> SELECT * FROM zhuanye WHERE zydm NOT IN
    -> (SELECT zydm FROM xuesheng WHERE jg="湖南");
+------+----------+--------------+
| zydm | zymc     | ssyx         |
+------+----------+--------------+
| 02   | 检验技术  | 医药技术学院  |
| 03   | 临床医学  | 医学院        |
| 05   | 园林设计  | 园林学院      |
+------+----------+--------------+
3 rows in set (0.01 sec)
```

图 5-58　使用 NOT IN 关键字的子查询

5.5.2　带 EXISTS 关键字的子查询

EXISTS 关键字后面的参数可以是一个子查询，这个子查询的作用相当于测试，它不产生任何数据，只返回 TRUE 或 FALSE，当返回值为 TRUE 时，外层查询语句才会执行。

【实例 5-53】查询医学院的学生的信息，具体语句如下。

```
mysql>SELECT * FROM xuesheng WHERE EXISTS(SELECT * FROM zhuanye
    WHERE ssyx="医学院" AND xuesheng.zydm=zhuanye.zydm);
```

执行结果如图 5-59 所示。

```
mysql> SELECT * FROM xuesheng WHERE EXISTS(SELECT * FROM zhuanye
    -> WHERE ssyx="医学院" AND xuesheng.zydm=zhuanye.zydm);
+-----+-----------+----+------------+------+-------------+------+----------------------+
| xh  | xm        | xb | csrq       | jg   | lxfs        | zydm | xq                   |
+-----+-----------+----+------------+------+-------------+------+----------------------+
| 001 | 谢文婷     | F  | 2005-01-01 | 湖北 | 13200000001 | 01   | technology           |
| 002 | 陈慧       | F  | 2004-02-04 | 江西 | 13300000001 | 01   | music                |
| 003 | 欧阳龙燕   | F  | 2004-12-21 | 湖南 | 13800000005 | 01   | sport                |
| 007 | 贺佳       | M  | 2005-01-31 | 湖北 | 13500000009 | 03   | sport                |
| 008 | 张皓程     | M  | 2003-08-30 | 河南 | 13500000008 | 01   | technology           |
| 011 | 张豪       | M  | 2002-02-16 | 湖北 | 13500000001 | 03   | music                |
| 012 | 周士哲     | M  | 2004-08-01 | 北京 | 13011111111 | 03   | music,sport          |
| 017 | 欧阳文强   | M  | 2004-01-01 | 湖南 | 13511111116 | 01   | art,sport,technology |
+-----+-----------+----+------------+------+-------------+------+----------------------+
8 rows in set (0.00 sec)
```

图 5-59　使用 EXISTS 关键字的子查询

医学院有两个专业，其 zydm 分别为 01、03，因此，子查询返回的结果为 TRUE，外层查询语句会执行，即查询出 ssyx 为"医学院"的所有专业代码。需要注意的是，EXISTS 关键字比 IN 关键字的运行效率高，在实际开发中，特别是处理大量数据时，推荐使用 EXISTS 关键字。

5.5.3　带 ANY 或 SOME 关键字的子查询

ANY 或 SOME 关键字表示满足其中任意一个条件，它允许创建一个表达式对子查询的返回值列表进行比较，只要满足子查询中的任意一个比较条件，就返回一个结果作为外层查询条件。

【实例 5-54】使用 ANY 从 chengji 表中获取 zhcj 非最高的成绩信息，具体语句如下。

```
mysql>SELECT * FROM chengji WHERE zhcj<ANY
        (SELECT DISTINCT zhcj FROM chengji);
```

执行结果（部分）如图 5-60 所示。

```
mysql> SELECT * FROM chengji WHERE zhcj<ANY
    -> (SELECT DISTINCT zhcj FROM chengji);
+-----+------+------+------+------+------+
| xh  | kcdm | pscj | sycj | kscj | zhcj |
+-----+------+------+------+------+------+
| 001 | H01  |   72 |   60 |   85 | 74.9 |
| 001 | H02  |   80 |   78 |  100 | 89.4 |
| 001 | H03  |   82 |   89 |   54 | 70.1 |
| 002 | H01  |   60 |   51 |   86 | 70.3 |
| 002 | H02  |   53 |   68 |   96 | 79.0 |
| 002 | H03  |   86 |   85 |   24 | 54.7 |

| 014 | J03  |   76 |   63 |   80 | 74.1 |
| 015 | J01  |   80 |   78 |   67 | 72.9 |
| 015 | C01  |   76 |   89 |   58 | 70.9 |
| 015 | C02  |   91 |   93 |   86 | 89.1 |
| 015 | C01  |   91 |   78 |   39 | 61.1 |
| 016 | C02  |   87 |   81 |   92 | 87.7 |
| 016 | C03  |   78 |   57 |   87 | 76.2 |
+-----+------+------+------+------+------+
47 rows in set (0.00 sec)
```

图 5-60　使用 ANY 关键字的子查询

chengji 表中有 48 条记录，从图 5-60 中可以看出，低于 zhcj 中最高成绩的信息都满足条件，查询结果中有 47 条记录。

【实例 5-55】使用 SOME 关键字从 chengji 表中获取 zhcj 非最高的成绩信息，具体语句如下。

```
mysql>SELECT * FROM chengji WHERE zhcj<
      SOME(SELECT DISTINCT zhcj FROM chengji);
```

执行结果（部分）如图 5-61 所示。

```
mysql> SELECT * FROM chengji WHERE zhcj<
    -> SOME(SELECT DISTINCT zhcj FROM chengji);
+-----+------+------+------+------+------+
| xh  | kcdm | pscj | sycj | kscj | zhcj |
+-----+------+------+------+------+------+
| 001 | H01  |   72 |   60 |   85 | 74.9 |
| 001 | H02  |   80 |   78 |  100 | 89.4 |
| 001 | H03  |   82 |   89 |   54 | 70.1 |
| 002 | H01  |   60 |   51 |   86 | 70.3 |
| 002 | H02  |   53 |   68 |   96 | 79.0 |
| 002 | H03  |   86 |   85 |   24 | 54.7 |

| 014 | J03  |   76 |   63 |   80 | 74.1 |
| 015 | J01  |   80 |   78 |   67 | 72.9 |
| 015 | C01  |   76 |   89 |   58 | 70.9 |
| 015 | C02  |   91 |   93 |   86 | 89.1 |
| 015 | C01  |   91 |   78 |   39 | 61.1 |
| 016 | C02  |   87 |   81 |   92 | 87.7 |
| 016 | C03  |   78 |   57 |   87 | 76.2 |
+-----+------+------+------+------+------+
47 rows in set (0.00 sec)
```

图 5-61　使用 SOME 关键字的子查询

从图 5-61 中可以看出，查询结果中也有 47 条记录，与图 5-60 一样，说明这两个关键字的作用是一样的。

5.5.4 带 ALL 关键字的子查询

ALL 关键字与 ANY 关键字类似，但带 ALL 关键字的子查询返回的结果需同时满足所有子查询条件。

【实例 5-56】使用子查询从 chengji 表中获取 zhcj 中最高分的相关信息，具体语句如下。

```
mysql>SELECT * FROM chengji WHERE zhcj>=
    ALL(SELECT DISTINCT zhcj FROM chengji);
```

执行结果如图 5-62 所示。

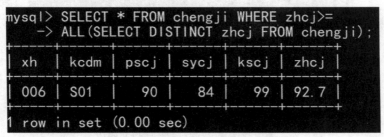

图 5-62　使用 ALL 关键字的子查询

5.5.5 带比较运算符的子查询

在前面讲解的使用 ALL 关键字和 ANY 关键字的子查询中也可使用 ">" "<" ">=" "=" "!=" 等比较运算符。

【实例 5-57】查询吴鹏的所属院系、专业代码及专业名称，具体语句如下。

```
mysql>SELECT * FROM zhuanye WHERE zydm=
    (SELECT zydm FROM xuesheng WHERE xm="吴鹏");
```

V5-11　子查询（2）

执行结果如图 5-63 所示。

图 5-63　使用 "=" 的查询

上述 SQL 语句先通过子查询查出吴鹏的专业代码，再从 zhuanye 表中查出吴鹏的所属院系和专业名称。

【实例 5-58】从 chengji 表中查询课程代码为 C01 的成绩信息，显示其综合成绩高于其平均综合成绩的相关信息，具体语句如下。

```
mysql>SELECT * FROM chengji WHERE zhcj>(SELECT AVG(zhcj) FROM chengji
    WHERE kcdm="C01") AND kcdm="C01";
```

执行结果如图 5-64 所示。

```
mysql> SELECT * FROM chengji WHERE zhcj>(SELECT AVG(zhcj) FROM chengji
    -> WHERE kcdm="C01") AND kcdm="C01";
+-----+------+------+------+------+------+
| xh  | kcdm | pscj | sycj | kscj | zhcj |
+-----+------+------+------+------+------+
| 004 | C01  |   78 |   68 |   71 | 71.5 |
| 015 | C01  |   76 |   89 |   58 | 70.9 |
+-----+------+------+------+------+------+
2 rows in set (0.00 sec)
```

图 5-64　使用“>”的子查询

上述 SQL 语句先通过子查询查询出课程代码为 C01 的课程的平均综合成绩，再查出 C01 课程的综合成绩高于其平均综合成绩的信息。

5.5.6　子查询的其他应用

子查询除了可以在 SELECT 语句的 WHERE 子句中用于条件比较外，还可以用于 FROM、INSERT、UPDATE 和 DELETE 等操作语句中。

1. 子查询用于 FROM 子句

其语法格式如下。

```
SELECT * FROM (SELECT * FROM 表) [AS] 表别名;
```

其中，子查询用于外层查询的 FROM 子句，其返回值作为外层查询的数据来源，需用别名标识。

【实例 5-59】从女学生中找出专业代码是 02 的学生的信息，具体语句如下。

```
mysql>SELECT * FROM (SELECT * FROM xuesheng WHERE xb="F")
      AS A WHERE zydm="02";
```

执行结果如图 5-65 所示。

```
mysql> SELECT * FROM (SELECT * FROM xuesheng WHERE xb="F")
    -> AS A WHERE zydm="02";
+-----+--------+----+------------+------+-------------+------+-------------+
| xh  | xm     | xb | csrq       | jg   | lxfs        | zydm | xq          |
+-----+--------+----+------------+------+-------------+------+-------------+
| 005 | 刘小燕 | F  | 2002-07-22 | 河南 | 13600000005 | 02   | music,sport |
| 014 | 于莹   | F  | 2005-01-04 | 湖北 | 13001111111 | 02   | art         |
+-----+--------+----+------------+------+-------------+------+-------------+
2 rows in set (0.00 sec)
```

图 5-65　子查询用于 FROM 子句

从图 5-65 中可以看出，查询出的是性别为女且专业代码是 02 的学生的信息，以上语句也可以用多条件查询语句来替代，即 SQL 语句为 SELECT * FROM xuesheng WHERE xb="F" AND zydm="02";，其执行结果与图 5-65 一致。

2. 子查询用于赋值语句

其语法格式如下。

```
UPDATE 表1 SET 列名=(SELECT 列名 FROM 表2) WHERE 条件表达式;
```

其中，子查询用于赋值语句，但是要注意的是，子查询使用的表与修改的表不能是同一个表，且返回值必须是单一值。

【实例 5-60】先将 xuesheng 表复制为 xuesheng_copy 表，再将 xuesheng_copy 表中的燕鹏能的专业代码赋值为 zhuanye 表中的计算机学院的专业代码，具体语句如下。

```
mysql>CREATE TABLE IF NOT EXISTS xuesheng_copy
      AS (SELECT * FROM xuesheng);
mysql>UPDATE xuesheng_copy SET zydm=(SELECT zydm FROM zhuanye
      WHERE ssyx="计算机学院") WHERE xm="燕鹏能";
```

执行结果如图 5-66 所示。

图 5-66　子查询用于赋值语句

zhuanye 表中的计算机学院只有一个专业，因此使用子查询查询出来的 zydm 的值为"04"，将"04"赋给 xuesheng_copy 表中"燕鹏能"的 zydm 即可。

为了方便之后项目的学习，此处可以使用以下语句删除燕鹏能这条记录。

```
DELETE FROM xuesheng WHERE xm="燕鹏能";
```

5.5.7　合并查询

合并查询是指将多个 SELECT 查询语句通过 UNION 关键字连接成一个语句，将所有 SELECT 语句的查询返回值合并在一起显示。

其语法格式如下。

```
SELECT …
UNION [ALL|DISTINCT] SELECT …
UNION [ALL|DISTINCT] SELECT …
```

其中，ALL 用于将两个子查询返回的所有结果合并成一个集合，重复记录会被保留；DISTINCT 用于保留两个子查询返回的重复记录中的一个，如果不使用 ALL，则默认使用 DISTINCT。需要注意的是，两个查询的列数要相同。

【实例 5-61】对 kecheng 表和 zhuanye 表进行合并查询，具体语句如下。

```
mysql>SELECT * FROM kecheng UNION SELECT * FROM zhuanye;
```

执行结果如图 5-67 所示。

图 5-67　使用 UNION 的合并查询

因为 kecheg 表和 zhuanye 表中都只有 3 个字段，合并查询将两个表的记录合并起来放在一个表中，这两个表没有重复的字段名，所以只是将两个表的记录简单地合并起来，这在实际中的意义不是很大。

【实例 5-62】复制 zhuanye 表为 zhuanye_copy 表，并对这两个表进行合并查询，使用 ALL 关键字对 zhuanye 表与 zhuanye_copy 表进行合并，具体语句如下。

```
mysql>CREATE TABLE zhuanye_copy AS SELECT * FROM zhuanye;
mysql>SELECT * FROM zhuanye UNION ALL SELECT * FROM zhuanye_copy;
```

执行结果如图 5-68 所示。

```
mysql> CREATE TABLE zhuanye_copy AS SELECT * FROM zhuanye;
Query OK, 7 rows affected (0.36 sec)
Records: 7  Duplicates: 0  Warnings: 0

mysql> SELECT * FROM zhuanye UNION ALL SELECT * FROM zhuanye_copy;
+------+------------+--------------+
| zydm | zymc       | ssyx         |
+------+------------+--------------+
| 01   | 护理       | 医学院       |
| 02   | 检验技术   | 医药技术学院 |
| 03   | 临床医学   | 医学院       |
| 04   | 计算机应用 | 计算机学院   |
| 05   | 园林设计   | 园林学院     |
| 06   | 室内设计   | 生态宜居学院 |
| 07   | 会计       | 商学院       |
| 01   | 护理       | 医学院       |
| 02   | 检验技术   | 医药技术学院 |
| 03   | 临床医学   | 医学院       |
| 04   | 计算机应用 | 计算机学院   |
| 05   | 园林设计   | 园林学院     |
| 06   | 室内设计   | 生态宜居学院 |
| 07   | 会计       | 商学院       |
+------+------------+--------------+
14 rows in set (0.00 sec)
```

图 5-68　使用 ALL 和 UNION 的合并查询

从图 5-68 中可以看出，存在两个表中的重复记录，所以结果中有 14 条记录。

【实例 5-63】使用 DISTINCT 关键字对 zhuanye 表与 zhuanye_copy 表进行合并查询，具体语句如下。

```
mysql>SELECT * FROM zhuanye UNION DISTINCT SELECT * FROM zhuanye_copy;
```

执行结果如图 5-69 所示。

```
mysql> SELECT * FROM zhuanye UNION DISTINCT SELECT * FROM zhuanye_copy;
+------+------------+--------------+
| zydm | zymc       | ssyx         |
+------+------------+--------------+
| 01   | 护理       | 医学院       |
| 02   | 检验技术   | 医药技术学院 |
| 03   | 临床医学   | 医学院       |
| 04   | 计算机应用 | 计算机学院   |
| 05   | 园林设计   | 园林学院     |
| 06   | 室内设计   | 生态宜居学院 |
| 07   | 会计       | 商学院       |
+------+------------+--------------+
7 rows in set (0.00 sec)
```

图 5-69　使用 DISTINCT 和 UNION 的合并查询

从图 5-69 中可以看出，不存在两个表中的重复记录，所以结果中只有 7 条记录。

5.5.8　任务实施——完成对 xsgl 数据库中的表数据的子查询

按下列步骤完成对 xsgl 数据库中的表数据的子查询。

（1）选择 xsgl 数据库，具体语句如下。

```
mysql>USE xsgl;
```

（2）在 xuesheng 表和 zhuanye 表中使用子查询来查询"护理"专业的所有女生的信息，具体语句如下。

```
mysql>SELECT * FROM xuesheng WHERE xb="F" AND zydm=
      (SELECT zydm FROM zhuanye WHERE zymc="护理");
```

（3）查询选修 C02 课程的学生的信息，具体语句如下。

```
mysql>SELECT * FROM xuesheng WHERE xh IN
      (SELECT xh FROM chengji WHERE kcdm="C02");
```

（4）使用子查询查询出临床医学专业的学生的信息，具体语句如下。

```
mysql>SELECT * FROM xuesheng WHERE EXISTS(SELECT * FROM zhuanye
      WHERE zymc="临床医学" AND xuesheng.zydm=zhuanye.zydm);
```

（5）使用子查询查询出考试成绩最高的学生的成绩信息，具体语句如下。

```
mysql>SELECT * FROM chengji WHERE kscj>=ALL(SELECT kscj FROM chengji);
```

（6）使用子查询查询出实验成绩非最低的学生的成绩信息，具体语句如下。

```
mysql>SELECT * FROM chengji WHERE sycj>ANY(SELECT sycj FROM chengji);
```

（7）从湖南籍的学生中找出专业代码是 01 的学生的信息，具体语句如下。

```
mysql>SELECT * FROM (SELECT * FROM xuesheng WHERE zydm="01")
      AS A WHERE jg="湖南";
```

（8）合并查询 xuesheng 表中的 xh、xm、jg，以及 kecheng 表中的所有信息，具体语句如下。

```
mysql>SELECT xh,xm,jg FROM xuesheng UNION SELECT * FROM kecheng;
```

【项目小结】

本项目主要以学生管理系统为引导案例，介绍了 SELECT 语句的基本语法，讲解了简单查询、条件查询、高级查询、连接查询和子查询等基本知识及应用技术；演示了比较、范围、列表、模式匹配等条件查询，以及排序、聚合函数、多条件查询、连接查询和子查询等的使用方法。学习完本项目后，读者应能够根据实际业务需求熟练进行单表和多表的数据查询及分类统计筛选查询，能够灵活使用 SELECT 语句实现各类简单和复杂的数据查询。

【知识巩固】

一、单项选择题

1. 下列关于 SELECT 语句的描述中，错误的是（　　）。
   A. SELECT 语句用于查询一个表或多个表的数据
   B. SELECT 语句属于数据操作语言
   C. SELECT 语句的输出字段必须是基于表的字段
   D. SELECT 语句表示查询数据表中一组特定的数据

2. 以下聚合函数中用于求最大值的是（　　）。
   A. MAX()　　　　　　B. IF()　　　　　　C. CASE()　　　　　　D. AVG()

3. SELECT 语句的完整语法较复杂，但至少应包括的部分是（　　）。
   A. 仅 SELECT　　　　　　　　　　B. SELECT FROM
   C. SELECT GROUP　　　　　　　　D. SELECT INTO

4. SQL 语句中用来表达条件的是（　　　）。

    A. THEN　　　　　　　　B. WHILE　　　　　　C. WHERE　　　　　　D. IF

5. 用于查找姓名（name）不是 NULL 的记录的是（　　　）。

    A. WHERE name !NULL

    B. WHERE name NOT NULL

    C. WHERE name IS NOT NULL

    D. WHERE name =!NULL

6. 在 SQL 中，SELECT 语句的执行结果是（　　　）。

    A. 属性　　　　　　　　　B. 表　　　　　　　　C. 元组　　　　　　D. 数据库

7. 下列 SQL 语句中，与表达式 "仓库号 NOT IN（"wh1","wh2"）" 的功能相同的表达式是（　　　）。

    A. 仓库号="wh1" AND 仓库号="wh2"

    B. 仓库号!="wh1" OR 仓库号!="wh2"

    C. 仓库号="wh1" OR 仓库号="wh2"

    D. 仓库号!="wh1" AND 仓库号!="wh2"

8. 要使满足连接条件的记录，以及连接条件左侧表中的记录都包含在结果中，应使用（　　　）。

    A. 内连接　　　　　　　B. 左外连接　　　　　C. 右外连接　　　　D. 完全外连接

9. 下列语句（　　　）和 "SELECT * FROM student WHERE sex='男' && age=20;" 语句的执行结果是一样的。

    A. SELECT * FROM student WHERE sex='男'||age=20;

    B. SELECT * FROM student WHERE sex='男' and age=20;

    C. SELECT * FROM student WHERE sex,age in('男',20);

    D. SELECT * FROM student WHERE sex='男'or age=20;

10. 只要满足内层查询语句返回结果中的任何一个就可以通过条件来执行外层查询语句，要实现该功能可使用关键字（　　　）。

    A. EXISTS　　　　　　B. IN　　　　　　C. ANY　　　　　D. ALL

11. 在 SELECT 语句中，可以用来限定查询的行数的关键字是（　　　）。

    A. LIMIT　　　　　　B. DISTINCT　　　　C. DELETE　　　　D. FROM

12. 使用 SQL 语句进行分组查询时，为了去掉不满足条件的分组，应当（　　　）。

    A. 使用 WHERE 子句

    B. 在 GROUP BY 后面使用 HAVING 子句

    C. 先使用 WHERE 子句，再使用 HAVING 子句

    D. 先使用 HAVING 子句，再使用 WHERE 子句

13. SELECT COUNT(sal) FROM emp GROUP BY deptno; 语句用于（　　　）。

    A. 求每个部门的工资平均值　　　　　　B. 求每个部门的工资最小值

    C. 求每个部门的工资总和　　　　　　　D. 求每个部门的工资信息条数

14. 以下用来分组的是（　　　）。

    A. ORDER BY　　　　　　　　　B. ORDERED BY

    C. GROUP BY　　　　　　　　　D. GROUPED BY

15. 可使记录按照姓名降序排列的是（　　　）。

    A. ORDER BY DESC NAME　　　　　B. ORDER BY NAME DESC

    C. ORDER BY NAME ASC　　　　　　D. ORDER BY ASC NAME

16. 条件"BETWEEN 20 AND 30"表示年龄在 20 到 30 之间，且（　　）。

    A. 包括 20 岁，但不包括 30 岁　　　　　　B. 不包括 20 岁，但包括 30 岁

    C. 不包括 20 岁和 30 岁　　　　　　　　　D. 包括 20 岁和 30 岁

17. SELECT * FROM student;中的"*"的正确含义是（　　）。

    A. 普通的字符*　　　　B. 错误信息　　　　C. 所有的字段名　　　　D. 模糊查询

18. 在 SELECT 语句中，使用关键字（　　）可以将重复行屏蔽。

    A. TOP　　　　　　　B. ALL　　　　　　C. UNION　　　　　　D. DISTINCT

19. 在 SQL 中，子查询语句是（　　）。

    A. 选取单表中字段子集的查询语句　　　　B. 选取多表中字段子集的查询语句

    C. 返回单表中数据子集的查询语句　　　　D. 嵌入另一个查询语句之中的查询语句

20. 以下用于右连接的是（　　）。

    A. JOIN　　　　　　B. RIGHT JOIN　　C. LEFT JOIN　　　D. INNER JOIN

二、填空题

1. 可以实现模糊查询的关键字是_____。

2. 在 SELECT 语句的 WHERE 子句的条件表达式中，可以匹配 0 到多个字符的通配符是_____。

3. 在 SELECT 语句中，用于去除重复行的关键字是_____。

4. 在 SELECT 语句中，要把结果中的行按照某一列的值进行排序，用到的子句是_____。

5. 在 SELECT 语句中，通常与 HAVING 子句同时使用的是_____。

6. 假设"专业"表中有 20 条记录，获得"专业"表最前面的 3 条记录的语句为_____。

7. 如果要查询公司员工的平均收入，则应使用聚合函数_____。

【实践训练】

针对 xsgl 数据库中的数据完成以下查询操作。

1. 查询 xuesheng 表中性别为女的学生的学号、姓名、性别。

2. 查询非湖南籍的学生人数。

3. 查询姓刘且名字只有两个字的学生的信息，查询结果按籍贯降序排列。

4. 查询陈姓学生的信息。

5. 统计每个地区男生、女生各有多少人，查询结果按籍贯、性别升序排列。

6. 查询商学院学生的信息及所属院系。

7. 查询每位学生所有课程的考试成绩的平均分、最高分、最低分，查询结果按考试成绩的平均分降序排列。

8. 查询年龄低于平均年龄的学生的姓名、性别、出生日期和年龄。

9. 查询选修了课程的学生的姓名、专业名称、课程名称及各门课程的综合成绩。

项目六
视图

06

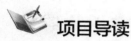

项目导读

在前面项目的学习过程中，均以数据库管理员的身份统一规划和设计数据库、定义表的结构及表间的关联。在查询数据时，也是直接对原始表（即基本表）进行操作的，从数据库管理员这一视角非常容易理解数据库的逻辑结构。但数据库最终都是面向顶层用户的，这样既可以保护数据的安全，不泄露数据库的逻辑结构，又提供了一个更便捷的数据查询环境。数据库管理员把一个基本表或多个关联的基本表"包装"成一个"虚拟表"，这就是本项目的主题——视图。本项目的重点是创建和修改视图，难点是通过视图操作数据表。

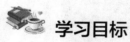

学习目标

知识目标
◆ 深刻理解视图的基本概念和重要意义；
◆ 熟练掌握视图的创建、修改和删除等基本操作；
◆ 熟练掌握通过视图进行查询、插入和更新数据等基本操作。

技能目标
◆ 能根据不同的应用环境为特定的用户量身定制视图；
◆ 能利用视图的优点，为用户提供更简便、更安全的数据使用环境。

素质目标
◆ 培养学生根据不同情况，从不同视角观察并分析事物的能力；
◆ 培养学生的服务意识，努力为用户提供精准的、差异化的、个性化的服务，以提升用户体验。

任务 6.1 管理视图

视图广泛应用于信息管理系统中，为不同身份的用户授予查询数据的权限，并为其量身定制一个可以实现简便操作的数据使用环境，在隔离用户和数据源表复杂的逻辑结构的同时增强了数据库的安全性。

6.1.1 视图简介

V6-1 视图简介

通过前面的查询，尤其是多表查询可知，当要查询的数据可能涉及多个彼此相关的数据表时，若直接使用查询语句，则其中的表达式可能非常复杂，表达式中要明确指定表与表之间的连接类型及连接条件，这需要对数据库中的所有表之间的逻辑关系有一个非常清晰、全面的了解。这通常是数据库管理员需要做到的，而作为一个普通的数据库用户，既不需要也没有必要知道整个数据库的逻辑结构。因此，MySQL 提供了一种可以为顶层用户创建一个虚拟的数据表的功能，这个虚拟表就是视图。在视图中，只保留用户关心的数据项，并把关联的多个表合并到一起，组成一个新的表，但这个表本身并没有数据，它的数据都来自原始数据表。从用户的视角来看，它就是一个表，一个整体。用户无法通过视图"窥探"出这些数据项分别来自哪些原始数据表，也无法分析出整个数据库的逻辑结构，这在一定程度上保证了数据库的安全。

6.1.2 查询视图

1. 查看数据库中的所有视图

视图是数据库中的一类成员，用户可以使用 SQL 语句查看指定数据库中的视图。其语法格式如下。

```
SHOW FULL TABLES IN 数据库名 [WHERE TABLE_TYPE LIKE 'VIEW'];
```

其中，一定要指明数据库的名称，因为它不是默认显示当前数据库中的表或视图的。若省略方括号中的内容，则显示指定数据库中的所有表名，既显示基本表，又显示所有视图。方括号中的内容用来限定显示的表的类型为"VIEW"，即只显示视图，不显示基本表。

【实例 6-1】显示 xsgl 数据库中的所有基本表和视图，具体语句如下。

```
mysql>SHOW FULL TABLES IN xsgl;
```

执行结果如图 6-1 所示。

```
mysql> SHOW FULL TABLES IN xsgl;
+----------------+------------+
| Tables_in_xsgl | Table_type |
+----------------+------------+
| chengji        | BASE TABLE |
| kecheng        | BASE TABLE |
| view_xsc       | VIEW       |
| xuesheng       | BASE TABLE |
| zhuanye        | BASE TABLE |
+----------------+------------+
5 rows in set (0.00 sec)
```

图 6-1 显示 xsgl 数据库中的所有基本表和视图

从图 6-1 中可以看出，xsgl 数据库中一共有 5 个表，其中 view_xsc 的类型为视图，其余 4 个表的类型为基本表。注意，以上语句中的"TABLES"是复数形式，表示多个表。

【实例 6-2】只显示 xsgl 数据库中的视图，而不显示基本表，具体语句如下。

```
mysql>SHOW FULL TABLES IN xsgl WHERE TABLE_TYPE LIKE 'VIEW';
```

执行结果如图 6-2 所示。

```
mysql> SHOW FULL TABLES IN xsgl WHERE TABLE_TYPE LIKE 'VIEW';
+----------------+------------+
| Tables_in_xsgl | Table_type |
+----------------+------------+
| view_xsc       | VIEW       |
+----------------+------------+
1 row in set (0.00 sec)
```

图 6-2 只显示 xsgl 数据库中的视图

从图 6-2 中可以看出，只显示了 xsgl 数据库中的视图 view_xsc，而其他 4 个基本表未显示，这就是以上语句中的条件语句 WHERE TABLE_TYPE LIKE 'VIEW'的作用。

2. 查看视图结构信息

视图虽然是被“包装”出来的虚拟表，但它与基本表一样有结构。查看视图结构的语法格式如下。

```
DESC[RIBE] 视图名;
```

其中，DESC[RIBE]是一个动词，意思为“描述”，可以缩写成 DESC。该语句用来“描述”（即显示）视图的整个结构，其中包括其所有字段名、数据类型及是否为空等信息，这与表的结构是类似的，但它没有主键、唯一键及外键的概念，其约束规则来自它的基本表。

【实例 6-3】查看 xsgl 数据库的 view_xsc 视图的结构，具体语句如下。

```
mysql>DESC view_xsc;
```

执行结果如图 6-3 所示。

```
mysql> DESC view_xsc;
+----------+---------------+------+-----+---------+-------+
| Field    | Type          | Null | Key | Default | Extra |
+----------+---------------+------+-----+---------+-------+
| 学号     | char(3)       | NO   |     | NULL    |       |
| 姓名     | varchar(4)    | NO   |     | NULL    |       |
| 性别     | enum('M','F') | NO   |     | M       |       |
| 籍贯     | varchar(4)    | YES  |     | NULL    |       |
| 联系方式 | char(11)      | YES  |     | NULL    |       |
+----------+---------------+------+-----+---------+-------+
```

图 6-3 查看 view_xsc 视图的结构

从图 6-3 中可以看出，view_xsc 视图有着与基本表类似的结构，其中，“Field”列的字段名是经过“包装”后的新的名称，可使顶层用户直接读懂字段的含义，而其他列如“Type”“Null”“Default”等是不能更改的，它们与基本表中的原始定义是一致的；“Key”列在视图中是没有定义的，它默认继承了基本表中的约束规则。

3. 查看与视图的定义等价的代码

与查看基本表的定义代码一样，视图也有其对应的定义代码。查看视图定义代码的语法格式如下。

```
SHOW CREATE VIEW 视图名;
```

使用以上语句可将定义该视图的代码显示出来，同时会额外显示一些与该视图状态相关的信息。

【实例 6-4】查看 xsgl 数据库的 view_xsc 视图的定义代码，具体语句如下。

```
mysql>SHOW CREATE VIEW view_xsc\G
```

执行结果如图 6-4 所示。

```
mysql> SHOW CREATE VIEW view_xsc\G
*************************** 1. row ***************************
                View: view_xsc
         Create View: CREATE ALGORITHM=UNDEFINED DEFINER=`root`@`localhost` SQL SECURITY DEFINER VIEW `view_xsc` AS sele
ct `xuesheng`.`xh` AS `学号`,`xuesheng`.`xm` AS `姓名`,`xuesheng`.`xb` AS `性别`,`xuesheng`.`jg` AS `籍贯`,`xuesheng`.`l
xfs` AS `联系方式` from `xuesheng`
character_set_client: utf8
collation_connection: utf8_general_ci
1 row in set (0.00 sec)
```

图 6-4 查看 view_xsc 视图的定义代码

从图 6-4 中可以看出 view_xsc 视图的定义代码及其他相关信息。其中，“View:view_xsc”表示视图名；Create View 部分是定义视图结构的核心代码；“character_set_client:uft8”表示字符集为 UFT-8；“collation_connection:utf8_general_ci”表示排序方式为 uft8_general_ci。

6.1.3 创建单表视图

单表视图是指视图中的数据只来自数据库中的某一个基本表。使用定义视图的 SQL 语句可以检索单表，也可以进行多表连接的检索。以单表为数据源创建的视图可以像基本表一样操作，通过它既可以

增加、修改、删除数据，又可以进行数据查询；但是基于多表创建的视图只能用于
数据查询。

创建视图时，一定要站在特定用户的角度来思考，"视图"中的"视"有"视角"
的意思；分析用户关心的是哪些数据项，同时要尽可能地屏蔽一些不必要的信息；
还要尽可能地把基本表中一些难以理解的字段名以更直观的形式表达出来，为用户
提供更便捷的服务，这正是视图的根本意义。

V6-2　创建视图

创建简单视图的语法格式如下。

```
CREATE VIEW 视图名(字段1,字段2,字段3,…) AS
SELECT 字段a,字段b,字段c[,…] FROM 基本表名;
```

其中，"字段1""字段2"和"字段3"等是视图中直接显示的名称，通常是经过"包装"后，用
户可直接读懂的形式。而视图中的所有字段其实都来自基本表中对应的字段，即"字段1""字段2"和
"字段3"分别来自基本表中的"字段a""字段b"和"字段c"。

【实例6-5】 从学生处工作人员的角度考虑，为其量身定制一个视图view_xsc。该视图只涉及学生
的一些基本信息，如学号、姓名、性别、籍贯、联系方式，因此，只需要对xsgl数据库中的xuesheng
表进行查询。另外，xuesheng表中的字段名并不是普通应用层的用户能直接读懂的形式，需要将它们
"包装"成用户能直接识别的形式。

步骤一： 创建视图view_xsc，具体语句如下。

```
mysql>CREATE VIEW view_xsc(学号,姓名,性别,籍贯,联系方式)
      AS SELECT xh,xm,xb,jg,lxfs FROM xuesheng;
```

执行结果如图6-5所示。

```
mysql> CREATE VIEW view_xsc(学号,姓名,性别,籍贯,联系方式)
    -> AS SELECT xh,xm,xb,jg,lxfs FROM xuesheng;
Query OK, 0 rows affected (0.01 sec)
```

图6-5　创建视图view_xsc

从图6-5中可以看出，视图已经被成功创建。在编写长代码时，要养成一个好的书写习惯，把每一
项功能单独写成一行，如图6-5所示，第一行代码要实现的核心功能是创建视图view_xsc并描述它的
结构，第二行代码表示视图来自一个查询结果。AS在此处可理解为"像……一样"，意思是view_xsc
视图的结构像后面的SELECT语句的查询结果一样。这样可以更好地理解视图是一个映射了基本表的
"虚拟表"的概念，它就是在基本表的基础上创建的。

步骤二： 利用view_xsc视图查询出学号为"008"的学生的所有信息。这里要求利用创建好的视
图view_xsc进行查询（后面会单独介绍视图的查询），而不直接查询xuesheng表，但其查询的语法
格式与直接查询基本表是一样的。当只利用视图进行查询时，FROM后面跟的是视图名，当直接查询基
本表时，FROM后面跟的是基本表名。具体语句如下。

```
mysql>SELECT * FROM view_xsc WHERE 学号='008';
```

执行结果如图6-6所示。

```
mysql> SELECT * FROM view_xsc WHERE 学号='008';

 学号      姓名      性别      籍贯      联系方式

 008      张皓程     M        河南      13500000008

1 row in set (0.00 sec)
```

图6-6　通过视图查询出学号为"008"的学生的所有信息

从图 6-6 中可以看出，每一列的名称（字段名）已经不是基本表中的字段名了，而是在创建视图时重新定义的名称。需要注意的是，在 WHERE 语句中，条件表达式中用到的字段名应为新的字段名，如应是"学号"而非基本表中的"xh"。另外，此语句中的星号"*"代表的是视图中定义的所有字段，而不是基本表中定义的所有字段。

6.1.4 创建多表视图

多表视图是以两个或两个以上的基本表为基础创建的视图。多表视图中的字段信息分别来自多个表中的部分或全部字段（通常是特定用户关心的那一部分字段）。与单表视图不同，多表视图只能用来进行查询，而不能用来进行插入、更新或删除等操作。

【实例 6-6】将视角切换到另一类用户，如教务处工作人员，其通常要查询一名学生多方面的信息，如学号、姓名、专业名称、所属院系、课程名称及所修课程的考试成绩，为教务处工作人员定制一个视图 view_jwc，满足他们的工作需求。

步骤一： 创建视图 view_jwc，包含学生的学号、姓名、专业名称、所属院系、课程名称及考试成绩，具体语句如下。

```
mysql>CREATE VIEW view_jwc(学号,姓名,专业名称,所属院系,课程名称,考试成绩)
AS SELECT a.xh,a.xm,b.zymc,b.ssyx,c.kcmc,d.kscj FROM xuesheng AS a
INNER JOIN chengji AS d ON a.xh=d.xh
INNER JOIN zhuanye AS b ON a.zydm=b.zydm
INNER JOIN kecheng AS c ON c.kcdm=d.kcdm;
```

执行结果如图 6-7 所示。

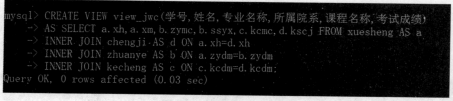

图 6-7 创建视图 view_jwc

步骤二： 通过 view_jwc 视图查询出学号为"007"的学生的所有信息（注意，此处的所有信息同样指视图能提供的所有字段，而不是基本表中的所有信息。对于教务处的工作人员来说，他们看不到也不需要看到数据库中有哪些基本表，表与表之间有什么联系，每个表有哪些具体的字段。视图把基本表的逻辑结构和彼此之间的关联对用户屏蔽了，这正是视图的另一个重要的意义，即保障数据库的安全性），具体语句如下。

```
mysql>SELECT * FROM view_jwc WHERE 学号='007';
```

执行结果如图 6-8 所示。

```
mysql> SELECT * FROM view_jwc WHERE 学号='007';

学号    姓名    专业名称    所属院系    课程名称    考试成绩

007    贺佳    临床医学    医学院    病理学    78
007    贺佳    临床医学    医学院    生理学    68
007    贺佳    临床医学    医学院    药理学    77

3 rows in set (0.07 sec)
```

图 6-8 通过视图查询学号为"007"的学生的全部信息

从图 6-8 中可以看出，查询到了贺佳的所有信息，一共包含 3 门课程的考试成绩。因为是通过视图进行查询的，所以使用的 SQL 语句比较简单，这个查询看上去就是在一个表上进行的操作，而这个表是为用户量身定制的、由多个表合并而成的一个虚拟表。

6.1.5 在视图上创建视图

除了可以在基本表上创建视图外，也可以在视图上创建新的视图。此时，这两个视图之间建立了一种依赖与被依赖的父子关系，在设置 WITH CHECK OPTION 的情况下，它们具有级联约束关系。

WITH CHECK OPTION 即"带检查选项"，该子句用在视图创建语句的条件子句之后。例如，CREATE VIEW view1 AS SELECT * FROM xuesheng WHERE xb='F' WITH CHECK OPTION 表示创建一个包含所有女学生的视图 view1，当通过视图 view1 进行插入、删除或更新操作时，它会先检测是否满足性别为女，如果通过它插入、删除或更新性别为男的记录，则会提示不存在匹配行，操作失败；如果命令中不含 WITH CHECK OPTION 子句，则所有操作不会限制性别。如果某视图在创建时含有 WITH CHECK OPTION 子句，则以它为基础创建的其他视图会自动继承这种自动检测功能，即禁止不符合条件的记录进行插入、删除及更新操作，这就是级联约束关系。

【**实例 6-7**】把用户视角切换为任课教师，任课教师有时候要查询其教授的课程的一些统计信息，如课程的最高分、最低分或平均分等。以实例 6-6 创建的视图 view_jwc 为基础，为所有任课教师定制一个视图 view_js，以方便所有任课教师以其所教授的课程名称为查询条件来查询该课程的最高分、最低分或平均分等统计信息。

步骤一：创建视图 view_js，具体语句如下。

```
mysql>CREATE VIEW view_js(课程名称,最高分,最低分,平均分)
    AS SELECT 课程名称,MAX(考试成绩),MIN(考试成绩),AVG(考试成绩)
    FROM view_jwc
    GROUP BY 课程名称;
```

执行结果如图 6-9 所示。

```
mysql> CREATE VIEW view_js(课程名称,最高分,最低分,平均分)
    -> AS SELECT 课程名称,MAX(考试成绩),MIN(考试成绩),AVG(考试成绩)
    -> FROM view_jwc
    -> GROUP BY 课程名称;
Query OK, 0 rows affected (0.05 sec)
```

图 6-9 创建视图 view_js

从上述语句可以看出，FROM 后面跟的是一个已有的视图名 view_jwc，而不是基本表名。它的语法格式与在基本表上创建视图是一样的，因为其逻辑原理是相同的。

步骤二：以"数据结构"课程的任课教师的身份查询其教授的课程的最高分、最低分和平均分，具体语句如下。

```
Mysql>SELECT 课程名称,最高分,最低分,平均分 FROM view_js
    WHERE 课程名称='数据结构';
```

执行结果如图 6-10 所示。

从图 6-10 中可以看出，虽然可以直接通过 view_jwc 视图进行统计查询，但是对于顶层用户而言，其更希望使用简单的语句来进行查询，而不使用 MAX()、MIN() 和 AVG() 等复杂的统计查询函数，即只需要输入（实际上，在应用程序层面上，如在网页中，用户只需要选择一些选项即可）要查询的信息，如"数据结构""最高分"等，即可查询出结果。为用户提供一个更便捷的操作环境是视图的根本出发点。

```
mysql> SELECT 课程名称,最高分,最低分,平均分 FROM view_js
    -> WHERE 课程名称='数据结构';
```

课程名称	最高分	最低分	平均分
数据结构	71	39	56.0000

```
1 row in set (0.00 sec)
```

图 6-10   查询 view_js 视图中"数据结构"课程的统计信息

6.1.6   修改视图

视图与表一样,它的结构在定义后也可以进行修改。当视图的基本表中的某些字段名称发生变化时,如 xuesheng 表中的字段名 xh 被修改为 id,此时视图中的字段名"学号"在基本表中就找不到其对应的字段了,所以必须通过修改视图定义来使视图定义内容与基本表一致。但基本表的字段类型、默认值等发生变化时,无须对视图结构进行修改。因为视图的字段名只与基本表的字段名对应,与其他特征无关。

V6-3   修改与删除视图

对视图的修改本质上就是对基本表的修改,因此,在修改视图时,要满足基本表的数据定义,并查看视图的依赖关系,检查是否会影响依赖视图的其他对象的执行。之前提到,如果视图 A 是建立在另一视图 B 上的(即 A 依赖 B),且视图 B 定义中含有 WITH CHECK OPTION 子句,那么视图 B 在修改结构的时候肯定会影响到视图 A,因此需要事先查看,以防违背定义的条件时,视图 A 无法执行插入、删除和更新操作的情况发生。

1. 使用 CREATE OR REPLACE VIEW 语句修改视图

使用 CREATE OR REPLACE VIEW 语句时其实相当于重新创建一个视图,如果存在一个与其同名的视图,则替换它,从而达到修改已有视图的目的;如果不存在一个同名的视图,则直接创建一个新的视图。

【实例 6-8】将前面的 view_xsc 视图中的"联系方式"字段名改为"电话号码",并增加"年龄"字段,具体语句如下。

```
mysql>CREATE OR REPLACE VIEW view_xsc(学号,姓名,性别,籍贯,电话号码,年龄)
    AS SELECT xh,xm,xb,jg,lxfs,YEAR(CURDATE())-YEAR(csrq) FROM xuesheng;
```

在上述语句中,因为要创建的视图 view_xsc 已经存在于 xsgl 数据库中,所以使用该语句创建的视图将替换之前的视图。对比之前的视图定义,"联系方式"字段名已经改为"电话号码",且通过表达式生成了一个基本表中并不存在的新的字段"年龄"。其中,YEAR()函数用于求括号中的参数的年份,CURDATE( )函数用于求出当前的日期,相关函数在附录 B 中有详细介绍。

2. 使用 ALTER VIEW 语句修改视图

前面项目中介绍了表结构的修改,使用的语句为 ALTER TABLE,核心动词是 ALTER,但表的修改语句要灵活得多,表的结构被允许修改的细节也复杂得多。而 ALTER VIEW 语句其实与 CREATE OR REPLACE VIEW 语句一样,本质上是重新定义一次已有的视图的结构,只是关键动词是 ALTER(修改),而不是 CREATE(创建)。

【实例 6-9】将实例 6-7 中的视图 view_xsc 以 ALTER VIEW 语句进行修改,即将"年龄"字段删除,具体语句如下。

```
mysql>ALTER VIEW view_xsc(学号,姓名,性别,籍贯,电话号码)
    AS SELECT xh,xm,xb,jg,lxfs FROM xuesheng;
```

从上述语句可以看出，修改视图并不是直接在原视图的基础上进行修改即可，实际上，并没有直接删除视图中某一个字段的语句，而是在重新定义视图时删除其中对应的字段，如此例就是在重定义时把基本表中求年龄的表达式去掉。这与表结构的修改是完全不同的，删除表中的字段使用的是"DROP 字段名;"。

6.1.7　删除视图

删除视图与删除表的语句的核心动词是一样的。其语法格式如下。

```
DROP VIEW [IF EXISTS] 视图名1[,视图名2,…,视图名n];
```

其中，IF EXISTS 为可选项，表示如果要删除的视图存在，则删除它；如果要删除的视图不存在，则提示语句执行成功，但会有一条警告信息，可以使用 SHOW WARNINGS 语句查看该警告信息的内容，其大意为"该表是一个未知的表"。

该语句可用于同时删除多个视图，如果要同时删除其他视图，则可在"视图名 1"后面继续输入其他视图的名称。注意，各视图名之间一定要用半角逗号隔开。

【实例 6-10】删除 xsgl 数据库中的 view_xsc 视图，并验证 xsgl 数据库中是否还存在该视图，具体步骤如下。

步骤一： 删除 view_xsc 视图，具体语句如下。

```
mysql>DROP VIEW IF EXISTS view_xsc;
```

步骤二： 查看当前数据库中是否存在该视图，具体语句如下。

```
mysql>SHOW FULL TABLES IN xsgl;
```

6.1.8　任务实施——完成对 xsgl 数据库中的视图的基本操作

按下列步骤完成 xsgl 数据库中视图的基本操作。

（1）选择 xsgl 数据库，具体语句如下。

```
mysql>USE xsgl;
```

（2）为各学院辅导员定制一个方便管理学生信息的视图 view_fdy，通过它能够以院系或专业为关键词查询指定院系或专业学生的基本信息，包括学号、姓名、性别、出生日期、籍贯、联系方式、专业名称、所属院系，具体语句如下。

```
mysql>CREATE VIEW view_fdy(学号,姓名,性别,出生日期,籍贯,联系方式,专业名称,所属院系) AS
      SELECT a.xh,a.xm,a.xb,a.csrq,a.jg,a.lxfs,b.zymc,b.ssyx FROM xuesheng AS a
      INNER JOIN zhuanye AS b
      ON a.zydm=b.zydm;
```

（3）验证当前数据库中是否存在视图 view_fdy，具体语句如下。

```
mysql>SHOW FULL TABLES IN xsgl WHERE TABLE_TYPE LIKE 'VIEW';
```

（4）以生态宜居学院辅导员的身份查询本学院的所有学生的基本信息，具体语句如下。

```
mysql>SELECT * FROM view_fdy
      WHERE 所属院系='生态宜居学院';
```

（5）在 view_fdy 视图的基础上创建一个视图 view_fdy2，以方便各专业的辅导员进行相应专业学生信息的统计查询，统计出该专业的学生的总人数，具体语句如下。

```
mysql>CREATE VIEW view_fdy2(专业名称,所属院系,总人数)
      AS SELECT 专业名称,所属院系,COUNT(姓名)  FROM view_fdy
      GROUP BY 专业名称;
```

（6）以医学院护理专业辅导员的身份查询护理专业学生的总人数，具体语句如下。

```
mysql>SELECT * FROM view_fdy2 WHERE 专业名称='护理';
```

任务 6.2 应用视图

V6-4 应用视图

所有类型的视图都可以用于查询，其中某些视图（如基于单表创建的视图）还能进行插入、修改和删除数据等操作。视图是一个虚拟表，本身并不保存数据，其数据全部来自基本表，因此对视图所做的数据操作本质上是对其基本表的操作。

6.2.1 使用视图查询数据

视图可以像基本表一样使用 SELECT 语句进行基本查询、统计、排序和汇总等。但是视图可以使用户查询变得更简便，因此应尽可能地将统计、排序和汇总等操作使用视图来定义，使顶层用户只需要用最简单的查询方式就能实现复杂的查询。

【实例 6-11】使用前面创建的视图 view_jwc 查询计算机应用专业所有学生的全部信息，具体语法如下。

```
mysql>SELECT * FROM view_jwc WHERE 专业名称="计算机应用";
```

执行结果如图 6-11 所示。

```
mysql> SELECT * FROM view_jwc WHERE 专业名称="计算机应用";
+------+--------+------------+------------+----------------+----------+
| 学号 | 姓名   | 专业名称   | 所属院系   | 课程名称       | 考试成绩 |
+------+--------+------------+------------+----------------+----------+
| 004  | 周忠群 | 计算机应用 | 计算机学院 | 数据结构       |       71 |
| 004  | 周忠群 | 计算机应用 | 计算机学院 | C++程序设计    |       81 |
| 004  | 周忠群 | 计算机应用 | 计算机学院 | 计算机网络技术 |       92 |
| 015  | 任天赐 | 计算机应用 | 计算机学院 | 生物化学       |       67 |
| 015  | 任天赐 | 计算机应用 | 计算机学院 | 数据结构       |       58 |
| 015  | 任天赐 | 计算机应用 | 计算机学院 | C++程序设计    |       86 |
| 016  | 刘坤   | 计算机应用 | 计算机学院 | 数据结构       |       39 |
| 016  | 刘坤   | 计算机应用 | 计算机学院 | C++程序设计    |       92 |
| 016  | 刘坤   | 计算机应用 | 计算机学院 | 计算机网络技术 |       87 |
+------+--------+------------+------------+----------------+----------+
9 rows in set (0.00 sec)
```

图 6-11 查询计算机应用专业所有学生的全部信息

【实例 6-12】除了基本的查询外，视图可以进行比较复杂的查询，如统计查询。通过 view_jwc 视图统计查询各专业的所有课程的考试成绩平均分，具体语句如下。

```
mysql>SELECT 专业名称,所属院系,AVG(考试成绩) AS 考试成绩平均分 FROM view_jwc
    GROUP BY 专业名称;
```

执行结果如图 6-12 所示。

```
mysql> SELECT 专业名称,所属院系,AVG(考试成绩) AS 考试成绩平均分 FROM view_jwc
    -> GROUP BY 专业名称;
+----------+--------------+----------------+
| 专业名称 | 所属院系     | 考试成绩平均分 |
+----------+--------------+----------------+
| 临床医学 | 医学院       |        73.2222 |
| 会计     | 商学院       |        66.8333 |
| 园林设计 | 园林学院     |        64.0000 |
| 室内设计 | 生态宜居学院 |        80.3333 |
| 护理     | 医学院       |        77.4167 |
| 检验技术 | 医药技术学院 |        60.3333 |
| 计算机应用 | 计算机学院 |        74.7778 |
+----------+--------------+----------------+
7 rows in set (0.18 sec)
```

图 6-12 查询各专业的所有课程的考试成绩平均分

因为要查看的是各专业的统计信息，选择学生的学号、姓名及课程名称等字段是没有意义的，所以选择代表集体信息的字段即可，如此例中只选择了"专业名称""所属院系"两个原始字段，而第三个字段"考试成绩平均分"是新增加的字段，它的值是使用 AVG()函数计算出来的。

6.2.2 使用视图添加数据

视图除了可以用于查询数据以外，也可以用于插入数据，但因为它本身并不存储数据，所以数据最终是插入其基本表中的。要想通过视图插入数据，必须严格满足以下几个条件。

（1）基本表中未被视图引用的字段必须有默认值、自增值或允许为空。

（2）添加的数据必须符合基本表数据的各种约束规则。

（3）如果视图是基于多个表创建的，则该视图只能用于查询，而不能用于数据处理。

【实例 6-13】使用实例 6-5 中讲解的语句再次创建 view_xsc 视图，并向视图中插入一条记录，其各个字段的值分别为"100""刘思思""M""湖南""18711112222"，具体语句如下。

```
mysql>INSERT INTO view_xsc(学号,姓名,性别,籍贯,联系方式)
      VALUES("100","刘思思","M","湖南","18711112222");
```

验证数据是否插入成功，具体语句如下。

```
mysql>SELECT * FROM view_xsc WHERE 学号="100";
```

执行结果如图 6-13 所示。

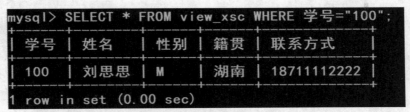

图 6-13　显示插入的新数据

在视图中插入数据的语法格式与在基本表中插入数据的语法格式是一样的，都使用 INSERT INTO 语句，遵守的规则也是一样的，只是 INSERT INTO 后面分别跟视图名或表名。

6.2.3 使用视图修改数据

与在视图中插入数据一样，在视图中修改数据本质上也是在基本表中进行操作，因此，它也要严格满足一定的条件，具体条件如下。

（1）使用 UPDATE 语句修改的字段必须属于同一个基本表，如果要对多个基本表中的数据进行修改，则需要分别使用多个 UPDATE 语句。

（2）对于基本表数据的修改，必须满足字段上设置的约束规则，不能违背如主键约束、唯一约束、是否为空等规则。

（3）如果在视图定义中用到了 WITH CHECK OPTION 子句，则通过这个视图修改数据时，提供的数据必须满足视图定义中的条件，否则修改会被中止并返回错误信息。

（4）视图中的汇总函数或计算字段的值不能更改，因为它不是原始的基本数据。

（5）当视图定义中含有 UNION、DISTINCT、GROUP BY 等关键字时，不能用来修改记录。

（6）视图定义语句中包含子查询或视图基于不可更新的视图时，不能用来修改记录。

【实例 6-14】使用前面的 view_xsc 视图将学号为"001"的学生的联系方式修改为"07340000111"，具体语句如下。

```
mysql>UPDATE view_xsc
      SET 联系方式="07340000111"
      WHERE 学号="001";
```

修改成功后，可以使用查询语句在视图中进行验证，具体语句如下。

```
mysql>SELECT * FROM view_xsc
      WHERE 学号="001";
```

执行结果如图 6-14 所示。

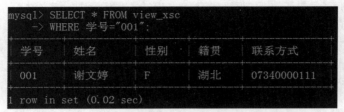

图 6-14　通过 view_xsc 视图查询学号为"001"的学生的全部信息

也可以使用查询语句在基本表中进行验证，具体语句如下。

```
mysql>SELECT * FROM xuesheng
      WHERE xh="001";
```

执行结果如图 6-15 所示。

图 6-15　通过 xuesheng 表查询学号为"001"的学生的全部信息

需要注意的是，在视图和基本表中验证时，引用的文件名不一样，且 WHERE 条件语句中的字段名要与文件中的字段名一致，即视图中为"学号"，而基本表中使用的是"xh"。同时，通过这一组对比验证结果可以理解，对视图进行数据操作本质上还是对其基本表进行操作。

6.2.4　使用视图删除数据

视图也可以用于删除基本表中的数据，但它必须符合相应的条件，即视图一定是基于单一的原始表定义的。

【实例 6-15】利用前面的 view_xsc 视图，将在实例 6-13 中添加的学号为"100"的记录从基本表中删除，具体语句如下。

```
mysql>DELETE FROM view_xsc WHERE 学号="100";
```

操作完成后，可以使用 SELECT 语句验证记录是否删除成功。

6.2.5　任务实施——完成视图的基本应用

按下列步骤完成 xsgl 数据库中视图的基本应用。
（1）选择 xsgl 数据库，具体语句如下。

```
mysql>USE xsgl;
```

（2）为任课教师创建一个视图 view_teacher，方便其查询、输入及更新某学生的成绩，具体语句如下。

```
mysql>CREATE VIEW view_teacher(学号,课程代码,平时成绩,实验成绩,考试成绩,综合成绩) AS
    SELECT xh,kcdm,pscj,sycj,kscj,zhcj FROM chengji;
```

（3）某任课教师要查询其教授的课程代码为"C01"的课程的所有学生的学号、课程代码、平时成绩、实验成绩、考试成绩及综合成绩，具体语句如下。

```
mysql>SELECT * FROM view_teacher WHERE 课程代码='C01';
```

（4）某任课教师要为其所教授的课程代码为"H01"的课程添加一条学生记录，该学生的学号为"017"，各项原始成绩分别为94、88、86，具体语句如下。

```
mysql>INSERT INTO view_teacher(学号,课程代码,平时成绩,实验成绩,考试成绩)
    VALUES('017','H01',94,88,86);
```

（5）分别验证步骤（4）中插入的记录是否存在于 view_teacher 视图和 chengji 表中，具体语句如下。

```
mysql>SELECT * FROM view_teacher WHERE 学号='017';
mysql>SELECT * FROM chengji WHERE xh='017';
```

（6）通过 view_teacher 视图更新学号为"017"的学生的综合成绩，其中，平时成绩和实验成绩各占30%、考试成绩占40%，具体语句如下。

```
mysql>UPDATE view_teacher
    SET 综合成绩=平时成绩*0.3+实验成绩*0.3+考试成绩*0.4
    WHERE 学号='017';
```

（7）根据步骤（5）中的操作验证步骤（6）中的成绩数据是否更新成功。其 SQL 语句与步骤（5）完全一样。

（8）删除 view_teacher 视图，并验证是否成功删除，具体语句如下。

```
mysql>DROP VIEW view_teacher;
mysql>SHOW FULL TABLES IN xsgl WHERE TABLE_TYPE LIKE 'VIEW';
```

【项目小结】

本项目主要讲解了视图的创建和应用，尤其要注意如何从不同身份的用户视角"包装"数据，做到为特定的用户提供尽可能简便的数据操作环境。此外，要始终结合视图相对于基本表的几个优点，充分发挥视图在数据库管理中的功能。

【知识巩固】

一、单项选择题

1. SHOW FULL TABLES IN xsgl; 语句用于（   ）。
    A. 显示当前数据库中的所有表
    B. 显示数据库中的所有视图
    C. 显示数据库中的所有视图和基本表
    D. 显示数据库中的所有基本表
2. SHOW CREATE VIEW view_xs; 语句用于（   ）。
    A. 显示视图 view_xs 的结构　　　　　　B. 显示视图 view_xs 中的数据
    C. 显示视图 view_xs 对应的创建代码　　D. 显示表 view_xs 的结构

3. 视图不可以在（　　　）上创建。

    A. 基本表　　　　　　　　B. 视图　　　　　　　C. 数据库　　　　　　　D. 存储过程

4. 以（　　　）为数据来源创建的视图可以进行插入、删除和更新等数据操作。

    A. 视图　　　　　　　　　B. 多表　　　　　　　C. 单表　　　　　　　　D. 基本表

5. 创建视图的语句是（　　　）

    A. DROP VIEW　　　　　　　　　　　　B. ALTER VIEW

    C. CREATE VIEW　　　　　　　　　　　D. DESCRIBE

6. 以下不是视图的优点的是（　　　）。

    A. 为用户提供一个更简便的操作环境

    B. 对用户隐藏数据库中表的逻辑结构，增强了安全性

    C. 对不同的用户授予不同的权限，提供不同类型的服务

    D. 可直接存储数据

7. 下列关于修改视图的说法中正确的是（　　　）。

    A. 通过修改视图可以直接删除其中的某个字段

    B. 通过修改视图可以更改某一字段的数据类型

    C. 修改视图本质上是重新定义视图的结构

    D. 通过修改视图可以修改字段的默认值

8. 以下说法正确的是（　　　）。

    A. 视图只能在一个基本表上创建

    B. 视图中的数据就是它本身存储的数据

    C. 视图中数据的修改不会影响到它的基本表

    D. 视图是一个虚拟表，对它的操作本质上都作用在其基本表上

二、判断题

1. 基于多表创建的视图可以用来插入数据。（　　　）

2. 基本表中数据的变化会影响到基于该表的视图。（　　　）

3. 删除视图后，其涉及的基本表也随之删除。（　　　）

4. 所有视图都可以用于更新数据。（　　　）

5. 视图比基本表的数据安全性好。（　　　）

【实践训练】

1. 以学校保卫处工作人员的视角，选择 xsgl 数据库中合适的基本表创建一个视图 view_bwc，其只负责学生身份的核实，即只关心学生的姓名、性别及联系方式。

2. 通过 view_bwc 视图查询出所有男学生的姓名和联系方式。

3. 选择 xsgl 数据库中合适的基本表创建一个视图 view_tj，用来统计每个学院的总人数，并通过视图查询园林学院一共有多少学生。

项目七
存储过程、存储函数与事务

07

 项目导读

项目一～项目六中介绍的 SQL 语句都是针对一个表或几个表的单条 SQL 语句，但是在数据库的实际操作中，经常需要使用多条 SQL 语句的组合来完成特定功能，可将这样的多条 SQL 语句创建为存储过程或存储函数，必要时还可针对多条 SQL 语句进行流程控制和事务管理。本项目将针对存储过程、存储函数、流程控制和事务管理进行详细讲解，重点在于创建和调用存储过程及存储函数，难点在于流程控制与事务管理。

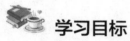 **学习目标**

知识目标
◆ 学习存储过程、存储函数相关操作的基本语法格式；
◆ 学习流程控制、事务管理的方法。

技能目标
◆ 掌握创建、调用、查看和删除存储过程的方法；
◆ 掌握创建、调用、查看和删除存储函数的方法；
◆ 具备应用流程控制的能力；
◆ 具备应用事务管理的能力。

素质目标
◆ 培养学生不畏困难、勇于创新的精神；
◆ 培养学生开发面向真实业务场景的数据库系统的能力。

任务 7.1 存储过程

存储过程是大型数据库系统中的一组完成特定功能的 SQL 语句集，它存储在数据库中，一次编译后永久有效。当需要数据库提供与已定义的存储过程的功能相同的服务时，只需调用相应存储过程即可。本任务将针对存储过程的创建、调用、查看和删除进行详细讲解。

V7-1 创建并调用
存储过程

7.1.1 创建并调用存储过程

在 MySQL 中可以使用 CREATE PROCEDURE 语句创建存储过程。其语法格式如下。

```
CREATE PROCEDURE 存储过程名称([参数列表])
BEGIN
    存储过程体
END
```

一个已经创建成功的存储过程可以使用 CALL 语句进行调用。其语法格式如下。

```
CALL 存储过程名([实参列表])
```

不同类型的存储过程的创建及调用方法如下。

1. 创建并调用无参的存储过程

【实例 7-1】在 xsgl 数据库中创建名称为"p7_1"的存储过程，其参数列表为空。要求：查询 xuesheng 表中 jg 字段的值为"湖南"的记录总数，具体语句如下。

```
mysql>USE xsgl;
mysql>DELIMITER $
mysql>CREATE PROCEDURE p7_1()
    BEGIN
      SELECT COUNT(*) FROM xuesheng
      WHERE jg='湖南';
    END$
```

 提 示 在 MySQL 中，SQL 语句默认是以";"为语句结束标志的，实例 7-1 中使用了"DELIMITER $"将语句结束标志改为"$"。这是因为存储过程体中每条 SQL 语句的结尾必须加";"，若此时仍以";"作为创建存储过程语句的结束标志，一旦执行该语句，系统就会报错。

执行结果如图 7-1 所示。

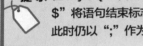

图 7-1 创建 xsgl 数据库的无参存储过程

从图 7-1 中可以看出，实例 7-1 的 SQL 语句被成功执行。

【实例 7-2】在 xsgl 数据库中调用名称为"p7_1"的存储过程，具体语句如下。

```
mysql>USE xsgl$
mysql>CALL p7_1()$
```

提 示 实例 7-1 的 SQL 语句中使用"DELIMITER $"将语句结束标志改成了"$"，因此实例 7-2 中的每一条 SQL 语句必须以"$"为语句结束标志，项目七的后续实例中的 SQL 语句也会以"$"为语句结束标志。另外，存储过程 p7_1 创建在 xsgl 数据库中，在调用它前需要使用 USE 关键字切换到 xsgl 数据库。

执行结果如图 7-2 所示。

图 7-2　调用 xsgl 数据库的无参存储过程

从图 7-2 中可以看出，调用存储过程 p7_1 实际上就是执行其存储过程体中的 SQL 语句，即查询 xuesheng 表中 jg 字段的值为"湖南"的记录总数。

2. 创建并调用带 IN 模式参数的存储过程

【实例 7-3】在 xsgl 数据库中创建名称为"p7_3"的存储过程，其参数列表中有一个参数，参数名为"zymc"、参数类型为"VARCHAR(8)"、参数模式为"IN"，要求根据参数 zymc 查询就读于相应专业的学生信息，具体语句如下。

```
mysql>DELIMITER $
mysql>USE xsgl$
mysql>CREATE PROCEDURE p7_3(IN zymc VARCHAR(8))
    BEGIN
      SELECT xs.* FROM zhuanye AS zy
      LEFT JOIN xuesheng AS xs
      ON zy.zydm=xs.zydm
      WHERE zy.zymc=zymc;
    END$
```

> **提示** 存储过程的参数列表中的参数的固定格式如下：参数模式　参数名　参数类型。实例 7-3 中创建的存储过程带有一个参数，其格式为"IN zymc VARCHAR(8)"。在调用该存储过程时需要传入一个 VARCHAR(8)类型的值，如传入的值为"计算机应用"，调用该存储过程就会查询出所有专业为"计算机应用"的学生的信息，具体的调用方式请参考实例 7-4。另外，在创建存储过程时使用的参数也称为形式参数，实例 7-3 中的 zymc 就是一个形式参数。

执行结果如图 7-3 所示。

图 7-3　创建 xsgl 数据库的带 IN 模式参数的存储过程

从图 7-3 中可以看出，实例 7-3 中的 SQL 语句被成功执行。

【实例 7-4】在 xsgl 数据库中调用名称为"p7_3"的存储过程，具体语句如下。

```
mysql>DELIMITER $
mysql>USE xsgl$
mysql>CALL p7_3('计算机应用')$
```

 提示 存储过程 p7_3 的参数列表中存在一个 IN 模式的 VARCHAR(8)类型的参数 zymc，因此调用存储过程 p7_3 时需要传入一个 VARCHAR(8)类型的值或者变量。调用存储过程时传入的值或者变量称为实际参数，是实际调用存储过程时使用的数据。在实例 7-4 中，调用存储过程 p7_3 时传入的实际参数为"计算机应用"，其用于将形式参数 zymc 的值设置为"计算机应用"。

执行结果如图 7-4 所示。

```
mysql> DELIMITER $
mysql> USE xsgl$
Database changed
mysql> CALL p7_3('计算机应用')$

| xh  | xm     | xb | csrq       | jg   | lxfs        | zydm | xq              |

| 004 | 周忠群  | M  | 2002-06-11 | 山东 | 18900000005 | 04   |                 |
| 015 | 任天赐  | M  | 2002-02-03 | 湖南 | 13811111115 | 04   | sport           |
| 016 | 刘坤    | M  | 2002-04-01 | 北京 | 13100000001 | 04   | sport,technology|

3 rows in set (0.00 sec)
```

图 7-4　调用 xsgl 数据库的带 IN 模式参数的存储过程

提示 从图 7-4 中可以看出，调用存储过程 p7_3 时，先将实际参数"计算机应用"传给形式参数 zymc，再执行存储过程体中的 SQL 语句，即利用形式参数 zymc（此时 zymc 中保存的数据为"计算机应用"）筛选出相应专业的学生信息。

3. 创建并调用带 OUT 模式参数的存储过程

【实例 7-5】在 xsgl 数据库中创建名称为"p7_5"的存储过程，其参数列表中有两个参数，参数名分别为"kcdm""renshu"，参数类型分别为"CHAR(3)""INT(4)"，参数模式分别为"IN""OUT"，要求根据参数 kcdm 查询选修相应课程的学生的总数，并将结果保存到参数 renshu 中，具体语句如下。

```
mysql>DELIMITER $
mysql>USE xsgl$
mysql>CREATE PROCEDURE p7_5(IN kcdm CHAR(3),OUT renshu INT(4))
    BEGIN
      SELECT COUNT(*) INTO renshu
      FROM chengji AS cj
      LEFT JOIN xuesheng AS xs
      ON cj.xh=xs.xh
      WHERE cj.kcdm=kcdm;
    END$
```

提 示 当存储过程的参数列表中存在多个参数时，需要使用"，"分隔。实例 7-5 中创建的存储过程
带有两个参数，其格式为"IN kcdm CHAR(3),OUT renshu INT(4)"。在调用该存储过
程时，需要为 IN 模式的参数传入一个 CHAR(3)类型的值，需要使用 SELECT…INTO 语
句将查询结果保存到 OUT 模式的参数 renshu 中，最终会将形式参数 renshu 中的数据返
回给实际参数。例如，传入的值为"H01"，调用该存储过程就会查询出选修课程代码为 H01
的课程的学生总数，并将结果保存到形式参数 renshu 中，最终将形式参数 renshu 中的数
据返回给实际参数。该存储过程的调用方式请参考实例 7-6。

执行结果如图 7-5 所示。

```
mysql> DELIMITER $
mysql> USE xsgl$
Database changed
mysql> CREATE PROCEDURE p7_5(IN kcdm CHAR(3),OUT renshu INT(4))
    -> BEGIN
    ->  SELECT COUNT(*) INTO renshu
    ->  FROM chengji AS cj
    ->  LEFT JOIN xuesheng AS xs
    ->  ON cj.xh=xs.xh
    ->  WHERE cj.kcdm=kcdm;
    -> END$
Query OK, 0 rows affected (0.01 sec)
```

图 7-5 创建 xsgl 数据库的带 OUT 模式参数的存储过程

从图 7-5 中可以看出，存储过程 p7_5 创建成功。

【实例 7-6】在 xsgl 数据库中调用名称为"p7_5"的存储过程，具体语句如下。

```
mysql>DELIMITER $
mysql>USE xsgl$
mysql>SET @xsrs=-1$
mysql>CALL p7_5('H01',@xsrs)$
mysql>SELECT @xsrs$
```

提 示 存储过程 p7_5 的参数列表中存在两个参数，第一个参数为 IN 模式的 CHAR(3)类型的
参数 kcdm，第二个参数为 OUT 模式的 INT(4)类型的参数 renshu。在实例 7-6 中使
用 CALL 关键字调用存储过程 p7_5 时，首先将第一个实际参数"H01"传给形式参数
kcdm，再在存储过程体中使用 SELECT…INTO 语句将查询结果保存到形式参数
renshu 中，最后将形式参数 renshu 的值传递给第二个实际参数变量 xsrs。此实例中使
用了变量，在 MySQL 中可以使用 SET 关键字来声明一个自定义变量并为其赋值，语法格
式为"SET @变量名=变量值"。例如，实例 7-6 中的第 3 行语句创建了一个名为"xsrs"
的变量，并为其赋值-1。若需要查看变量中的数据，则可使用关键字 SELECT，语法格
式为"SELECT @变量名"。例如，实例 7-6 中的第 5 行语句使用 SELECT 关键字查
看了变量 xsrs 中的数据。

执行结果如图 7-6 所示。

```
mysql> DELIMITER $
mysql> USE xsgl$
Database changed
mysql> SET @xsrs=-1$
Query OK, 0 rows affected (0.01 sec)

mysql> CALL p7_5('H01',@xsrs)$
Query OK, 1 row affected (0.00 sec)

mysql> SELECT @xsrs$
+-------+
| @xsrs |
+-------+
|     4 |
+-------+
1 row in set (0.00 sec)
```

图 7-6 调用 xsgl 数据库的带 OUT 模式参数的存储过程

> **提 示** 从图 7-6 中可以看出，调用存储过程 p7_5 查询出了选修了课程代码为 H01 的课程的学生
> 总数，并将最终结果返回到变量 xsrs 中，通过 SELECT 关键字查看到变量 xsrs 中的数据
> 为 4，即共有 4 位学生选修了课程代码为 H01 的课程。

4. 创建带 INOUT 模式参数的存储过程

【实例 7-7】在 xsgl 数据库中创建名称为"p7_7"的存储过程，参数列表中有两个参数，其参数名
分别为"a""b"，参数类型分别为"INT""INT"，参数模式分别为"INOUT""INOUT"，要求将 a、
b 的值乘以 2 后返回，具体语句如下。

```
mysql>DELIMITER $
mysql>USE xsgl$
mysql>CREATE PROCEDURE p7_7(INOUT a INT ,INOUT b INT)
     BEGIN
       SET a=a*2;
       SET b=b*2;
     END$
```

> **提 示** 存储过程 p7_7 的参数列表中存在两个参数，它们都是 INOUT 模式的参数，在调用该存储
> 过程时，需要使用两个变量作为实际参数，可以将形式参数 a、b 中的数据返回给实际参数中
> 的两个变量。存储过程的参数列表中的参数实际上为局部变量，在存储过程体中可将其作为局
> 部变量使用，可使用关键字 SET 为局部变量赋值，语法格式为"SET 局部变量名=值;"。实
> 例 7-7 中的语句"SET a=a*2;"就是将局部变量 a 的值乘以 2 后再赋给局部变量 a。

执行结果如图 7-7 所示。

```
mysql> DELIMITER $
mysql> USE xsgl$
Database changed
mysql> CREATE PROCEDURE p7_7(INOUT a INT ,INOUT b INT)
    -> BEGIN
    ->  SET a=a*2;
    ->  SET b=b*2;
    -> END $
Query OK, 0 rows affected (0.01 sec)
```

图 7-7 创建 xsgl 数据库的带 INOUT 模式参数的存储过程

163

从图 7-7 中可以看出，存储过程 p7_7 创建成功。

【实例 7-8】在 xsgl 数据库中调用名称为"p7_7"的存储过程，具体语句如下。

```
mysql>DELIMITER $
mysql>USE xsgl$
mysql>SET @m=10$
mysql>SET @n=20$
mysql>CALL p7_7(@m,@n)$
mysql>SELECT @m,@n$
```

 提 示 存储过程 p7_7 的参数列表中存在两个 INOUT 模式的参数，调用该存储过程时需要使用两个变量作为实际参数。实例 7-8 在调用存储过程 p7_7 之前创建了两个变量 m、n，并分别赋值为 10、20，再使用关键字 CALL 调用存储过程 p7_7，将实际参数 m、n 中的数据 10、20 分别传给形式参数 a、b，a、b 在存储过程体中进行乘以 2 的操作，并将计算后的形式参数 a、b 中的数据 20、40 返回给实际参数 m、n。

执行结果如图 7-8 所示。

```
mysql> DELIMITER $
mysql> USE xsgl$
Database changed
mysql> SET @m=10$
Query OK, 0 rows affected (0.00 sec)

mysql> SET @n=20$
Query OK, 0 rows affected (0.00 sec)

mysql> CALL p7_7(@m,@n)$
Query OK, 0 rows affected (0.00 sec)

mysql> SELECT @m,@n$
+------+------+
| @m   | @n   |
+------+------+
|   20 |   40 |
+------+------+
1 row in set (0.00 sec)
```

图 7-8 调用 xsgl 数据库的带 INOUT 模式参数的存储过程

从图 7-8 中可以看出，调用存储过程 p7_7 后，变量 m、n 的值分别变成了 20、40。

7.1.2 查看存储过程

在 MySQL 中创建存储过程后，可以使用 SHOW PROCEDURE STATUS 语句来查看存储过程的状态，也可以使用 SHOW CREATE PROCEDURE 语句来查看存储过程的定义。

V7-2 查看与删除
存储过程

1. 查看存储过程的状态

在 MySQL 中可以使用 SHOW PROCEDURE STATUS 语句查看存储过程的状态。其语法格式如下。

```
SHOW PROCEDURE STATUS LIKE '存储过程名' \G
```

其中，关键字 LIKE 用来匹配存储过程的名称，不能省略；"存储过程名"必须使用单引号引起来；"\G"既可以起到语句结束标志的作用，又可以用于将查询结果按列输出，以更好地显示查询结果。

【实例 7-9】在 xsgl 数据库中查看名称为"p7_1"的存储过程的状态，具体语句如下。

```
mysql>DELIMITER $
mysql>USE xsgl$
```

```
mysql>SHOW PROCEDURE STATUS LIKE 'p7_1' \G
```

执行结果如图 7-9 所示。

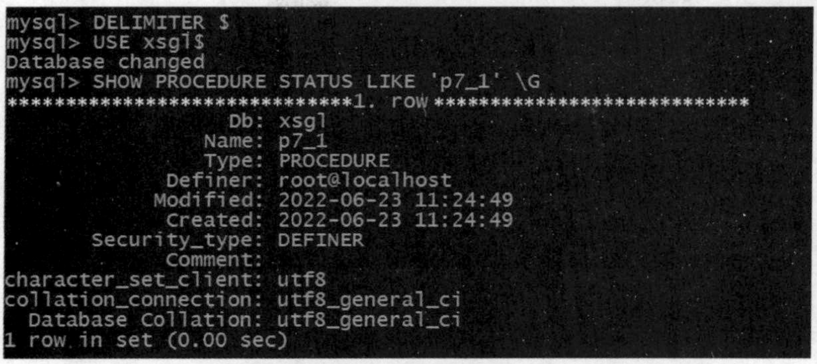

```
mysql> DELIMITER $
mysql> USE xsgl$
Database changed
mysql> SHOW PROCEDURE STATUS LIKE 'p7_1' \G
*****************************1. row ***************************
                  Db: xsgl
                Name: p7_1
                Type: PROCEDURE
             Definer: root@localhost
            Modified: 2022-06-23 11:24:49
             Created: 2022-06-23 11:24:49
       Security_type: DEFINER
             Comment:
character_set_client: utf8
collation_connection: utf8_general_ci
  Database Collation: utf8_general_ci
1 row in set (0.00 sec)
```

图 7-9　查看 xsgl 数据库的存储过程 p7_1 的状态

从图 7-9 中可以看出，查询到了存储过程的创建时间、修改时间和字符集等信息。

2. 查看存储过程的定义

在 MySQL 中可以使用 SHOW CREATE PROCEDURE 语句查看存储过程的定义。其语法格式如下。

```
SHOW CREATE PROCEDURE 存储过程名 \G
```

【实例 7-10】在 xsgl 数据库中查看名称为"p7_3"的存储过程的定义，具体语句如下。

```
mysql>DELIMITER $
mysql>USE xsgl$
mysql>SHOW CREATE PROCEDURE p7_3 \G
```

执行结果如图 7-10 所示。

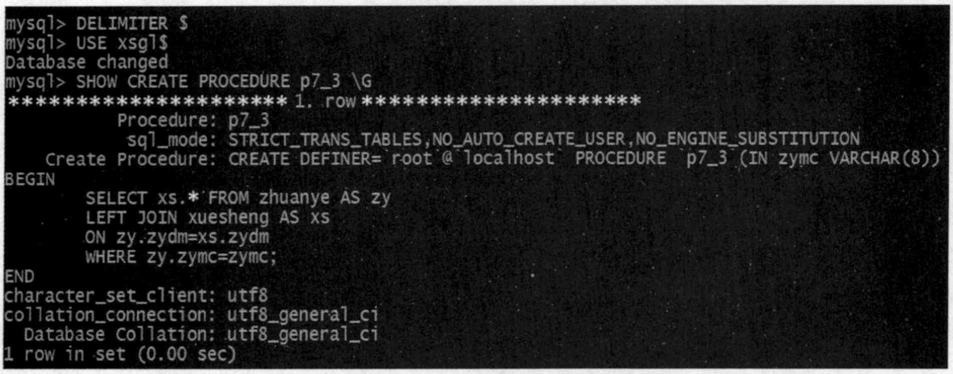

```
mysql> DELIMITER $
mysql> USE xsgl$
Database changed
mysql> SHOW CREATE PROCEDURE p7_3 \G
********************** 1. row **********************
           Procedure: p7_3
            sql_mode: STRICT_TRANS_TABLES,NO_AUTO_CREATE_USER,NO_ENGINE_SUBSTITUTION
    Create Procedure: CREATE DEFINER=`root`@`localhost` PROCEDURE `p7_3`(IN zymc VARCHAR(8))
BEGIN
        SELECT xs.* FROM zhuanye AS zy
        LEFT JOIN xuesheng AS xs
        ON zy.zydm=xs.zydm
        WHERE zy.zymc=zymc;
END
character_set_client: utf8
collation_connection: utf8_general_ci
  Database Collation: utf8_general_ci
1 row in set (0.00 sec)
```

图 7-10　查看 xsgl 数据库的存储过程 p7_3 的定义

从图 7-10 中可以看出，查询到了存储过程 p7_3 的定义语句。

7.1.3 删除存储过程

存储过程被创建后会一直保存在数据库服务器中，直至被删除。当 MySQL 数据库中存在废弃的存储过程时，需要将它从数据库中删除。

在 MySQL 中使用 DROP PROCEDURE 语句来删除已经存在的存储过程。其语法格式如下。

```
DROP PROCEDURE 存储过程名
```

【**实例 7-11**】在 xsgl 数据库中删除名称为"p7_5"的存储过程，具体语句如下。

```
mysql>DELIMITER $
mysql>USE xsgl$
mysql>DROP PROCEDURE p7_5$
```

执行结果如图 7-11 所示。

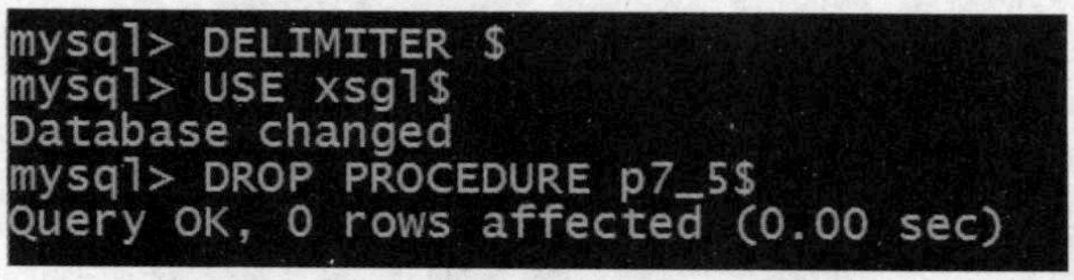

```
mysql> DELIMITER $
mysql> USE xsgl$
Database changed
mysql> DROP PROCEDURE p7_5$
Query OK, 0 rows affected (0.00 sec)
```

图 7-11　删除 xsgl 数据库的存储过程 p7_5

从图 7-11 中可以看出，删除存储过程的操作执行成功。

7.1.4　任务实施——完成 xsgl 数据库中存储过程的相关操作

按下列步骤完成 xsgl 数据库中存储过程的相关操作。

（1）将 SQL 语句的结束标志设置为"$"，具体语句如下。

```
mysql>DELIMITER $
```

（2）选择 xsgl 数据库，具体语句如下。

```
mysql>USE xsgl$
```

（3）创建名称为"p7_8"的存储过程，要求输入学号信息并返回相应学生所选课程的总学分，具体语句如下。

```
mysql>CREATE PROCEDURE p7_8(IN xh CHAR(3),OUT xf DECIMAL(3,1))
    BEGIN
      SELECT SUM(kc.xf) INTO xf
      FROM chengji AS cj
      LEFT JOIN kecheng AS kc
      ON cj.kcdm=kc.kcdm
      WHERE cj.xh=xh;
    END$
```

（4）调用名称为"p7_8"的存储过程，具体语句如下。

```
mysql>SET @xh='001'$
mysql>SET @xf=0.0$
mysql>CALL p7_8(@xh,@xf)$
mysql>SELECT @xf$
```

（5）查看名称为"p7_8"的存储过程的定义，具体语句如下。

```
mysql>SHOW CREATE PROCEDURE p7_8 \G
```

（6）删除名称为"p7_8"的存储过程，具体语句如下。

```
mysql>DROP PROCEDURE p7_8$
```

任务 7.2　存储函数

存储函数和存储过程一样，都是在数据库中定义的 SQL 语句的集合。存储函数可以通过 RETURN 语句返回函数值，主要用于计算并返回一个值。而存储过程没有返回值，主要用于执行操作。本任务将针对存储函数的创建、调用、查看和删除进行详细讲解。

7.2.1 创建并调用存储函数

在 MySQL 中，使用 CREATE FUNCTION 语句来创建存储函数。其语法格式如下。

```
CREATE FUNCTION 存储函数名(参数列表) RETURNS 返回类型
BEGIN
     函数体
END
```

V7-3 创建并调用
存储函数

一个已经创建成功的存储函数可以使用 SELECT 语句进行调用。其语法格式如下。

```
SELECT 存储函数名([实参列表])
```

不同类型的存储函数的创建及调用方法如下。

1. 创建并调用无参存储函数

【实例 7-12】在 xsgl 数据库中创建名称为"f7_12"的存储函数，其参数列表为空，要求获取开设专业的总数量，具体语句如下。

```
mysql>DELIMITER $
mysql>USE xsgl$
mysql>CREATE FUNCTION f7_12() RETURNS INT
     BEGIN
       DECLARE c INT DEFAULT 0;
       SELECT COUNT(*) INTO c
       FROM zhuanye;
       RETURN c;
     END$
```

> **提示** 在创建存储函数时，必须使用 RETURNS 关键字指定返回值的类型，在函数体中还必须使用 RETURN 语句返回一个与返回值类型相同的数据。另外，在实例 7-12 中使用语句 "DECLARE c INT DEFAULT 0;"定义了一个 INT 类型的默认值为 0 的局部变量 c，定义局部变量的语法格式为"DECLARE 变量名 类型 DEFAULT 值"。只能在 BEGIN…END 语句的第一条语句中定义局部变量。实例 7-12 中还使用 SELECT…INTO 语句将查询结果赋给局部变量 c，并使用 RETURN 语句将局部变量 c 中的数据返回。

执行结果如图 7-12 所示。

```
mysql> DELIMITER $
mysql> USE xsgl$
Database changed
mysql> CREATE FUNCTION f7_12() RETURNS INT
    -> BEGIN
    -> DECLARE c INT DEFAULT 0;
    -> SELECT COUNT(*) INTO c
    -> FROM zhuanye;
    -> RETURN c;
    -> END$
Query OK, 0 rows affected (0.01 sec)
```

图 7-12 创建 xsgl 数据库的无参存储函数

从图 7-12 中可以看出，以上 SQL 语句被成功执行。

【实例 7-13】在 xsgl 数据库中调用名称为“f7_12”的存储函数，具体语句如下。

```
mysql>DELIMITER $
mysql>USE xsgl$
mysql>SELECT f7_12()$
```

执行结果如图 7-13 所示。

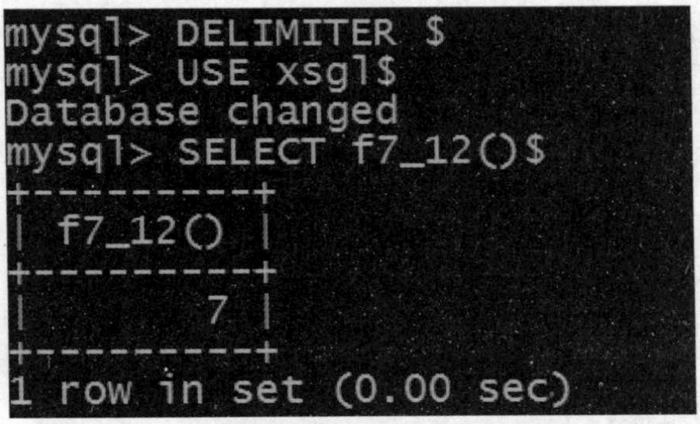

```
mysql> DELIMITER $
mysql> USE xsgl$
Database changed
mysql> SELECT f7_12()$
+---------+
| f7_12() |
+---------+
|       7 |
+---------+
1 row in set (0.00 sec)
```

图 7-13　调用 xsgl 数据库的无参存储函数

从图 7-13 中可以看出，调用存储函数 f7_12 实际上就是执行其函数体中的 SQL 语句，最终返回开设专业的总数量。

2. 创建并调用带参存储函数

【实例 7-14】在 xsgl 数据库中创建名称为“f7_14”的存储函数，其参数列表中有一个参数，参数名为“xh”、参数类型为“CHAR(3)”，要求根据参数 xh 的值返回相应学生所学课程平时成绩的平均值，具体语句如下。

```
mysql>DELIMITER $
mysql>USE xsgl$
mysql>CREATE FUNCTION f7_14(xh CHAR(3)) RETURNS FLOAT
      BEGIN
        DECLARE score FLOAT DEFAULT -1.0;
        SELECT AVG(cj.pscj) INTO score
        FROM chengji AS cj
        LEFT JOIN xuesheng AS xs
        ON xs.xh=cj.xh
        WHERE xs.xh=xh;
        RETURN score;
      END$
```

提 示 存储过程的参数列表中的参数必须指定参数模式，而存储函数的参数列表中的参数可省略参数模式。实例 7-14 中的 SQL 语句执行完成后，会在 xsgl 数据库中创建存储函数 f7_14，该存储函数会根据参数 xh 返回相应学生所学课程平时成绩的平均值。该存储函数的具体调用方式请参考实例 7-15。

执行结果如图 7-14 所示。

```
mysql> DELIMITER $
mysql> USE xsgl$
Database changed
mysql> CREATE FUNCTION f7_14(xh CHAR(3)) RETURNS FLOAT
    -> BEGIN
    ->   DECLARE score FLOAT DEFAULT -1.0;
    ->   SELECT AVG(cj.pscj) INTO score
    ->   FROM chengji AS cj
    ->   LEFT JOIN xuesheng AS xs
    ->   ON xs.xh=cj.xh
    ->   WHERE xs.xh=xh;
    ->   RETURN score;
    -> END$
Query OK, 0 rows affected (0.00 sec)
```

图 7-14　创建 xsgl 数据库的带参存储函数

从图 7-14 中可以看出，以上 SQL 语句被成功执行。

【实例 7-15】在 xsgl 数据库中调用名称为 "f7_14" 的存储函数，具体语句如下。

```
mysql>DELIMITER $
mysql>USE xsgl$
mysql>SELECT f7_14('001')$
```

提示 存储函数 f7_14 的参数列表中存在一个 CHAR(3) 类型的参数 xh，因此在调用该存储函数时
需要传入一个 CHAR(3) 类型的参数。

执行结果如图 7-15 所示。

```
mysql> DELIMITER $
mysql> USE xsgl$
Database changed
mysql> SELECT f7_14('001')$
+-------------+
| f7_14('001') |
+-------------+
|          78 |
+-------------+
1 row in set (0.02 sec)
```

图 7-15　调用 xsgl 数据库的带参存储函数

提示 从图 7-15 中可以看出，调用存储函数 f7_15 时先将实际参数 "001" 传给形式参数 xh，再
执行函数体中的 SQL 语句，即利用形式参数 xh（此时 xh 中保存的数据为 "001"）查询出
相应学生所学课程平时成绩的平均值，并将查询结果通过 SELECT…INTO 语句保存到定义
好的局部变量 score 中，最后通过 RETURN 语句将局部变量 score 中的数据返回。

7.2.2　查看存储函数

在 MySQL 中创建存储函数后，可以使用 SHOW FUNCTION STATUS 语句查看存储函数的状

态，也可以使用 SHOW CREATE FUNCTION 语句查看存储函数的定义。

1. 查看存储函数的状态

在 MySQL 中可以通过 SHOW FUNCTION STATUS 语句查看存储函数的
状态。其语法格式如下。

V7-4　查看与删除
存储函数

```
SHOW FUNCTION STATUS LIKE '存储函数名' \G
```

【实例 7-16】在 xsgl 数据库中查看名称为 "f7_12" 的存储函数的状态，具体
语句如下。

```
mysql>DELIMITER $
mysql>USE xsgl$
mysql>SHOW FUNCTION STATUS LIKE 'f7_12' \G
```

执行结果如图 7-16 所示。

```
mysql> DELIMITER $
mysql> USE xsgl$
Database changed
mysql> SHOW FUNCTION STATUS LIKE 'f7_12' \G
*********************** 1. row ***********************
                  Db: xsgl
                Name: f7_12
                Type: FUNCTION
             Definer: root@localhost
            Modified: 2022-06-25 17:05:24
             Created: 2022-06-25 17:05:24
       Security_type: DEFINER
             Comment:
character_set_client: utf8
collation_connection: utf8_general_ci
  Database Collation: utf8_general_ci
1 row in set (0.02 sec)
```

图 7-16　查看 xsgl 数据库的存储函数 f7_12 的状态

从图 7-16 中可以看出，查询到了存储函数的创建时间、修改时间和字符集等信息。

2. 查看存储函数的定义

在 MySQL 中可以通过 SHOW CREATE FUNCTION 语句查看存储函数的定义。其语法格式如下。

```
SHOW CREATE FUNCTION 存储函数名 \G
```

【实例 7-17】在 xsgl 数据库中查看名称为 "f7_14" 的存储函数的定义，具体语句如下。

```
mysql>DELIMITER $
mysql>USE xsgl$
mysql>SHOW CREATE FUNCTION f7_14 \G
```

执行结果如图 7-17 所示。

```
mysql> DELIMITER $
mysql> USE xsgl$
Database changed
mysql> SHOW CREATE FUNCTION f7_14 \G
*********************** 1. row ***********************
            Function: f7_14
            sql_mode: STRICT_TRANS_TABLES,NO_AUTO_CREATE_USER,NO_ENGINE_SUBSTITUTION
     Create Function: CREATE DEFINER=`root`@`localhost` FUNCTION `f7_14`(xh CHAR(3)) RETURNS float
BEGIN
        DECLARE score FLOAT DEFAULT -1.0;
        SELECT AVG(cj.pscj) INTO score
        FROM chengji AS cj
        LEFT JOIN xuesheng AS xs
        ON xs.xh=cj.xh
        WHERE xs.xh=xh;
        RETURN score;
END
character_set_client: utf8
collation_connection: utf8_general_ci
  Database Collation: utf8_general_ci
1 row in set (0.00 sec)
```

图 7-17　查看 xsgl 数据库的存储函数 f7_14 的定义

从图 7-17 中可以看出，查询到了存储函数 f7_14 的定义语句。

7.2.3 删除存储函数

存储函数被创建后会一直保存在数据库服务器中，直至被删除。当 MySQL 数据库中存在废弃的存储函数时，需要将它从数据库中删除。

在 MySQL 中使用 DROP FUNCTION 语句可删除数据库中已经存在的存储函数。其语法格式如下。

```
DROP FUNCTION 存储函数名
```

【实例 7-18】在 xsgl 数据库中删除名称为"f7_12"的存储函数，具体语句如下。

```
mysql>DELIMITER $
mysql>USE xsgl$
mysql>DROP FUNCTION f7_12$
```

执行结果如图 7-18 所示。

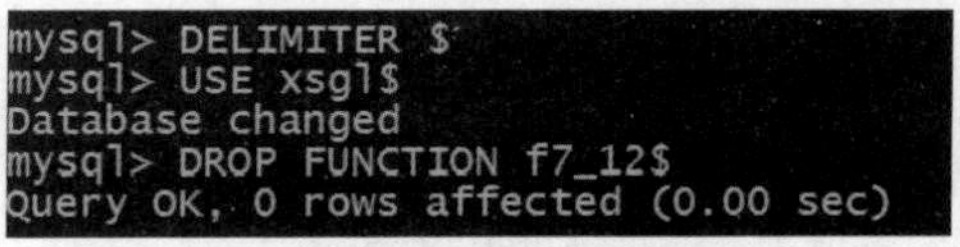

```
mysql> DELIMITER $
mysql> USE xsgl$
Database changed
mysql> DROP FUNCTION f7_12$
Query OK, 0 rows affected (0.00 sec)
```

图 7-18　删除 xsgl 数据库的存储函数 f7_12

从图 7-18 中可以看出，删除存储函数的操作被成功执行。

7.2.4 任务实施——完成 xsgl 数据库中存储函数的相关操作

按下列步骤完成 xsgl 数据库中存储函数的相关操作。

（1）将 SQL 语句的结束标志设置为"$"，具体语句如下。

```
mysql>DELIMITER $
```

（2）选择 xsgl 数据库，具体语句如下。

```
mysql>USE xsgl$
```

（3）创建名称为"f7_15"的存储函数，要求根据课程代码返回对应学分，具体语句如下。

```
mysql>CREATE FUNCTION f7_15(kcdm CHAR(3)) RETURNS DECIMAL
    BEGIN
      DECLARE kc_xf DECIMAL DEFAULT -1.0;
      SELECT kc.xf INTO kc_xf
      FROM kecheng AS kc
      WHERE kc.kcdm=kcdm;
      RETURN kc_xf;
    END$
```

（4）调用名称为"f7_15"的存储函数，具体语句如下。

```
mysql>SET @xf='C01'$
mysql>SELECT f7_15(@xf)$
```

（5）查看名称为"f7_15"的存储函数的定义，具体语句如下。

```
mysql>SHOW CREATE FUNCTION f7_15 \G
```

（6）删除名称为"f7_15"的存储函数，具体语句如下。

```
mysql>DROP FUNCTION f7_15$
```

任务 7.3　流程控制

在存储过程和存储函数中可以使用流程控制语句来控制程序的流程。在 MySQL 中，流程控制语句大致可分为两类：一类用于实现分支结构，另一类用于实现循环结构。本任务将主要针对分支结构与循环结构的实现进行详细讲解。

V7-5　流程控制

7.3.1　分支结构

1. 使用 IF 语句实现分支结构

IF 语句用来实现分支结构，其可根据是否满足条件而执行不同的语句。它是实现分支结构时最常用的语句之一。其语法格式如下。

```
IF 条件1 THEN 语句1;
ELSEIF 条件2 THEN 语句2;
...
ELSE 语句n;
END IF
```

其中，当某一个条件的值为 TRUE 时，就会执行该条件对应的关键字 THEN 后面的语句；若所有条件的值均为 FALSE，则执行关键字 ELSE 后面的语句。

【实例 7-19】在 xsgl 数据库中创建并调用名称为 "f7_19" 的存储函数，其参数列表中有两个参数，参数名分别为 "xh" "kcdm"，参数类型均为 "CHAR(3)"，要求根据参数的值返回平时成绩的等级，如果平时成绩大于 90，则返回 "A"，如果平时成绩大于 80 且小于等于 90，则返回 "B"，如果平时成绩大于等于 60 且小于 80，则返回 "C"，否则返回 "D"，具体语句如下。

```
mysql>DELIMITER $
mysql>USE xsgl$
mysql>CREATE FUNCTION f7_19(xh CHAR(3),kcdm CHAR(3)) RETURNS CHAR
    BEGIN
      DECLARE ch CHAR DEFAULT 'A';
      DECLARE score DECIMAL DEFAULT 100;
      SELECT cj.pscj INTO score
      FROM chengji as cj
      WHERE cj.xh=xh AND cj.kcdm=kcdm;
      IF score>90 THEN SET ch='A';
      ELSEIF score>80 THEN SET ch='B';
      ELSEIF score>=60 THEN SET ch='C';
      ELSE SET ch='D';
      END IF;
      RETURN ch;
    END$
mysql>SELECT f7_19('001','H01')$
```

执行结果如图 7-19 所示。

从图 7-19 中可以看出，学号为 001 的学生的课程代码为 H01 的课程的平时成绩等级为 C。

2. 使用 CASE 语句实现分支结构

CASE 语句也可用来实现分支结构。其语法格式如下。

```
CASE
```

```
   WHEN 条件 1 THEN 语句 1;
   WHEN 条件 2 THEN 语句 2;
   ...
   ELSE 语句 n;
END CASE
```

其中,当某一个条件的值为 TRUE 时,会执行该条件对应关键字 THEN 后面的语句;若所有条件的值均为 FALSE,则执行关键字 ELSE 后面的语句。

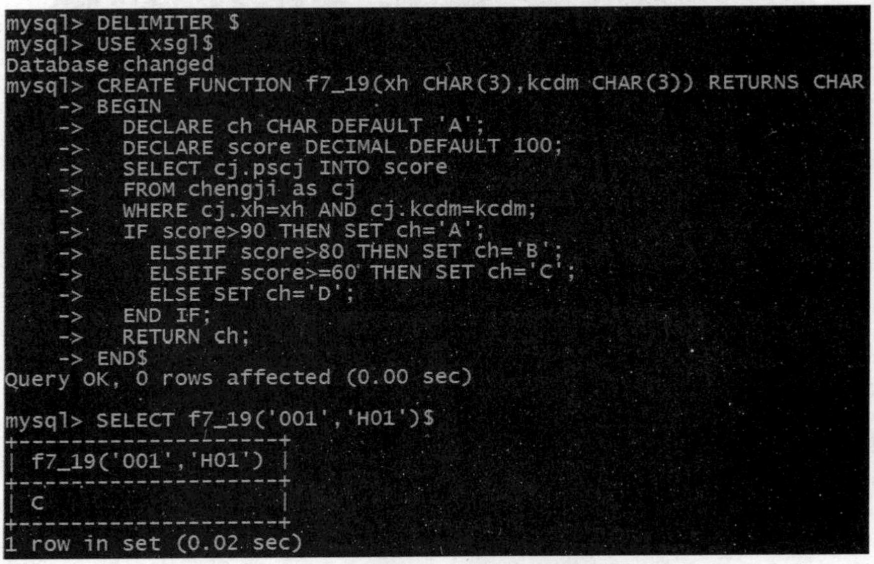

```
mysql> DELIMITER $
mysql> USE xsgl$
Database changed
mysql> CREATE FUNCTION f7_19(xh CHAR(3),kcdm CHAR(3)) RETURNS CHAR
    -> BEGIN
    ->    DECLARE ch CHAR DEFAULT 'A';
    ->    DECLARE score DECIMAL DEFAULT 100;
    ->    SELECT cj.pscj INTO score
    ->    FROM chengji as cj
    ->    WHERE cj.xh=xh AND cj.kcdm=kcdm;
    ->    IF score>90 THEN SET ch='A';
    ->      ELSEIF score>80 THEN SET ch='B';
    ->      ELSEIF score>=60 THEN SET ch='C';
    ->      ELSE SET ch='D';
    ->    END IF;
    ->    RETURN ch;
    -> END$
Query OK, 0 rows affected (0.00 sec)

mysql> SELECT f7_19('001','H01')$
+--------------------+
| f7_19('001','H01') |
+--------------------+
| C                  |
+--------------------+
1 row in set (0.02 sec)
```

图 7-19　创建并调用含 IF 语句的存储函数

【实例 7-20】在 xsgl 数据库中创建并调用名称为 "f7_20" 的存储函数,要求该存储函数的功能与存储函数 f7_19 的功能相同,但函数体的分支结构使用 CASE 语句改写,具体语句如下。

```
mysql>DELIMITER $
mysql>USE xsgl$
mysql>CREATE FUNCTION f7_20(xh CHAR(3),kcdm CHAR(3)) RETURNS CHAR
     BEGIN
        DECLARE ch CHAR DEFAULT 'A';
        DECLARE score DECIMAL DEFAULT 100;
        SELECT cj.pscj INTO score
        FROM chengji as cj
        WHERE cj.xh=xh AND cj.kcdm=kcdm;
        CASE
          WHEN score>90 THEN SET ch='A';
          WHEN score>80 THEN SET ch='B';
          WHEN score>=60 THEN SET ch='C';
          ELSE SET ch='D';
        END CASE;
        RETURN ch;
     END$
mysql>SELECT f7_20('001','H01')$
```

173

执行结果如图 7-20 所示。

```
mysql> DELIMITER $
mysql> USE xsgl$
Database changed
mysql> CREATE FUNCTION f7_20(xh CHAR(3),kcdm CHAR(3)) RETURNS CHAR
    -> BEGIN
    ->   DECLARE ch CHAR DEFAULT 'A';
    ->   DECLARE score DECIMAL DEFAULT 100;
    ->   SELECT cj.pscj INTO score
    ->   FROM chengji as cj
    ->   WHERE cj.xh=xh AND cj.kcdm=kcdm;
    ->   CASE
    ->     WHEN score>90 THEN SET ch='A';
    ->     WHEN score>80 THEN SET ch='B';
    ->     WHEN score>=60 THEN SET ch='C';
    ->     ELSE SET ch='D';
    ->   END CASE;
    ->   RETURN ch;
    -> END$
Query OK, 0 rows affected (0.00 sec)

mysql> SELECT f7_20('001','H01')$
+--------------------+
| f7_20('001','H01') |
+--------------------+
| C                  |
+--------------------+
1 row in set (0.01 sec)
```

图 7-20　创建并调用含 CASE 语句的存储函数

从图 7-20 中可以看出，存储函数 f7_20 与存储函数 f7_19 的功能相同。

7.3.2　循环结构

WHILE 语句用来实现循环结构，根据是否满足循环条件来执行循环体中的语句。它是实现循环结构时最常用的语句之一。其语法格式如下。

```
标签名:WHILE 循环条件 DO
  循环体;
END WHILE 标签名
```

其中，"标签名"是其后循环结构的名称，当循环条件的值为 TRUE 时，会执行循环体中的语句，否则结束循环，执行 END WHILE 后面的语句。

【实例 7-21】在 xsgl 数据库中创建并调用名称为"f7_21"的存储函数，其参数列表中有一个参数，参数名为"n"、参数类型为"INT"，要求返回 1 与 n 之间所有正整数之和，具体语句如下。

```
mysql>DELIMITER $
mysql>USE xsgl$
mysql>CREATE FUNCTION f7_21(n INT) RETURNS INT
    BEGIN
      DECLARE sum INT DEFAULT 0;
      DECLARE i INT DEFAULT 1;
      label1:WHILE i<=n DO
        SET sum=sum+i;
        SET i=i+1;
      END WHILE label1;
      RETURN sum;
    END$
mysql>SELECT f7_21(100)$
```

执行结果如图 7-21 所示。

```
mysql> DELIMITER $
mysql> USE xsgl$
Database changed
mysql> CREATE FUNCTION f7_21(n INT) RETURNS INT
    -> BEGIN
    ->   DECLARE sum INT DEFAULT 0;
    ->   DECLARE i INT DEFAULT 1;
    ->   label1:WHILE i<=n DO
    ->     SET sum=sum+i;
    ->     SET i=i+1;
    ->   END WHILE label1;
    ->   RETURN sum;
    -> END$
Query OK, 0 rows affected (0.00 sec)

mysql> SELECT f7_21(100)$
+------------+
| f7_21(100) |
+------------+
|       5050 |
+------------+
1 row in set (0.00 sec)
```

图7-21　创建并调用含 WHILE 语句的存储函数

 提 示 在调用存储函数 f7_21 时传入的参数为 100，即将实际参数 100 传给形式参数 n，在函数体内部定义值为 0 的局部变量 sum、值为 1 的局部变量 i，并编写标签名为 label1 的 WHILE 语句，此时的循环条件 i≤n 成立，因此进入第一次循环，执行循环体内的语句后，局部变量 sum 的值为 1、局部变量 i 的值为 2；此时的循环条件 i≤n 仍成立，因此进入第二次循环，执行循环体内的语句后，局部变量 sum 的值为 3、局部变量 i 的值为 3；……；此时的循环条件 i≤n 仍成立，因此进入第一百次循环，执行循环体内的语句后，局部变量 sum 的值为 5050、局部变量 i 的值为 101；此时的循环条件 i≤n 不成立，跳出循环，执行 RETURN 语句，返回局部变量 sum 中的数据。

7.3.3　用户变量与局部变量

在之前的实例中使用了用户变量与局部变量，现对它们从作用域、定义位置、定义语法和赋值语法这 4 个维度进行总结，如表 7-1 所示。

表7-1　用户变量与局部变量

比较维度	用户变量	局部变量
作用域	当前会话	定义它的 BEGIN END 语句中
定义位置	会话的任何地方	BEGIN END 的第一条语句
定义语法	SET @变量名=变量值	DECLARE 变量名 类型 DEFAULT 变量值
赋值语法	SET @变量名=值	SET 变量名=值

7.3.4　任务实施——完成 xsgl 数据库中流程控制的相关操作

按下列步骤完成 xsgl 数据库中流程控制的相关操作。

（1）将 SQL 语句的结束标志设置为 "$"，具体语句如下。

```
mysql>DELIMITER $
```

（2）选择 xsgl 数据库，具体语句如下。

```
mysql>USE xsgl$
```

（3）创建名称为 "f7_22" 的存储函数，要求返回 1 与 *n* 之间的所有奇数之和，具体语句如下。

```
mysql>CREATE FUNCTION f7_22(n INT) RETURNS INT
```

```
BEGIN
  DECLARE sum INT DEFAULT 0;
  DECLARE i INT DEFAULT 1;
  label2:WHILE i<=n DO
    SET sum=sum+i;
    SET i=i+2;
  END WHILE label2;
  RETURN sum;
END$
```

（4）调用名称为"f7_22"的存储函数，具体语句如下。

```
mysql>SELECT f7_22(100)$
```

任务 7.4　事务

数据库的事务是一种机制、一个操作序列，包含一组数据库操作语句。事务把所有语句作为一个整体一起向系统提交或撤销操作请求，即这一组数据库操作语句要么都执行，要么都不执行，因此事务是一个不可分割的工作逻辑单元。例如，在人员管理系统中，要删除一个人员的信息，既要删除人员的基本资料，又要删除和该人员相关的信息，如电子邮箱等。

V7-6　事务

MySQL 中的事务主要用于处理操作量大、复杂度高的数据，特别适用于多用户同时操作的数据库系统，如航空公司的订票系统及证券交易系统等。

事务的使用必须注意以下 3 点。

（1）在 MySQL 中只有使用 InnoDB 数据库引擎的数据库或表才支持事务。

（2）事务可以用来维持数据库的完整性，保证 SQL 语句要么全部执行，要么全部不执行。

（3）事务用来管理 INSERT、UPDATE 和 DELETE 语句。

7.4.1　事务的 4 个特性

事务具有 4 个特性，即原子性（Atomicity）、一致性（Consistency）、隔离性（Isolation）和持久性（Durability），这 4 个特性通常简称为 ACID。

1. 原子性

事务用于进行一个完整的操作。事务的各元素是不可分的（原子的）。事务中的所有元素必须作为一个整体提交或回滚。如果事务中的某个元素执行失败，则整个事务执行失败。

以银行转账事务为例，如果该事务提交了，则相关的两个账户的数据会更新。如果出于某种原因，该事务在成功更新这两个账户数据之前终止了，则不会更新这两个账户的数据，并会撤销对任何账户数据的修改，事务不能部分提交。

2. 一致性

当事务完成时，数据必须处于一致的状态。也就是说，在事务开始之前，数据库中存储的数据处于一致的状态。在正在进行的事务中，数据可能处于不一致的状态，如可能有部分数据被修改。然而，当事务成功完成时，数据必须再次回到已知的一致状态。通过事务对数据所做的修改不能损坏数据，或者说事务不能使数据存储处于不稳定的状态。

以银行转账事务为例，在事务开始之前，所有账户余额的总额处于一致状态。在事务进行过程中，一个账户的余额减少，而另一个账户的余额尚未修改，此时所有账户余额的总额处于不一致状态。当事务完成以后，账户余额的总额再次恢复到一致状态。

3. 隔离性

对数据进行修改的所有并发事务都是彼此隔离的，这表明事务必须是独立的，它不应以任何方式依赖或影响其他事务。修改数据的事务可以在另一个使用相同数据的事务开始之前访问这些数据，或者在另一个使用相同数据的事务结束之后访问这些数据。

另外，当使用事务修改数据时，如果任何其他进程正在使用相同的数据，则直到该事务成功提交之后，对数据的修改才能生效。例如，张三和李四之间的转账与王五和赵二之间的转账永远是相互独立的。

4. 持久性

事务的持久性指不管系统是否发生故障，事务处理的结果都是永久的。

当一个事务成功完成之后，它对数据库所做的改变是永久性的，即使系统出现故障也是如此。也就是说，一旦事务被提交，事务对数据所做的任何变动都会被永久地保留在数据库中。

事务的 ACID 特性用于保证一个事务成功提交或者失败回滚，二者必为其一。因此，对事务的修改具有可恢复性，即当事务失败时，对数据的修改都会恢复到事务执行前的状态。

7.4.2 事务的提交

MySQL 中使用 BEGIN 语句开始事务，当事务正确执行完成后，可使用 COMMIT 语句提交事务，即提交事务的所有操作（具体来说，就是将事务中所有对数据库的更新都写到磁盘的物理数据库中），此后事务正常结束。

提交事务意味着事务自开始以来执行的所有数据修改永远成为数据库的一部分，这也标志着一个事务的结束。一旦提交事务，将不能回滚事务。只有在所有修改都准备好提交给数据库时，才能提交事务。

【实例 7-22】已知学号为 001 的学生的 H01 课程的综合成绩目前为 0.0，请在 xsgl 数据库中开始事务，要求为学号为 001 的学生的 H01 课程的综合成绩设置一个合理的数值，执行完成后提交事务，具体语句如下。

```
mysql>DELIMITER $
mysql>USE xsgl$
mysql>BEGIN$
mysql>UPDATE chengji SET zhcj = 66
    WHERE xh='001' AND kcdm='H01'$
mysql>COMMIT$
```

执行结果如图 7-22 所示。

```
mysql> DELIMITER $
mysql> USE xsgl$
Database changed
mysql> BEGIN$
Query OK, 0 rows affected (0.00 sec)

mysql> UPDATE chengji SET zhcj = 66
    -> WHERE xh='001' AND kcdm='H01'$
Query OK, 1 row affected (0.02 sec)
Rows matched: 1  Changed: 1  Warnings: 0

mysql> COMMIT$
Query OK, 0 rows affected (0.00 sec)
```

图 7-22　事务的提交结果

提 示 实例 7-22 中使用 BEGIN 语句开始事务，在正确执行 UPDATE 语句后使用 COMMIT 语句提交事务。需要注意的是，在 UPDATE 语句执行完成而 COMMIT 语句尚未执行时，若访问 xsgl 数据库，则可查看到学号为 001 的学生的 H01 课程的综合成绩仍为 0.0，这是因为实例 7-22 中使用 UPDATE 语句更改了 chengji 表中的数据，但没有立即更新数据，此时其他会话读取的仍然是更新前的数据。

7.4.3 事务的回滚

使用 BEGIN 语句开始事务后，当事务在执行中出现问题，即不能按正常的流程执行一个完整的事务时，可以使用 ROLLBACK 语句进行事务的回滚，使数据恢复到初始状态。

ROLLBACK 语句用于撤销事务，即在事务运行的过程中发生某种故障，导致事务不能继续执行时，系统将事务对数据库进行的所有已完成的操作全部撤销，回滚到事务开始时数据的状态。这里的操作指对数据库的更新操作。

当事务在执行过程中发生错误时，可使用 ROLLBACK 语句使事务回滚到起点或指定的保存点处。同时，系统将清除自事务起点或某个保存点所做的所有数据修改，并释放由事务控制的资源。因此，ROLLBACK 语句标志着事务的结束。

【实例 7-23】已知学号为 001 的学生的 H01 课程的综合成绩目前为 66.0，请在 xsgl 数据库中开始事务，要求为学号为 001 的学生的 H01 课程的综合成绩设置一个不合理的数值，并让事务回滚，具体语句如下。

```
mysql>DELIMITER $
mysql>USE xsgl$
mysql>BEGIN$
mysql>UPDATE chengji SET zhcj = -1
    WHERE xh='001' AND kcdm='H01'$
mysql>ROLLBACK$
```

执行结果如图 7-23 所示。

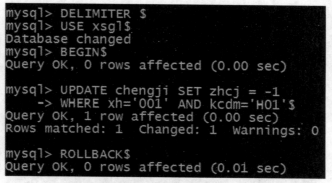

图 7-23 事务的回滚结果

提 示 实例 7-23 中使用 BEGIN 语句开始事务，在执行 UPDATE 语句为学号为 001 的学生的 H01 课程的综合成绩设置一个不合理的成绩后，使用 ROLLBACK 语句回滚事务。执行事务回滚操作后，该学生的 H01 课程的综合成绩恢复到该事务执行之前的状态，仍为 66.0。

7.4.4　事务的隔离级别

为了有效保证并发读取数据的正确性，提出了事务的隔离级别。事务的隔离级别由低到高分别为读未提交、读已提交、可重复读和串行化。

1. 读未提交

读未提交指的是事务 A 未提交的数据，事务 B 可以读取到，这里读取到的数据叫作"脏数据"。例如，某公司发工资时，领导把 5000 元打到 singo 的账号上，但是该事务并未提交，而 singo 正好去查看账户余额，发现工资已经到账，且金额是 5000 元。后来，领导发现发给 singo 的工资金额不对，应该是 2000 元，于是迅速回滚事务，修改金额后再次将事务提交，最后 singo 的实际工资只有 2000 元。

出现的上述情况即"脏读"，这里有两个并发事务——"事务 A：领导给 singo 发工资""事务 B：singo 查询工资账户"，事务 B 读取了事务 A 尚未提交的数据。

2. 读已提交

读已提交指的是只有事务 A 提交的数据，事务 B 才能读取到，这种隔离级别高于读未提交，这种级别可以避免"脏数据"，但会导致"不可重复读"。例如，singo 带着工资卡去消费，系统读取到卡中有 2000 元，而此时他的妻子正好在网上转账，要将 singo 工资卡中的 2000 元转到另一账户，并在 singo 扣款之前提交了事务，当 singo 扣款时，系统检查到 singo 的工资卡中没有钱，扣款失败。

出现的上述情况即不可重复读，这里有两个并发的事务"事务 A：singo 消费""事务 B：singo 的妻子网上转账"，事务 A 事先读取了数据，事务 B 紧接着更新了数据，并提交了事务，而事务 A 再次读取数据时，数据已经发生了改变。

当隔离级别被设置为读已提交时，可避免"脏读"，但是可能会造成不可重复读。大多数数据库的默认事务隔离级别是读已提交，如 SQL Server、Oracle。

3. 可重复读

可重复读指的是事务 A 提交之后的数据，事务 B 读取不到，这种隔离级别高于读已提交，是 MySQL 的默认隔离级别，可以避免"不可重复读"，实现可重复读，但是会导致"幻读"。例如，singo 的妻子在银行部门工作，她时常通过银行内部系统查看 singo 的信用卡消费记录。某天，她查询到 singo 当月信用卡的总消费金额为 80 元，而此时 singo 正好在收银台买单，消费了 1000 元，即新增了一条 1000 元的消费记录，并提交了事务，随后 singo 的妻子将 singo 当月信用卡消费的明细打印到 A4 纸上，却发现消费总额为 1080 元，"幻读"就这样产生了。

4. 串行化

串行化指的是事务 A 在操作数据库时，事务 B 只能排队等待，这种隔离级别可以避免"幻读"，保证每一次读取的都是数据库中真实存在的数据，事务 A 与事务 B 串行而不并发。但这种隔离级别很少使用，因为其吞吐量太小，用户体验差。

7.4.5　任务实施——完成 xsgl 数据库中提交事务的相关操作

按下列步骤完成 xsgl 数据库中提交事务的相关操作。

（1）将 MySQL 语句的结束标志设置为"$"，具体语句如下。

```
mysql>DELIMITER $
```

（2）选择 xsgl 数据库，具体语句如下。

```
mysql>USE xsgl$
```

（3）开启事务，将学号为 001 的学生的学习记录与相应信息删除后提交事务，具体语句如下。

```
mysql>BEGIN$
mysql>DELETE FROM chengji WHERE xh='001'$
```

```
mysql>DELETE FROM xuesheng WHERE xh='001'$
mysql>COMMIT$
```

【项目小结】

本项目主要讲解了存储过程、存储函数、流程控制和事务管理的相关知识，这些内容都是本项目的重点，也是数据库开发基础的进阶操作。读者在学习时一定要多加练习，在实际操作中掌握本项目的内容，为以后更高阶的数据操作和数据库开发奠定坚实的基础。

【知识巩固】

一、单项选择题

1. 创建存储过程的语句为（　　）。
   A. CREATE PROCEDURE 语句
   B. CALL 语句
   C. SHOW CREATE PROCEDURE 语句
   D. DROP PROCEDURE 语句
2. 调用存储过程的语句为（　　）。
   A. CREATE PROCEDURE 语句
   B. CALL 语句
   C. SHOW CREATE PROCEDURE 语句
   D. DROP PROCEDURE 语句
3. 查看存储过程的语句为（　　）。
   A. CREATE PROCEDURE 语句
   B. CALL 语句
   C. SHOW CREATE PROCEDURE 语句
   D. DROP PROCEDURE 语句
4. 删除存储过程的语句为（　　）。
   A. CREATE PROCEDURE 语句
   B. CALL 语句
   C. SHOW CREATE PROCEDURE 语句
   D. DROP PROCEDURE 语句
5. 创建存储函数的语句为（　　）。
   A. CREATE FUNCTION 语句　　　　B. SELECT 语句
   C. SHOW CREATE FUNCTION 语句　　D. DROP FUNCTION 语句
6. 调用存储函数的语句为（　　）。
   A. CREATE FUNCTION 语句　　　　B. SELECT 语句
   C. SHOW CREATE FUNCTION 语句　　D. DROP FUNCTION 语句
7. 查看存储函数的语句为（　　）。
   A. CREATE FUNCTION 语句　　　　B. SELECT 语句
   C. SHOW CREATE FUNCTION 语句　　D. DROP FUNCTION 语句
8. 删除存储函数的语句为（　　）。
   A. CREATE FUNCTION 语句　　　　B. SELECT 语句

  C. SHOW CREATE FUNCTION 语句   D. DROP FUNCTION 语句

9. 事务的 4 个特性通常简称为 ACID，其中 A 指的是（ ）。

  A. 原子性   B. 一致性   C. 隔离性   D. 持久性

10. 事务的 4 个特性通常简称为 ACID，其中 C 指的是（ ）。

  A. 原子性   B. 一致性   C. 隔离性   D. 持久性

11. 事务的 4 个特性通常简称为 ACID，其中 I 指的是（ ）。

  A. 原子性   B. 一致性   C. 隔离性   D. 持久性

12. 事务的 4 个特性通常简称为 ACID，其中 D 指的是（ ）。

  A. 原子性   B. 一致性   C. 隔离性   D. 持久性

13. 开始事务的语句为（ ）。

  A. BEGIN 语句   B. COMMIT 语句

  C. ROLLBACK 语句   D. UPDATE 语句

14. 提交事务的语句为（ ）。

  A. BEGIN 语句   B. COMMIT 语句

  C. ROLLBACK 语句   D. UPDATE 语句

15. 回滚事务的语句为（ ）。

  A. BEGIN 语句   B. COMMIT 语句

  C. ROLLBACK 语句   D. UPDATE 语句

16. 关于事务的隔离级别，事务 A 未提交的数据，事务 B 可以读取到属于（ ）。

  A. 读未提交   B. 读已提交   C. 可重复读   D. 串行化

17. 关于事务的隔离级别，只有事务 A 提交的数据，事务 B 才能读取到属于（ ）。

  A. 读未提交   B. 读已提交   C. 可重复读   D. 串行化

18. 关于事务的隔离级别，事务 A 提交之后的数据，事务 B 读取不到属于（ ）。

  A. 读未提交   B. 读已提交   C. 可重复读   D. 串行化

19. 关于事务的隔离级别，事务 A 在操作数据库时，事务 B 只能排队等待属于（ ）。

  A. 读未提交   B. 读已提交   C. 可重复读   D. 串行化

二、判断题

1. 存储过程是一组为了完成特定功能的_____集合。

2. 在调用存储过程时，_____模式的参数意味着需要传入相同类型的值。

3. 在调用存储过程时，_____模式的参数意味着需要返回相同类型的值。

4. 在调用存储过程时，_____模式的参数意味着既需要传入相同类型的值，又需要返回相同类型的值。

5. 关键字_____可用于修改 MySQL 的结束符。

6. 存储函数必须使用_____关键字返回数据。

7. 可以使用_____语句或_____语句实现分支结构。

8. 可以使用_____语句实现循环结构。

9. 在 MySQL 中只有使用_____数据库引擎的数据库或表才支持事务。

10. 事务处理可以用来维持数据库的完整性，保证 SQL 语句要么全部_____，要么全部_____。

11. 事务用来管理_____、_____和_____语句。

三、简答题

1. 分别写出创建、调用、查看和删除存储过程的语法。

2. 分别写出创建、调用、查看和删除存储函数的语法。

3. 分别写出 IF 语句、CASE 语句、WHILE 语句实现流程控制的语法。

4. 简述事务的 4 个特性。

5. 分别写出开始事务、提交事务和回滚事务的语句。

6. 简述事务的 4 个隔离级别。

【实践训练】

1. 创建存储过程，要求传入 INOUT 型的正整数 n，返回 n 的阶乘。创建完成后请依次调用、查看和删除该存储过程。

2. 在 xsgl 数据库中创建名为 f-xh 的存储函数，其中参数列表内有一个参数名为 xh，参数类型为 char(3)。请根据 xh 的值返回相应学生所学课程平时成绩的平均值。

3. 将 chengji 表中 zhcj 字段的所有值设置为 60.0 后提交事务。

项目八

触发器

08

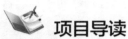 **项目导读**

    MySQL 触发器和存储过程一样，都是嵌入 MySQL 中的一段程序，是 MySQL 中管理数据的有力工具。不同的是执行存储过程要使用 CALL 语句，而触发器的执行不需要使用 CALL 语句，也不需要手动进行，而是通过对数据表的相关操作来触发、激活。本项目将针对触发器进行详细讲解，重点在于创建、查看和删除触发器，难点在于根据实际需求创建触发器。

 学习目标

知识目标
◆ 学习创建、查看和删除触发器的基本语法格式；
◆ 学习使用 INSERT、UPDATE 和 DELETE 语句激活触发器的方法。

技能目标
◆ 掌握创建不同类型触发器的方法；
◆ 掌握管理触发器的方法。

素质目标
◆ 使学生了解规范地进行 MySQL 程序开发的重要性，培养学生的职业素养；
◆ 培养学生的规则意识，提升学生正确使用触发器为数据表创建规则的能力。

任务 8.1 创建触发器

    触发器与数据表的关系密切，主要用于保护表中的数据。在 MySQL 中，只有使用 INSERT、UPDATE 或 DELETE 语句才能激活触发器，使用其他 SQL 语句不会激活触发器。

    在 MySQL 中，可以使用 CREATE TRIGGER 语句创建触发器。其语法格式如下。

V8-1　创建触发器

```
CREATE TRIGGER 触发器名称
触发时机 触发事件
ON 表名 FOR EACH ROW
BEGIN
    触发器主体代码
END
```

触发事件可用的关键字有 INSERT、UPDATE、DELETE。其中，INSERT 关键字用于将一行新数据插入表中时激活触发器，UPDATE 关键字用于更改表中某一行数据时激活触发器，DELETE 关键字用于从表中删除某一行数据时激活触发器。

触发时机可用的关键字有 BEFORE、AFTER，表示触发器在激活它的语句之前或之后触发。若希望验证新数据是否满足条件，则使用关键字 BEFORE；若希望在激活触发器的语句执行之后完成更多操作，则通常使用关键字 AFTER。本任务将针对各种类型触发器的创建进行详细讲解。

8.1.1　创建 INSERT 型触发器

【**实例 8-1**】 在 xsgl 数据库中为 kecheng 表创建名为"t8_1"的 INSERT 型触发器，要求在 kecheng 表中插入一条记录后检查其学分设置是否合理（合理的学分应大于等于 0 且小于等于 5），若不合理，则设置其学分为 2.5，具体语句如下。

```
mysql>DELIMITER $
mysql>USE xsgl$
mysql>CREATE TRIGGER t8_1
    BEFORE INSERT
    ON kecheng FOR EACH ROW
    BEGIN
      IF NEW.xf<0 OR NEW.xf>5
      THEN SET NEW.xf=2.5;
      END IF;
    END$
mysql>INSERT INTO kecheng(kcdm,kcmc,xf)
    values('C11','触发器',20)$
mysql>SELECT * FROM kecheng
    WHERE kcdm='C11'$
```

执行结果如图 8-1 所示。

图 8-1　创建 kecheng 表的 INSERT 型触发器

以上 SQL 语句分为三大部分。第一部分使用 CREATE TRIGGER 语句为 kecheng 表创建名为 "t8_1"的触发器，INSERT 关键字指的是当针对 kecheng 表进行 INSERT 操作时触发该触发器，BEFORE 关键字指的是在操作发生之前触发该触发器。第二部分使用 INSERT 语句向 kecheng 表中插入一条学分不合理的记录，在 INSERT 语句执行之前会触发 t8_1 触发器，转而执行触发器主体代码，其中的关键字 NEW 代表待插入的记录，触发器主体代码中使用 IF 语句判断待插入的记录中的 xf 字段不合法后，将待插入的记录中的 xf 字段设置为 2.5，并执行 INSERT 语句。第三部分使用 SELECT 语句查询出刚插入的记录。从执行结果中可以看到，在 kecheng 表中插入一条学分不合理的记录时，成功通过触发器将其 xf 字段设置为 2.5。

注意 若创建触发器时使用了关键字 AFTER，则触发器主体代码中只能使用关键字 NEW 赋值获取插入行记录中的各字段。

8.1.2　创建 UPDATE 型触发器

【实例 8-2】在 xsgl 数据库中为 kecheng 表创建名为"t8_2"的 UPDATE 型触发器，要求在 kecheng 表中更新记录前，只允许更新其课程名称，具体语句如下。

```
mysql>DELIMITER $
mysql>USE xsgl$
mysql>CREATE TRIGGER t8_2
    BEFORE UPDATE
    ON kecheng FOR EACH ROW
    BEGIN
      IF NEW.kcdm!=OLD.kcdm
      THEN SET NEW.kcdm=OLD.kcdm;
      END IF;
      IF NEW.xf!=OLD.xf
      THEN SET NEW.xf=OLD.xf;
      END IF;
    END$
mysql>UPDATE kecheng
    SET kcdm='C12',kcmc='数据结构2022',xf=2.0
    WHERE kcdm='C02'$
mysql>SELECT * FROM kecheng
    WHERE kcmc='数据结构2022'$
```

执行结果如图 8-2 所示。

以上 SQL 语句分为三大部分。第一部分使用 CREATE TRIGGER 语句为 kecheng 表创建名为"t8_2"的触发器，UPDATE 关键字指的是当针对 kecheng 表进行 UPDATE 操作时触发该触发器，BEFORE 关键字指的是在操作发生之前触发该触发器。第二部分使用 UPDATE 语句更新 kecheng 表中 C02 课程的所有字段，在 UPDATE 语句执行之前会触发 t8_2 触发器，转而执行触发器主体代码，其中的关键字 NEW 代表待更新的新记录，关键字 OLD 代表待更新的旧记录，触发器主体代码中分别使用 IF 语句判断及设置新记录的课程代码和学分与旧记录一致，并执行 UPDATE 语句。第三部分使用 SELECT 语句查询出刚更新的记录。从执行结果中可以看到，在 kecheng 表中更新一条记录时，只允许更新其课程名称。

注意 UPDATE 型触发器服务于更新操作，而更新操作既会产生旧记录，又会产生新记录，它们分别使用关键字 NEW 和 OLD 表示。而 INSERT 型触发器仅产生新记录，只使用关键字 NEW。

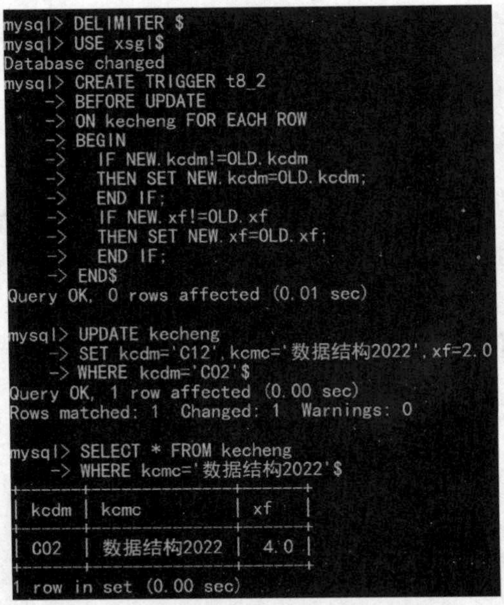

图 8-2　创建 kecheng 表的 UPDATE 型触发器

8.1.3　创建 DELETE 型触发器

【实例 8-3】在 xsgl 数据库中为 chengji 表创建名为"t8_3"的 DELETE 型触发器，要求在删除 chengji 表中的记录后，若某学生不存在成绩记录，则在 xuesheng 表中将该学生信息删除，具体语句如下。

```
mysql>DELIMITER $
mysql>USE xsgl$
mysql>CREATE TRIGGER t8_3
     AFTER DELETE
     ON chengji FOR EACH ROW
     BEGIN
       DECLARE cj_num INT DEFAULT 0;
       SELECT COUNT(*) INTO cj_num
       FROM chengji AS cj
       WHERE cj.xh=OLD.xh;
       IF cj_num=0 THEN
         DELETE FROM xuesheng
         WHERE xh=OLD.xh;
       END IF;
     END$
mysql>DELETE FROM chengji
     WHERE xh='016'$
mysql>SELECT * FROM xuesheng
     WHERE xh='016'$
```

执行结果如图 8-3 所示。

图 8-3 创建 chengji 表的 DELETE 型触发器

以上 SQL 语句分为三大部分。第一部分使用 CREATE TRIGGER 语句为 chengji 表创建名为 "t8_3" 的触发器，DELETE 关键字指的是当针对 chengji 表进行 DELETE 操作时触发该触发器，AFTER 关键字指的是在操作发生之后触发该触发器。第二部分使用 DELETE 语句删除所有学号为 "016" 的学生的成绩记录，在 DELETE 语句执行之后会触发 t8_3 触发器，转而执行触发器主体代码，触发器主体代码中使用 IF 语句进行判断，若该学生不存在成绩记录，则在 xuesheng 表中将该学生信息删除。第三部分使用 SELECT 语句验证学号为 "016" 的学生信息是否已被触发器删除。从执行结果中可以看到学号为 "016" 的学生不存在成绩记录，xuesheng 表中的学号为 "016" 的学生信息也不存在了。

> **注意**
>
> DELETE 型触发器服务于删除操作，仅产生旧记录，只使用关键字 OLD。

8.1.4 任务实施——完成 xsgl 数据库中触发器的创建

按下列步骤完成 xsgl 数据库中触发器的创建。

（1）将 MySQL 语句的结束标志设置为 "$"，具体语句如下。

```
mysql>DELIMITER $
```

（2）选择 xsgl 数据库，具体语句如下。

```
mysql>USE xsgl$
```

（3）为 zhuanye 表创建名为 "t8_4" 的触发器，要求只允许更新 zhuanye 表中的 zymc 字段，具体语句如下。

```
mysql>CREATE TRIGGER t8_4
    BEFORE UPDATE
    ON zhuanye FOR EACH ROW
    BEGIN
      IF NEW.zydm!=OLD.zydm
      THEN SET NEW.zydm=OLD.zydm;
      END IF;
      IF NEW.ssyx!=OLD.ssyx
      THEN SET NEW.ssyx=OLD.ssyx;
      END IF;
    END$
```

（4）在 zhuanye 表中更新一条记录，具体语句如下。

```
mysql>UPDATE zhuanye
      SET zydm='14',zymc='人工智能',ssyx='信科院'
      WHERE zydm='04'$
```

（5）根据 zymc 字段查询刚更新的记录，具体语句如下。

```
mysql>SELECT * FROM zhuanye
      WHERE zymc='人工智能'$
```

任务 8.2　管理触发器

8.2.1　查看触发器

查看触发器是指查看数据库中已经存在的触发器的定义、状态和语法信息等。MySQL 中查看触发器的方法包括使用 SHOW TRIGGERS 语句和查看 information_schema 数据库中的 triggers 数据表等。下面将详细介绍这两种查看触发器的方法。

V8-2　管理触发器

1. 使用 SHOW TRIGGERS 语句

在 MySQL 中，可以通过 SHOW TRIGGERS 语句来查看触发器的基本信息。其语法格式如下。

```
SHOW TRIGGERS \G
```

其中，"\G"既可以代替结束符，又可以使查询结果按字段输出，以更友好地显示执行结果。

【实例 8-4】在 xsgl 数据库中查看已创建的触发器，具体语句如下。

```
mysql>DELIMITER $
mysql>USE xsgl$
mysql>SHOW TRIGGERS \G
```

执行结果如图 8-4 所示。

```
mysql> DELIMITER $
mysql> USE xsgl$
Database changed
mysql> SHOW TRIGGERS \G
*************************** 1. row ***************************
             Trigger: t8_3
               Event: DELETE
               Table: chengji
           Statement: BEGIN
DECLARE cj_num INT DEFAULT 0;
SELECT COUNT(*) INTO cj_num
FROM chengji as cj
WHERE cj.xh=OLD.xh;
 IF cj_num=0 THEN
   DELETE FROM xuesheng
    WHERE xh=OLD.xh;
END IF;
END
              Timing: AFTER
             Created: 2022-11-21 13:58:13.89
            sql_mode: STRICT_TRANS_TABLES,NO_ENGINE_SUBSTITUTION
             Definer: root@localhost
character_set_client: gbk
collation_connection: gbk_chinese_ci
  Database Collation: utf8mb3_general_ci
*************************** 2. row ***************************
             Trigger: t8_1
               Event: INSERT
               Table: kecheng
           Statement: BEGIN
IF NEW.xf<0 OR NEW.xf>5
THEN SET NEW.xf=2.5;
END IF;
END
              Timing: BEFORE
             Created: 2022-11-21 11:54:40.00
            sql_mode: STRICT_TRANS_TABLES,NO_ENGINE_SUBSTITUTION
             Definer: root@localhost
```

图 8-4　查看 xsgl 数据库中已创建的触发器

从图 8-4 中可以看到 xsgl 数据库中已创建的所有触发器，其中，Trigger 表示触发器的名称，Event 表示激活触发器的事件，Table 表示激活触发器的操作对象表，Statement 表示触发器执行的操作，Timing 表示触发器触发的时间。执行结果中还有其他信息，如触发器的创建时间、SQL 的模式、触发器的定义账户和字符集等。

2. 查看 information_schema 数据库中的 triggers 表

在 MySQL 中，所有触发器的信息都存放在 information_schema 数据库的 triggers 表中，可以通过查询语句来查看。其语法格式如下。

```
SELECT * FROM information_schema.triggers
WHERE trigger_name= '触发器名称' \G
```

其中，WHERE 条件表达式中可以指定要查看的触发器的名称，注意名称需要用单引号引起来。这种方式可以用于查询指定的触发器，使用起来更加方便、灵活。

【实例 8-5】在 information_schema 数据库的 triggers 表中查看已创建的名称为 t8_2 的触发器，具体语句如下。

```
mysql>SELECT * FROM information_schema.triggers
      WHERE trigger_name= 't8_2' \G
```

执行结果如图 8-5 所示。

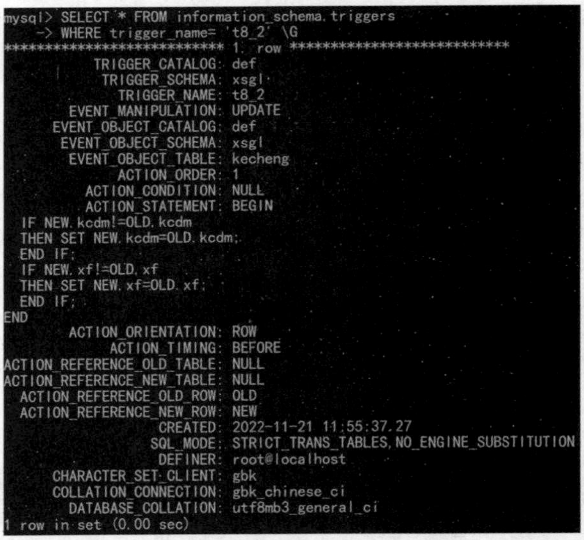

图 8-5 查看 information_schema 数据库的 triggers 表中的触发器

从图 8-5 中可以看出，其中仅包含名称为 t8_2 的触发器的信息。

8.2.2 删除触发器

与其他 MySQL 数据库对象一样，触发器也可以使用 DROP 语句来删除。其语法格式如下。

```
DROP TRIGGER 触发器名称
```

【实例 8-6】在 xsgl 数据库中删除名称为 t8_3 的触发器，具体语句如下。

```
mysql>DELIMITER $
mysql>USE xsgl$
      DROP TRIGGER t8_3$
```

执行结果如图 8-6 所示。

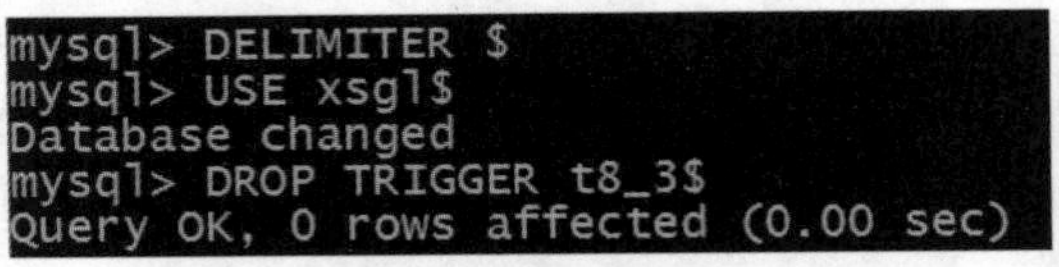

图 8-6　删除 xsgl 数据库中的触发器 t8_3

从图 8-6 中可以看出，成功删除了名称为 t8_3 的触发器。

8.2.3　任务实施——完成 xsgl 数据库中触发器的管理

按下列步骤完成 xsgl 数据库中触发器的管理。

（1）将 MySQL 的语句结束标志设置为"$"，具体语句如下。

```
mysql>DELIMITER $
```

（2）选择 xsgl 数据库，具体语句如下。

```
mysql>USE xsgl$
```

（3）在 xsgl 数据库中查看已创建的名称为 t8_4 的触发器，具体语句如下。

```
mysql>SELECT * FROM information_schema.triggers
      WHERE trigger_name= 't8_4' \G
```

（4）从 xsgl 数据库中删除已创建的名称为 t8_4 的触发器，具体语句如下。

```
mysql>DROP TRIGGER t8_4$
```

【项目小结】

本项目主要以学生管理系统为引导案例，介绍了创建、查看和删除触发器的基本语法，演示了创建、查看和删除触发器的技术方法及实施过程。本项目的重点是创建、查看和删除触发器，难点是根据实际需求创建触发器。读者在学习时一定要多加练习，在实际操作中掌握本项目的内容，为以后学习更高阶的数据操作和数据库开发奠定坚实的基础。

【知识巩固】

一、单项选择题

1. 创建 INSERT 型触发器时，可使用关键字（　　）代表待插入的新记录。
   A. NEW 　　　　　　　B. OLD 　　　　　　　C. XIN 　　　　　　　D. JIU

2. 创建 DELETE 型触发器时，可使用关键字（　　）代表删除的旧记录。
   A. NEW 　　　　　　　B. OLD 　　　　　　　C. XIN 　　　　　　　D. JIU

3. 若想在进行插入操作前触发某触发器，则创建该触发器时使用的关键字组合为（　　）。
   A. BEFORE INSERT 　　　　　　　　　B. BEFORE UPDATE
   C. AFTER UPDATE 　　　　　　　　　D. AFTER DELETE

4. 若想在进行更新操作前触发某触发器，则创建该触发器时使用的关键字组合为（　　）。
   A. BEFORE INSERT 　　　　　　　　　B. BEFORE UPDATE
   C. AFTER UPDATE 　　　　　　　　　D. AFTER DELETE

5. 若想在进行删除操作后触发某触发器，则创建该触发器时使用的关键字组合为（　　）。
   A. BEFORE INSERT 　　　　　　　　　B. BEFORE UPDATE
   C. AFTER UPDATE 　　　　　　　　　D. AFTER DELETE

6. 执行触发器的查询语句后会得到触发器的详细信息，其中，Trigger 表示（　　）。
　　A. 触发器的名称　　　　　　　　　　B. 激活触发器的事件
　　C. 激活触发器的操作对象表　　　　　D. 触发器执行的操作
7. 执行触发器的查询语句后会得到触发器的详细信息，其中，Event 表示（　　）。
　　A. 触发器的名称　　　　　　　　　　B. 激活触发器的事件
　　C. 激活触发器的操作对象表　　　　　D. 触发器执行的操作
8. 执行触发器的查询语句后会得到触发器的详细信息，其中，Table 表示（　　）。
　　A. 触发器的名称　　　　　　　　　　B. 激活触发器的事件
　　C. 激活触发器的操作对象表　　　　　D. 触发器执行的操作
9. 执行触发器的查询语句后会得到触发器的详细信息，其中，Statement 表示（　　）。
　　A. 触发器的名称　　　　　　　　　　B. 激活触发器的事件
　　C. 激活触发器的操作对象表　　　　　D. 触发器执行的操作
10. 下列选项中，可用于创建触发器的语句为（　　）。
　　A. CREATE TRIGGER 语句　　　　　B. CREATE TABLE 语句
　　C. CREATE PROCEDURE 语句　　　　D. CREATE FUNCTION 语句
11. 下列选项中，可用于查看触发器的语句为（　　）。
　　A. SHOW TRIGGER 语句　　　　　　B. SHOW TABLE 语句
　　C. SHOW PROCEDURE 语句　　　　　D. SHOW FUNCTION 语句
12. 下列选项中，可用于删除触发器的语句为（　　）。
　　A. DROP TRIGGER 语句　　　　　　B. DROP TABLE 语句
　　C. DROP PROCEDURE 语句　　　　　D. DROP FUNCTION 语句

二、填空题

1. 在 MySQL 中，只有执行＿＿＿＿、＿＿＿＿和＿＿＿＿语句时才能激活触发器。
2. 在创建触发器的语句中，触发事件可用的关键字有＿＿＿＿、＿＿＿＿和＿＿＿＿。
3. 在创建触发器的语句中，触发时机可用的关键字有＿＿＿＿和＿＿＿＿。
4. 在触发器的相关操作中，CREATE TRIGGER 用于＿＿＿＿触发器。
5. 在触发器的相关操作中，SHOW TRIGGERS 用于＿＿＿＿触发器。
6. 在触发器的相关操作中，DROP TRIGGER 用于＿＿＿＿触发器。

三、简答题

1. 写出创建触发器的语法。
2. 写出查看触发器的语法。
3. 写出删除触发器的语法。

【实践训练】

1. 在 xsgl 数据库中为 chengji 表创建名称为 t8_5 的触发器，要求在删除 chengji 表中的记录后，若某课程不存在成绩记录，则在 kecheng 表中将该课程信息删除。
2. 删除 chengji 表中所有 kcdm 为 K03 的记录，用于触发名为 t8_5 的触发器。
3. 查询 kecheng 表中是否存在 kcdm 为 K03 的记录，用于验证名为 t8_5 的触发器是否成功触发。
4. 查看已创建的名称为 t8_5 的触发器。
5. 删除已创建的名称为 t8_5 的触发器。

项目九
数据库的高级管理

项目导读

通过对前几个项目的学习，读者对数据库的概念及数据库的基本操作有了一定的了解。但数据库中还有一些高级操作，如数据的备份、还原，以及用户管理、权限管理等。本项目将针对这些知识进行详细讲解，本项目的重点是数据备份和用户管理的相关知识及操作，难点是权限管理的相关知识及操作。

学习目标

知识目标

◆ 了解 MySQL 8 的用户表数据结构；
◆ 学习 MySQL 权限管理机制等知识。

技能目标

◆ 掌握对数据库中的数据进行备份和还原的方法；
◆ 掌握在数据库中创建和删除用户的方法；
◆ 掌握对数据库中的权限进行授予、查看和收回的方法。

素质目标

◆ 培养学生以工程化的思维解决问题的能力，以及综合应用所学知识的能力；
◆ 增强学生的质量意识和安全意识。

任务 9.1 数据的备份与还原

9.1.1 数据的备份

在操作数据库时，难免会发生一些意外，造成数据丢失，如突然停电、管理员的操作失误等。为了确保数据的安全，需要定期对数据库进行备份，保证在遇到数据库中数据丢失或者出错的情况后可以将数据库还原，从而最大限度地降低损失。下面将针对数据的备份和还原进行详细讲解。

在日常生活中，人们经常需要为自己家的房门多配几把钥匙，为自己的爱车准备备胎，这些其实都是在做备份。在数据库的维护过程中，数据也经常需要备份，以便在系统遭到破坏或出现其他情况时能够重新利用数据，为了实现这种功能，MySQL 提供了 mysqldump 命令。

V9-1 数据的备份与还原

mysqldump 命令可以用来备份单个数据库、多个数据库或所有数据库，这 3 种备份方式类似。下面以备份单个数据库为例来讲解 mysqldump 命令，其他备份方式只列举语法格式，不再给出实例。

1. 备份单个数据库

使用 mysqldump 命令备份单个数据库的语法格式如下。

```
mysqldump - uusername -ppassword dbname[tbnamel [tbname2…] ] > filename.sql
```

其中，-u 后面的参数 username 表示用户名；-p 后面的参数 password 表示登录密码；dbname 表示需要备份的数据库名称；tbname 表示数据库中的表名，可以指定一个或多个表，多个表名之间用空格分隔，如果不指定表名，则备份整个数据库；filename.sql 表示备份文件的名称，文件名前可以加上绝对路径。

需要注意的是，在使用 mysqldump 命令备份数据库时，直接在命令提示符窗口中执行该命令即可，不需要登录 MySQL 数据库。

为了让初学者更好地掌握 mysqldump 命令的使用方法，接下来通过具体实例来进行演示，演示使用的是 xsgl 数据库。

【实例 9-1】先在 C 盘中创建一个名为 backup 的文件夹用于存放备份文件，再重新开启一个命令提示符窗口（不用登录 MySQL 数据库），使用 mysqldump 命令备份 xsgl 数据库，具体语句如下。

```
C:\Program Files\MySQL\MySQL Server 8.0\bin>mysqldump -uroot -proot xsgl > C:/backup/
xsgl_20220705.sql
```

上述语句执行成功后，会在 C 盘 backup 文件夹中生成一个名为 xsgl_20220705.sql 的备份文件，使用记事本应用程序打开该文件，可以看到如下内容。

```
-- MySQL dump 10.13  Distrib 8.0.29, for Win64 (x86_64)
--
-- Host: localhost   Database: xsgl
-- ------------------------------------------------------
-- Server version 8.0.29

/*!40101 SET @OLD_CHARACTER_SET_CLIENT=@@CHARACTER_SET_CLIENT */;
/*!40101 SET @OLD_CHARACTER_SET_RESULTS=@@CHARACTER_SET_RESULTS */;
/*!40101 SET @OLD_COLLATION_CONNECTION=@@COLLATION_CONNECTION */;
…
省略部分信息
…
-- Table structure for table `zhuanye`
--

DROP TABLE IF EXISTS `zhuanye`;
/*!40101 SET @saved_cs_client     = @@character_set_client */;
/*!50503 SET character_set_client = utf8mb4 */;
CREATE TABLE `zhuanye` (
  `zydm` CHAR(2) CHARACTER SET utf8mb3 COLLATE utf8_general_ci NOT NULL COMMENT '
专业代码',
    `zymc` VARCHAR(8) CHARACTER SET utf8mb3 COLLATE utf8_general_ci NOT NULL COMMENT
'专业名称',
    `ssyx` VARCHAR(8) CHARACTER SET utf8mb3 COLLATE utf8_general_ci NOT NULL COMMENT
'所属院系',
    PRIMARY KEY (`zydm`) USING BTREE COMMENT '主键',
```

```
   UNIQUE KEY `zymc` (`zymc`) USING BTREE
) ENGINE=InnoDB DEFAULT CHARSET=utf8mb3 ROW_FORMAT=DYNAMIC COMMENT='专业表';
/*!40101 SET character_set_client = @saved_cs_client */;
…
省略部分信息
…
-- Dump completed on 2022-07-05  0:05:25
```

从上述代码可以看出，备份文件中包含 MySQL dump 的版本号、MySQL 的版本号、主机名称、备份的数据库名称，以及一些 SET 语句、CREATE 语句、INSERT 语句、注释信息等。其中，以"--"字符开头的都是 SQL 注释；以"/*!"开头、"*/"结尾的语句都是可执行的 MySQL 注释，这些语句可以被 MySQL 执行，但在其他数据库管理系统中会被作为注释忽略，这可以增强数据库的可移植性。

需要注意的是，以"/*!40101"开头、"*/"结尾的注释语句中，40101 是 MySQL 数据库的版本号，相当于 MySQL 4.1.1。在还原数据时，如果当前 MySQL 的版本比 MySQL 4.1.1 高，则"/*!40101"和"*/"之间的内容会被当作 SQL 语句来执行；如果当前 MySQL 的版本比 MySQL 4.1.1 低，则"/*!40101"和"*/"之间的内容会被当作注释。

2. 备份多个数据库

使用 mysqldump 命令不仅可以备份一个数据，还可以同时备份多个数据库。其语法格式如下。

```
mysqldump -uusername -ppassword -databases dbname1 [dbname2 dbname3 …]>filename.sql
```

其中，-databases 参数后面至少应指定一个数据库名称，如果有多个数据库，则名称之间用空格隔开。

3. 备份所有数据库

使用 mysqldump 命令备份所有数据库时，在该命令后使用--all-databases 参数即可。其语法格式如下。

```
mysqldump -uusername -ppassword --all-databases>filename.sql
```

需要注意的是，如果使用--all-databases 参数备份了所有的数据库，那么在还原数据库时，不需要创建数据库并指定要操作的数据库，因为对应的备份文件中包含 CREATE DATABASE 语句和 USE 语句。

9.1.2　数据的还原

当数据库中的数据遭到破坏时，可以通过备份好的数据文件进行还原，这里所说的"还原"是指还原数据库中的数据，而数据库是不能被还原的。通过前面的讲解可知，备份文件实际上就是由多个 CREATE、INSERT 和 DROP 语句组成的，因此只需要使用 mysql 命令执行这些语句就可以使数据还原。

使用 mysql 命令还原数据的语法格式如下。

```
mysql -uusername -ppassword [dbname]<filename.sql
```

其中，username 表示登录的用户名；password 表示用户的密码；dbname 表示要还原的数据库名称；如果使用 mysqldump 命令备份的 filename.sql 文件中包含创建数据库的语句，则不需要指定数据库。

数据库是不能被还原的，因此在还原数据之前必须先创建数据库。接下来通过一个实例来介绍数据的还原。

【实例 9-2】（1）删除数据库。为了演示数据的还原，先使用 DROP 语句将数据库 xsgl 删除，具体语句如下。

```
mysql>DROP DATABASE xsgl;
```

上述语句执行成功后，可以使用 SHOW DATABASES 语句查询数据库，查询结果如图 9-1 所示。

图 9-1　查询 xsgl 数据库是否已经删除的结果

由图 9-1 可知，数据库 xsgl 被成功删除了。

（2）创建数据库。数据库是不能被还原的，因此要先创建一个数据库 xsgl，具体语句如下。

```
mysql>CREATE DATABASE xsgl;
```

上述语句执行成功后，接下来就可以还原数据库中的数据了。

（3）还原数据。使用 mysql 命令还原 C 盘的 backup 文件夹中的 xsgl_20220705.sql 文件，具体语句如下。

```
C:\Program Files\MySQL\MySQL Server 8.0\bin>mysql -uroot -proot xsgl<C:/backup/
xsgl_20220705.sql
```

上述语句执行成功后，数据库中的数据即可还原。

（4）查看数据。为了验证数据是否已经还原成功，可以打开 xsgl 数据库查看其中是否包含 4 个表，还可以使用 SELECT 语句查询相关表中的数据，如查询 xuesheng 表中的数据，查询结果如图 9-2 所示。

```
mysql> USE xsgl;
Database changed
mysql> SHOW tables;

| Tables_in_xsgl |

 chengji
 kecheng
 xuesheng
 zhuanye

4 rows in set (0.00 sec)

mysql> SELECT * FROM xuesheng;

| xh  | xm      | xb | csrq       | jg | lxfs        | zydm | xq               |
| 001 | 谢文婷   | F  | 2005-01-01 | 湖北 | 13200000001 | 01  | technology       |
| 002 | 陈慧     | F  | 2004-02-04 | 江西 | 13300000001 | 01  | music            |
| 003 | 欧阳龙燕 | F  | 2004-12-21 | 湖南 | 13800000005 | 01  | sport            |
| 004 | 周忠群   | M  | 2002-06-11 | 山东 | 18900000005 | 04  |                  |
| 005 | 刘小燕   | F  | 2002-07-22 | 河南 | 13600000005 | 02  | music,sport      |
| 006 | 李丽文   | M  | 2003-09-04 | 湖北 | 13400000006 | 06  | music,technology |
| 007 | 贺佳     | M  | 2005-01-31 | 湖南 | 13500000009 | 03  | sport            |
| 008 | 张皓程   | M  | 2003-08-30 | 河南 | 13500000008 | 01  | technology       |
| 009 | 吴鹏     | M  | 2003-10-14 | 江西 | 13500000007 | 05  | technology       |
| 010 | 陈颜洁   | F  | 2002-03-12 | 湖南 | 13500000002 | 07  | music            |
| 011 | 张豪     | M  | 2002-02-16 | 湖北 | 13500000004 | 03  | music            |
| 012 | 周士哲   | M  | 2004-08-01 | 北京 | 13011111111 | 03  | music,sport      |
| 013 | 喻李     | M  | 2005-01-14 | 江西 | 13101111111 | 07  | art,sport        |
| 014 | 于莹     | F  | 2005-01-04 | 湖北 | 13001111111 | 02  | art              |
| 015 | 任天赐   | M  | 2002-02-03 | 湖南 | 13811111115 | 04  | sport            |
| 016 | 刘坤     | M  | 2002-04-01 | 北京 | 13100000001 | 03  | sport,technology |
| 017 | 欧阳文强 | M  | 2004-01-01 | 湖南 | 13511111116 | 01  | art,sport,technology |
| 018 | 陈平     | M  | 2004-12-03 | 湖南 | 13700000006 | 06  | art              |
| 019 | 谢颖     | F  | 2003-01-23 | 北京 | 13300000006 | 05  | art,technology   |

19 rows in set (0.00 sec)
```

图 9-2　查询 xsgl 数据库中的数据是否已经还原的结果

从上述查询结果可以发现，数据已经被还原了。

还可以登录 MySQL 数据库，使用 source 命令来还原数据。其语法格式如下。

```
source filename.sql
```

source 命令的语法格式比较简单，指定待导入文件的名称及路径即可。按照上面介绍的方式同样可以查看还原后的效果，在此不再演示，有兴趣的读者可以自己测试。

9.1.3 任务实施——备份并还原 xsgl 数据库

（1）使用 xsgl.sql 文件还原 xsgl 数据库，具体语句如下。

```
mysql>CREATE DATABASE xsgl;
C:\Program Files\MySQL\MySQL Server 8.0\bin>mysql -uroot -proot xsgl<C:/xsgl.sql
```

（2）查看已还原的 xsgl 数据库，具体语句如下。

```
mysql>USE xsgl;
mysql>SHOW CREATE TABLE chengji \G
mysql>SHOW CREATE TABLE kecheng \G
mysql>SHOW CREATE TABLE xuesheng \G
mysql>SHOW CREATE TABLE zhuanye \G
```

（3）备份 xsgl 数据库，具体语句如下。

```
C:\Program Files\MySQL\MySQL Server 8.0\bin>mysqldump -uroot -proot xsgl >
C:/xsgl_20220805.sql
```

任务 9.2 用户管理

通常每款软件都可对用户信息进行管理，MySQL 也不例外，MySQL 中的用户分为 root 用户和普通用户。root 用户为超级管理员，具有所有权限，如创建用户、删除用户和管理用户等，而普通用户只拥有被赋予的某些权限。下面将针对 MySQL 的用户管理进行详细讲解。

V9-2 用户管理

9.2.1 user 表

在安装 MySQL 时，会自动安装一个名为 mysql 的数据库，该数据库中的表都是权限表，如 user、host、tables_priv、column_priv 和 procs_priv。其中，user 表是非常重要的一个权限表，它记录了允许连接到服务器的账号信息及一些全局级的权限信息，通过操作该表可以对这些信息进行修改。为了让初学者更好地学习 user 表，接下来列举 user 表中的常用字段及其相关信息，如表 9-1 所示。

表 9-1　user 表中的常用字段及其相关信息

字段名	数据类型	默认值
Host	char(60)	N
User	char(16)	N
Password	char(41)	N
Select_priv	enum(N, Y)	N
Insert_priv	enum(N, Y)	N
Update priv	enum(N, Y)	N
Delete_priv	enum(N, Y)	N
Create_priv	enum(N, Y)	N
Drop_priv	enum(N, Y)	N
Reload_priv	enum(N, Y)	N
Shutdown_priv	enum(N, Y)	N
ssl_type	enum('', 'ANY', 'X509','SPECIFIED')	
ssl_cipher	blob	NULL
x509_issuer	blob	NULL
x509_subject	blob	NULL

续表

字段名	数据类型	默认值
max_questions	int(ll) UNSIGNED	0
max_updates	int(ll) UNSIGNED	0
max_connections	int(ll) UNSIGNED	0
max_user_connections	int(ll) UNSIGNED	0
plugin	char(64)	
authentication string	text	NULL

表 9-1 中只列举了 user 表的部分字段，实际上 MySQL 8.0 的 user 表中有 42 个字段，这些字段大致可分为以下 4 类。

1. 用户字段

user 表的用户字段包括 Host、User、Password，分别代表主机名、用户名和密码。其中，Host 和 User 字段为 user 表的联合主键，当用户与服务器建立连接时，输入的用户名、主机名和密码必须匹配 user 表中对应的字段，只有这 3 个字段的值都匹配时才允许建立连接。当修改密码时，修改 user 表中 Password 字段的值即可。

2. 权限字段

user 表的权限字段包括 Select_priv、Insert_priv、Update_priv 等以 priv 结尾的字段，这些字段用于决定用户的权限，如查询权限、插入权限和更新权限等。

user 表对应的权限是针对所有数据库的，且这些权限字段的数据类型都是 enum，取值只有 N 或 Y，其中 N 表示用户没有对应权限，Y 表示用户有对应权限，为了安全，这些字段的默认值都为 N，如果需要，则可以对其进行修改。

3. 安全字段

user 表的安全字段用于管理用户的安全信息，其中包括 4～6 个字段，具体如下。

（1）ssl_type 和 ssl_cipher：用于加密。

（2）x509_issuer 和 x509_subject：用于标识用户。

（3）plugin 和 authentication_string：用于存储与授权相关的插件。

通常，标准的发行版 MySQL 不支持 SSL 加密，初学者可以使用 SHOW VARIABLES LIKE 'have_openssl'语句进行查询，如果 have_openssl 的取值为 DISABLED，则表示不支持 SSL 加密。

4. 资源控制字段

user 表的资源控制字段用于限制用户使用的资源，其中包括 4 个字段，具体如下。

（1）max_questions：每小时允许用户执行查询操作的次数。

（2）max_updates：每小时允许用户执行更新操作的次数。

（3）max_connections：每小时允许用户建立连接的次数。

（4）max_user_connections：允许单个用户同时建立连接的次数。

9.2.2 创建普通用户

在创建新用户之前，可以通过 SELECT 语句查看 user 表中有哪些用户，具体语句如下。

```
mysql>USE mysql
mysql>SELECT Host, User, authentication_string FROM user;
```

执行结果如图 9-3 所示。

由图 9-3 可知，user 表中有一个 root 用户的信息。

MySQL 中存储的数据较多，通常一个 root 用户是无法管理这些数据的，因此需要创建多个普通用户来管理不同的数据，可以使用 CREATE USER 语句创建用户并使用 GRANT 语句进行授权。

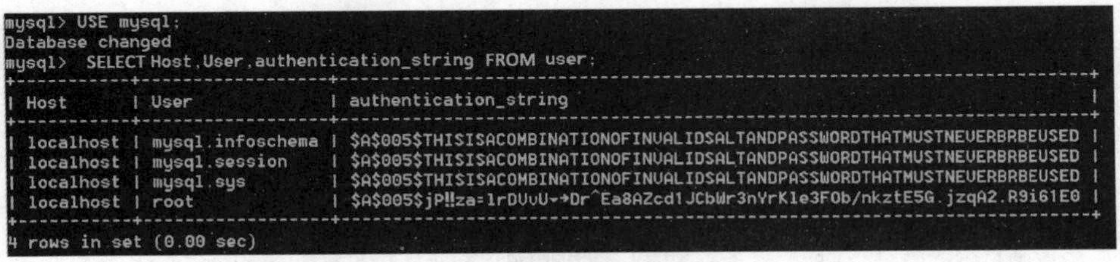

图9-3 查看用户的结果

使用 CREATE USER 语句创建用户时，服务器会自动修改相应的授权表，但需要注意的是，使用该语句创建的用户是没有任何权限的。

使用 CREATE USER 语句创建用户的语法格式如下。

```
CREATE USER 'username'@'hostname'[IDENTIFIED BY [PASSWORD] 'password' ]
    [ , 'username'@'hostname'[IDENTIEIED BY [PASSWORD] ' password'] ]...
```

其中，username 表示创建的用户名；hostname 表示主机名；IDENTIFIED BY 关键字用于设置用户的密码；password 表示用户的密码；PASSWORD 关键字用于使用哈希值设置密码，该参数是可选的，如果密码是一个普通的字符串，则不需要使用 PASSWORD 关键字。

【实例 9-3】使用 CREATE USER 语句创建一个新用户，用户名为 user1、密码为 123，具体语句如下。

```
CREATE USER 'user1'@'localhost' IDENTIFIED BY '123';
```

上述语句执行成功后，可以通过 SELECT 语句验证用户是否创建成功，结果如图 9-4 所示。

```
mysql>SELECT Host, User, authentication_string FROM user;
```

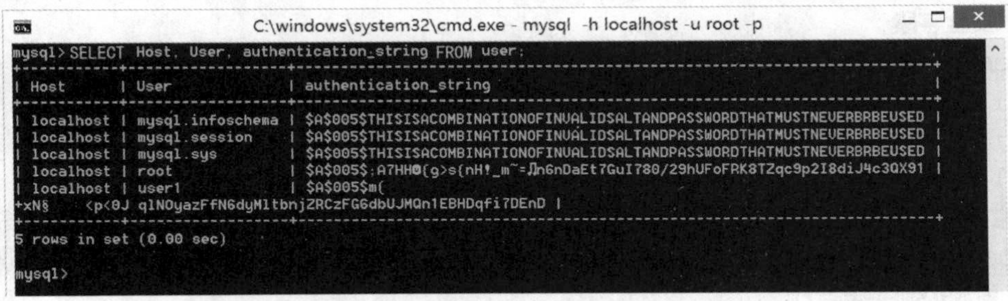

图9-4 验证用户是否创建成功的结果（1）

由图 9-4 可知，使用 CREATE USER 语句成功地创建了一个用户 user1。需要注意的是，如果添加的用户已经存在，那么在执行 CREATE USER 语句时会报错。

> **提示** 需要注意的是，MySQL 8.0.29 之前的版本是可以直接使用 GRANT 语句在授权的同时创建用户的。但在 MySQL 8.0.29 中，在使用 GRANT 语句为用户授权之前，需要先创建一个用户，GRANT 语句只能对用户进行授权。GRANT 语句的使用将在之后进行具体讲解。

【实例 9-4】使用 CREATE USER 语句创建一个用户，用户名为 user2、密码为 123，并授予该用户对 chapter09.student 表的查询权限，具体语句如下。

```
mysql>CREATE USER 'user2'@'localhost' IDENTIFIED BY '123';
mysql>GRANT SELECT ON xsgl.xuesheng TO 'user2'@'localhost';
```

上述语句执行成功后，可以通过 SELECT 语句验证用户是否创建成功，具体语句如下。

```
mysql>SELECT Host, User, authentication_string FROM user;
```

执行结果如图 9-5 所示。

```
C:\windows\system32\cmd.exe - mysql  -h localhost -u root -p
mysql> SELECT Host, User, authentication_string FROM user;
+-----------+------------------+------------------------------------------------------------------------+
| Host      | User             | authentication_string                                                  |
+-----------+------------------+------------------------------------------------------------------------+
| localhost | mysql.infoschema | $A$005$THISISACOMBINATIONOFINVALIDSALTANDPASSWORDTHATMUSTNEVERBRBEUSED |
| localhost | mysql.session    | $A$005$THISISACOMBINATIONOFINVALIDSALTANDPASSWORDTHATMUSTNEVERBRBEUSED |
| localhost | mysql.sys        | $A$005$THISISACOMBINATIONOFINVALIDSALTANDPASSWORDTHATMUSTNEVERBRBEUSED |
| localhost | root             | $A$005$;A7HH@(g>s(nH!_m~=Лn6nDaEt7GuI780/29hUFoFRK8TZqc9p2I8diJ4c3QX91 |
| localhost | user1            | $A$005$m(
+xN§    <p<0J qlNOyazFfN6dyMltbnjZRCzFG6dbUJMQn1EBHDqfi7DEnD |
| localhost | user2            | $A$005$RSH§cGJ9]Л5j|7♀?→dBD7F3WHtBK0JAhTckpOZpMT8mNFhozdn6c/sES302c2 |
+-----------+------------------+------------------------------------------------------------------------+
6 rows in set (0.00 sec)

mysql> _
```

图 9-5　验证用户是否创建成功的结果（2）

由图 9-5 可知，使用 GRANT 语句成功地创建了一个用户 user2，但显示的密码并不是 123，而是一串字符，这是因为在创建用户时，MySQL 会对用户的密码自动加密，以增强数据库的安全性。

需要注意的是，在使用 GRANT 语句创建用户时，必须有 GRANT 权限。

> **提 示** **使用诸如 INSERT、UPDATE、DELETE 等语句直接修改授权表是不被推荐的操作。服务器会忽略由此类修改而造成格式错误的行。**

9.2.3　删除普通用户

在 MySQL 中，通常会创建多个普通用户来管理数据库，但如果发现某些用户是没有必要的，就可以将其删除，删除用户有以下两种方式。

1. 使用 DROP USER 语句删除用户

DROP USER 语句与 DROP DATABASE 语句有些类似，如果要删除某个用户，则在 DROP USER 后面指定要删除的用户信息即可。

使用 DROP USER 语句删除用户的语法格式如下。

```
DROP USER 'username'@'hostname' [, 'username'@'hostname'] ;
```

其中，username 表示要删除的用户；hostname 表示主机名。使用 DROP USER 语句可以同时删除一个或多个用户，多个用户之间用逗号隔开。值得注意的是，使用 DROP USER 语句删除用户时，必须拥有 DROP USER 的权限。

【实例 9-5】使用 DROP USER 语句删除用户 userl，具体语句如下。

```
mysql>DROP USER 'user1'@'localhost' ;
```

上述语句执行成功后，可以通过 SELECT 语句验证用户是否删除成功，具体语句如下。

```
mysql>SELECT Host, User, authentication_string FROM user;
```

执行结果如图 9-6 所示。

```
mysql> SELECT Host, User, authentication_string FROM user;
+-----------+------------------+------------------------------------------------------------------------+
| Host      | User             | authentication_string                                                  |
+-----------+------------------+------------------------------------------------------------------------+
| localhost | mysql.infoschema | $A$005$THISISACOMBINATIONOFINVALIDSALTANDPASSWORDTHATMUSTNEVERBRBEUSED |
| localhost | mysql.session    | $A$005$THISISACOMBINATIONOFINVALIDSALTANDPASSWORDTHATMUSTNEVERBRBEUSED |
| localhost | mysql.sys        | $A$005$THISISACOMBINATIONOFINVALIDSALTANDPASSWORDTHATMUSTNEVERBRBEUSED |
| localhost | root             | $A$005$jP‼za=1rDVuU→Dr^Ea8AZcd1JCbWr3nYrKle3FOb/nkztE5G.jzqA2.R9i61E0 |
| localhost | user2            | $A$005$X? }eeD3T↓§Ge←j3♥\VJNLmhcHX9NqIpHR1YE922TWzQEuUloz6iO4C9QhnBF/ |
+-----------+------------------+------------------------------------------------------------------------+
5 rows in set (0.01 sec)
```

图 9-6　验证用户是否删除成功的结果

由图 9-6 可知，user 表中已经没有 userl 用户了，说明该用户被成功删除了。

2. 使用 DELETE 语句删除用户

使用 DELETE 语句不仅可以删除普通表中的数据，还可以删除 user 表中的数据。使用该语句删除

user 表中的数据时，指定表名为 mysql.user 及要删除的用户信息即可。同样，在使用 DELETE 语句时必须拥有 user 表的 DELETE 权限。

使用 DELETE 语句删除用户的语法格式如下。

```
DELETE FROM mysql.user WHERE Host= 'hostname' AND User= 'username' ;
```

其中，mysql.user 参数用于指定要操作的表；WHERE 用于指定条件语句；Host 和 User 都是 user 表的字段，这两个字段可用于确定唯一一条记录。

【实例 9-6】使用 DELETE 语句删除用户 user2，具体语句如下。

```
mysql>DELETE FROM mysql.user WHERE Host= 'localhost' AND User= 'user2' ;
```

上述语句执行成功后，可以通过 SELECT 语句查询用户是否成功删除，具体语句如下。

```
mysql>SELECT Host, User, authentication_string FROM user;
```

执行结果如图 9-7 所示。

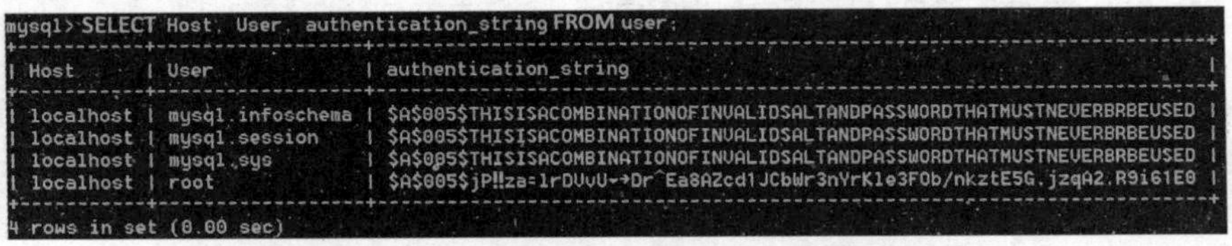

```
mysql> SELECT Host, User, authentication_string FROM user;
+-----------+------------------+------------------------------------------------------------------------+
| Host      | User             | authentication_string                                                  |
+-----------+------------------+------------------------------------------------------------------------+
| localhost | mysql.infoschema | $A$005$THISISACOMBINATIONOFINVALIDSALTANDPASSWORDTHATMUSTNEVERBRBEUSED |
| localhost | mysql.session    | $A$005$THISISACOMBINATIONOFINVALIDSALTANDPASSWORDTHATMUSTNEVERBRBEUSED |
| localhost | mysql.sys        | $A$005$THISISACOMBINATIONOFINVALIDSALTANDPASSWORDTHATMUSTNEVERBRBEUSED |
| localhost | root             | $A$005$jP‼za=1rDUvU→Dr^Ea8AZcd1JCbWr3nYrK1e3FOb/nkztE5G.jzqA2.R9i61E0 |
+-----------+------------------+------------------------------------------------------------------------+
4 rows in set (0.00 sec)
```

图 9-7　验证使用 DELETE 语句删除用户的结果

由图 9-7 可知，user 表中已经没有 user2 用户了，说明该用户被成功删除了。因为是直接对 user 表进行的操作，所以执行完以上语句后需要使用“FLUSH PRIVILEGES;”语句重新加载用户权限。

9.2.4　修改用户密码

MySQL 中的用户可以对数据库进行不同操作，因此管理好每个用户的密码是至关重要的，密码一旦丢失就需要及时修改密码。root 用户具有最高权限，不仅可以修改自己的密码，还可以修改普通用户的密码，而普通用户只能修改自己的密码。

由于 root 用户和普通用户修改密码的方式类似，接下来以 root 用户修改自己的密码为例进行演示，具体如下。

1．修改用户的密码

（1）使用 mysqladmin 命令修改 root 用户的密码。

mysqladmin 命令通常用于执行一些管理性的工作，以及显示服务器状态等，在 MySQL 中可以使用该命令修改 root 用户的密码。

使用 mysqladmin 命令修改用户密码的语法格式如下。

```
mysqladmin -u username [-h hostname] -p password new password
```

其中，username 为要修改密码的用户名，这里指的是 root 用户；参数-h 用于指定对应的主机，可以省略不写，默认为 localhost；-p 后面的 password 为关键字，而不是修改后的密码，new password 为新设置的密码。需要注意的是，在使用 mysqladmin 命令修改 root 用户的密码时，需要在 MySQL 安装目录下的 bin 文件夹中进行操作。

【实例 9-7】在命令提示符窗口中，使用 mysqladmin 命令将 root 用户的密码修改为 mypwd1，具体语句如下。

```
C:\Program Files\MySQL\MySQL Server 8.0\bin>mysqladmin -u root -p password mypwd1
```

上述语句执行成功后，会提示输入密码，具体如下。

```
C:\Program Files\MySQL\MySQL Server 8.0\bin>mysqladmin -u root -p password mypwd1
Enter password: ****
```

```
mysqladmin: [Warning] Using a password on the command line interface can be insecure.
 Warning: Since password will be sent to server in plain text, use ssl connection
to ensure password safety.
```

需要注意的是，上面提示要输入的密码是指 root 用户的旧密码，密码输入正确后，该语句执行完毕，root 用户的密码被修改成功，下次登录时使用新的密码即可。在命令提示符窗口中进行验证，具体操作如下。

```
C:\Program Files\MySQL\MySQL Server 8.0\bin>mysql -H localhost -U root -P
Enter password: ******
Welcome to the MySQL monitor.  Commands end with ; or \g.
Your MySQL connection id is 14
Server version: 8.0.29 MySQL Community Server - GPL

Copyright (c) 2000, 2022, Oracle and/or its affiliates.

Oracle is a registered trademark of Oracle Corporation and/or its
affiliates. Other names may be trademarks of their respective
owners.

Type 'help;' or '\h' for help. Type '\c' to clear the current input statement.
```

从上述结果可以看出，使用新密码成功登录了 MySQL 数据库，这说明密码修改成功。

 提示 使用 **mysqladmin** 命令设置密码是不安全的。在某些系统中，密码对系统状态程序可见，其他用户可以通过调用它来显示命令行。MySQL 客户端通常在初始化序列期间以 **0** 覆盖命令行密码参数。但在此期间存在一个短暂的间隔，在该间隔内密码是可见的。此外，在某些系统中，此覆盖策略无效。

（2）使用 ALTER USER 语句修改用户密码。

因为所有的用户信息都存放在 user 表中，所以只要 root 用户登录 MySQL 服务器，使用 ALTER USER 语句就可以直接修改用户的密码。

使用 ALTER USER 语句修改用户密码的语法格式如下。

```
ALTER USER 'username'@'localhost' IDENTIFIED BY 'password';
```

【实例 9-8】使用实例 9-3 中讲解的语句再次创建 user1 用户，然后使用系统自带的 ALTER USER 语句修改用户密码。

修改 user1 用户的密码为 321，具体语句如下。

```
mysql>ALTER USER 'user1'@'localhost' IDENTIFIED BY '321';
```

（3）使用 SET 语句修改 root 用户的密码。

使用 root 用户登录 MySQL 服务器后，还可以通过 SET 语句修改密码。

使用 SET 语句修改用户密码的语法格式如下。

```
SET PASSWORD= PASSWORD('new_password');
```

需要注意的是，SET 语句没有对密码进行加密的功能，因此，新密码必须使用 PASSWORD()函数进行加密，且新密码需要使用引号引起来。

【实例 9-9】以 root 用户登录 MySQL 服务器，使用 SET 语句将 root 用户的密码修改为 mypwd3，具体语句如下。

```
mysql>SET PASSWORD=password('mypwd3');
```

上述语句执行成功后，在命令提示符窗口中使用新密码 mypwd3 登录 MySQL 数据库，结果如下。

```
C: \Documents and Settings \Adminis trator> mysql -uroot -pmypwd3;
Welcome to the MySQL monitor . Commands end with ; or \g .
Your MySQL connection id is 8
Server version: 5.5.27 MySQL Community Server (GPL)
Copyright (c) 2000, 2011, Oracle and/or its affiliates. All rights reserved .
Oracle is a registered trademark of Oracle Corporation and/or its
affiliates . Other names may be trademarks of their respectiveowners .
Type 'help; ' or '\h' for help. Type '\c' to clear the current input statement.
```

2. 密码管理

MySQL 8 支持以下密码管理功能。

① 密码过期策略，要求定期更改密码。

② 密码重用限制，以防止再次选择旧密码。

③ 密码验证，要求密码更改时不能使用当前密码。

④ 双密码，使客户端可以使用主密码或二级密码进行连接。

⑤ 密码强度评估，要求使用强密码。

下面分别介绍这些功能，因密码强度评估需要使用 validate_password 插件实现，故在此暂不对其进行介绍。

（1）密码过期策略

在 MySQL 中，数据库管理员可以手动使用户密码过期，并建立自动密码过期的策略。可以在全局建立过期策略，也可以将个人用户设置为遵循全局策略或使用特定的用户行为覆盖全局策略。

要手动设置用户密码过期，可使用以下 ALTER USER 语句。

```
ALTER USER 'username'@'localhost' PASSWORD EXPIRE;
```

上述语句执行成功后，密码在 user 系统表的相应行中标记为已过期。

根据策略，密码过期是自动的，并基于密码使用期限。对于给定用户，密码使用期限是从其最近一次密码更改的日期和时间开始评估的。mysql.user 系统表记录了每个用户上次更改密码的时间，如果密码的使用期限超过了允许的生存期，则服务器会在客户端连接时自动将密码视为过期。该功能在没有显式手动密码过期的情况下也有效。

要建立全局自动密码过期策略，可使用 default_password_lifetime 系统变量。其默认值为 0，表示禁用自动密码过期策略。如果 default_password_lifetime 的值为正整数 N，则表示允许的密码生存期为 N，因此必须每 N 天更改一次密码。

【实例 9-10】要求 user1 用户每 90 天更改一次密码，具体语句如下。

```
mysql>ALTER USER 'user1'@'localhost' PASSWORD EXPIRE INTERVAL 90 DAY;
```

上述语句执行成功后，会覆盖之前指定的所有用户的全局策略。

【实例 9-11】禁用 user1 用户的密码过期策略，具体语句如下。

```
mysql>ALTER USER 'user1'@'localhost' PASSWORD EXPIRE NEVER;
```

上述语句执行成功后，会覆盖前面指定的所有用户的全局策略。

【实例 9-12】使用实例 9-4 中讲解的语句再次创建 user2 用户，然后指定 user2 用户使用全局过期策略，具体语句如下。

```
mysql>ALTER USER 'user2'@'localhost' PASSWORD EXPIRE DEFAULT;
```

（2）密码重用限制

MySQL 允许对重用的密码进行限制。可以根据密码更改次数、已用时间或两者联合使用来确定重用限制。可以在全局范围内建立重用限制，并可以将个人用户设置为遵循全局策略或使用特定的用户行为覆盖全局策略。

用户的密码历史记录包含过去使用的密码。MySQL 限制从历史记录中选择新密码，具体介绍如下。

① 如果根据密码更改次数限制用户，则无法使用指定数量的最近使用的密码作为新密码。例如，如果将密码更改的最小次数设置为 3，则新密码不能与任何最近的 3 个密码相同。

② 如果根据已用时间限制用户，则无法从历史记录中的指定天数设置过的密码中选择新密码。例如，如果将密码重用间隔设置为 60，则新密码不得为过去 60 天内设置过的密码。

> **提 示** 空密码不会计入密码历史记录中，并可以重复使用。要建立全局密码重用策略，可使用 **password_history** 和 **password_reuse_interval** 系统变量。

【实例 9-13】设置 user1 用户在允许重用密码之前，至少需要更改 5 个密码，具体语句如下。

```
mysql>ALTER USER 'user1'@'localhost' PASSWORD HISTORY 5;
```

上述语句执行成功后，会覆盖前面指定的 user1 用户的全局历史记录策略。

【实例 9-14】设置 user2 用户在允许重用密码之前，至少需要经过 365 天，具体语句如下。

```
mysql>ALTER USER 'user2'@'localhost' PASSWORD REUSE INTERVAL 365 DAY;
```

上述语句执行成功后，会覆盖前面指定的 user2 用户的全局使用时间策略。

【实例 9-15】要想结合使用以上两种类型的重用限制，可使用 PASSWORD HISTORY 和 PASSWORD REUSE INTERVAL 语句，具体语句如下。

```
mysql>ALTER USER 'user1'@'localhost'
      PASSWORD HISTORY 5
      PASSWORD REUSE INTERVAL 365 DAY;
```

上述语句执行成功后，会覆盖前面指定的 user1 用户的全局历史记录策略和全局使用时间策略。

【实例 9-16】创建修改以上两种类型的重用限制，使 user1 用户遵循全局策略，具体语句如下。

```
mysql>ALTER USER 'user1'@'localhost'
      PASSWORD HISTORY DEFAULT;
      PASSWORD REUSE INTERVAL DEFAULT;
```

（3）密码验证

从 MySQL 8.0.13 开始，可以通过指定要验证替换的当前密码来限制更改用户密码的尝试。这使得 DBA 能够防止用户在没有证明他们知道当前密码的情况下更改密码。例如，如果一个用户暂时离开终端会话而没有注销，且恶意用户使用该会话来更改原始用户的 MySQL 密码，则可能会产生以下严重后果。

① 在管理员重置用户密码之前，原始用户无法访问 MySQL。

② 在重置密码之前，恶意用户可以使用良性用户更改后的凭据访问 MySQL。

可以在全局范围内建立密码验证策略，并可以将单个用户设置为遵从全局策略或以特定的单个用户行为覆盖全局策略。

对于每个用户而言，其 mysql.user 中存在用户特定设置，该设置要求在尝试更改密码时验证当前密码。该设置由 CREATE USER 和 ALTER USER 语句的 PASSWORD REQUIRE 关键字完成，具体介绍如下。

① 如果用户设置为"密码要求当前"，则更改密码时必须指定当前密码。

② 如果用户设置为"密码要求当前可选"，则更改密码时可以但不需要指定当前密码。

③ 如果用户设置为"密码要求当前默认值"，则系统变量 password_require_current 用于确定用户的要求验证策略。

④ 如果启用了 password_require_current，则更改密码时必须指定当前密码。

⑤ 如果禁用了 password_require_current，则更改密码时可以但不需要指定当前密码。

⑥ 换句话说，如果用户设置不是"密码要求当前默认值"，则用户设置优先于由 password_require_current 系统变量创建的全局策略，否则，用户将遵循 password_require_current 的设置。

⑦ 密码验证是可选的，password_require_current 系统变量默认处于禁用状态，创建时没有密码要求的用户默认设置为"密码要求当前默认值"。

> **提 示** 无论需要验证的策略如何，特权用户都可以更改任意用户的密码，而无须指定当前密码。特权用户是指对 MySQL 系统数据库拥有全局创建用户特权或更新特权的用户。

"需要验证全局密码"策略适用于尚未设置覆盖该策略的所有用户。当要为单个用户建立策略时，可使用 CREATE USER 和 ALTER USER 语句的 PASSWORD REQUIRE 关键字。

【实例 9-17】要求更改密码时指定当前密码，具体语句如下。

```
mysql>ALTER USER 'user1'@'localhost' PASSWORD REQUIRE CURRENT;
```

此验证选项会覆盖之前指定的 user1 用户的全局策略。

【实例 9-18】不要求更改密码时指定当前密码（当前密码可以但不需要给出），具体语句如下。

```
mysql>ALTER USER 'user1'@'localhost' PASSWORD REQUIRE CURRENT OPTIONAL;
```

此验证选项会覆盖之前指定的 user1 用户的全局策略。

【实例 9-19】使声明中指定的所有用户遵从全局密码验证要求策略，具体语句如下。

```
mysql>ALTER USER 'user1'@'localhost' PASSWORD REQUIRE CURRENT DEFAULT;
```

当用户使用 ALTER USER 或 SET PASSWORD 语句更改密码时，需验证当前密码。在更改密码的语句中，REPLACE 子句用于指定要替换的当前密码。

【实例 9-20】更改当前用户的密码，具体语句如下。

```
mysql>ALTER USER USER() IDENTIFIED BY 'auth_string' REPLACE 'current_auth_string';
```

【实例 9-21】更改指定用户的密码，具体语句如下。

```
mysql>ALTER USER 'user1'@'localhost'
      IDENTIFIED BY 'auth_string'
      REPLACE 'current_auth_string';
```

【实例 9-22】更改命名用户的身份验证插件和密码，具体语句如下。

```
mysql>ALTER USER 'user1'@'localhost'
      IDENTIFIED WITH caching_sha2_password BY 'auth_string'
      REPLACE 'current_auth_string';
```

> **提 示** 前面所描述的密码管理功能仅适用于 user 系统表（mysql_native_password、sha256_password 或 caching_sha2_password）中内部存储的用户。对于使用针对外部系统执行身份验证的插件用户，密码管理必须在该系统的外部进行处理。

9.2.5　任务实施——创建和删除用户

（1）创建 xs_admin 用户，密码为 123，具体语句如下。

```
mysql>CREATE USER 'xs_admin'@'localhost' IDENTIFIED BY '123';
```

（2）修改 xs_admin 用户的密码为 321，具体语句如下。

```
mysql>ALTER USER 'xs_admin'@'localhost' IDENTIFIED BY '321';
```

（3）查看 user 表中的用户，具体语句如下。

```
mysql>SELECT Host, User, authentication_string FROM user;
```

（4）删除 xs_admin 用户，具体语句如下。

```
mysql>DROP USER 'xs_admin'@'localhost';
```

任务 9.3 权限管理

在 MySQL 数据库中，为了保证数据的安全性，数据管理员需要为每个用户赋予不同的权限，以满足不同用户的需求，下面将针对 MySQL 的权限管理进行详细讲解。

9.3.1 MySQL 的权限

授予 MySQL 用户的权限决定了用户可以执行的操作。MySQL 权限在其适用的上下文和不同操作级别上有所不同，具体介绍如下。

（1）管理权限使用用户能够管理 MySQL 服务器的操作。这些权限是全局的，因为它们不是特定于某一数据库的。

（2）数据库权限适用于数据库及其中的所有对象。可以为特定数据库或全局授予这些权限，以便适用于所有数据库。

V9-3 权限管理

（3）可以为数据库中的特定对象、数据库中给定类型的所有对象（如数据库中的所有表）或全局的所有对象授予数据库对象（如表、索引、视图和存储过程）的权限。

MySQL 中的权限信息存储在 MySQL 数据库的 user、host、tables_priv、column_priv 和 procs_priv 表中，当 MySQL 启动时会自动加载这些权限信息，并将这些权限信息读取到内存中。表 9-2 列举了 user 表的权限字段、权限名称和权限范围。

表 9-2 user 表的权限字段、权限名称和权限范围

user 表的权限字段	权限名称	权限范围
Create_priv	CREATE	数据库、表、索引
Drop_priv	DROP	数据库、表、视图
Grant_priv	GRANT OPTION	数据库、表、存储过程
References_priv	REFERENCES	数据库、表
Event_ priv	EVENT	数据库
Alter_priv	ALTER	数据库
Delete_priv	DELETE	表
Insert_priv	INSERT	表
Index_priv	INDEX	表
Select_priv	SELECT	表、字段
Update_priv	UPDATE	表、字段
Create_temp_table_priv	CREATE TEMPORARY TABLES	表
Lock_tables_priv	LOCK TABLES	表
Trigger_priv	TRIGGER	表
Create_view_priv	CREATE VIEW	视图

user 表的权限字段	权限名称	权限范围
Show_view_priv	SHOW VIEW	视图
Alter_routine_priv	ALTER ROUTINE	存储过程、存储函数
Create_routine_priv	CREATE ROUTINE	存储过程、存储函数
Execute_priv	EXECUTE	存储过程、存储函数
File_priv	FILE	范围服务器中的文件
Create_tablespace_priv	CREATE TABLESPACE	服务器管理
Create_user_priv	CREATE USER	服务器管理
Process_priv	PROCESS	存储过程、存储函数
Reload_priv	RELOAD	访问服务器中的文件
Repl_client_priv	REPLICATION CLIENT	服务器管理
Repl_slave_priv	REPLICATION SLAVE	服务器管理
Show_db_priv	SHOW DATABASES	服务器管理
Shutdown_priv	SHUTDOWN	服务器管理
Super_priv	SUPER	服务器管理

表 9-2 对 MySQL 的权限及权限的范围进行了介绍，接下来针对该表中的部分权限进行分析，具体介绍如下。

（1）CREATE 和 DROP 权限可分别用来创建数据库、表、索引和删除已有的数据库、表、索引。

（2）INSERT、DELETE、UPDATE、SELECT 权限可用来对数据库中的表进行增删改查操作。

（3）INDEX 权限可用来创建或删除索引，适用于所有表。

（4）ALTER 权限可用来修改表的结构或重命名表。

（5）GRANT 权限用来为其他用户授权，适用于数据库和表。

（6）FILE 权限能读写 MySQL 服务器中的任何文件。

了解上述这些权限即可，无须特别记忆。

9.3.2　授予权限

之所以可以对数据进行增删改查的操作，是因为数据库中的用户拥有不同的权限，合理的授权可以保证数据库的安全性。MySQL 中提供了 GRANT 语句，使用该语句可以为用户授权。

GRANT 语句的语法格式如下。

```
GRANT privileges [ (columns) ] [,privileges [ (columns)]] ON database. table
    TO 'username 'd ' hostname ' [ IDENTIFIED BY [ PASSWORD] 'password' ]
    [,'user name '@' hostname' [ IDENTIFIED BY [PASSWORD] 'password'] ] …
    [WITH with option [with_ option]]
```

其中，privileges 表示权限类型；columns 表示权限作用于某一字段，该参数可以省略不写，该参数省略时表示权限作用于整个表；username 表示用户名；hostname 表示主机名；IDENTIFIED BY 用于为用户设置密码；PASSWORD 为关键字；password 为用户的新密码。

WITH 关键字后面可以指定多个 with_option 参数，这个参数有以下 5 个取值。

（1）GRANT OPTION：用于将自己的权限授予其他用户。

（2）MAX_QUERIES_PER_HOUR count：用于设置每小时最多可以执行多少次查询。

（3）MAX_UPDATES_PER_HOUR count：用于设置每小时最多可以执行多少次更新。

（4）MAX_CONNECTIONS_ PER_ HOUR count：用于设置每小时最大的连接数量。

（5）MAX_USER_CONNECTIONS：用于设置每个用户最多可以同时建立连接的数量。

【实例 9-23】使用 CREATE USER 语句创建一个用户，用户名为 user4、密码为 123，user4 用户对所有数据库有 INSERT、SELECT 权限，要求使用 WITH GRANT OPTION 子句实现，具体语句如下。

```
mysql>CREATE USER 'user4'@'localhost' IDENTIFIED BY '123';
mysql>GRANT INSERT, SELECT ON *.* TO 'user4'@'localhost' WITH GRANT OPTION;
```

上述语句执行成功后，可以使用 SELECT 语句来查询 user 表中的用户权限，查询语句及结果如下。

```
mysql>USE mysql;
Database changed
mysql>SELECT Host, User, authentication_string, Insert_priv, Select_priv , Grant_priv
FROM mysql.user WHERE User='user4'  \G
*************************** 1. row ***************************
            Host: localhost
            User: user4
authentication_string:
$A$005$&YNUcjupMfg8FCO56py/RxvTzuNEsN3gfSr39VuyY8mr8u8PEsP9
     Insert_priv: Y
     Select_priv: Y
      Grant_priv: Y
1 row in set (0.01 sec)
```

从上述结果可以看出，User 的值为"user4"，Insert_priv、Select_priv、Grant_priv 的值都为"Y"，这说明 user4 用户对所有数据库具有增加、查询及对其他用户赋予相应权限的权限。

9.3.3 查看权限

通过前面的讲解可以知道，使用 SELECT 语句可以查询 user 表中的权限信息，但是在该语句中不仅需要指定用户，还需要指定查询的权限，这样操作起来比较麻烦。为了方便查询用户的权限信息，MySQL 还提供了 SHOW GRANTS 语句。

SHOW GRANTS 语句的语法格式如下。

```
SHOW GRANTS FOR 'username'@'hostname';
```

可以看出 SHOW GRANTS 语句的语法格式比较简单，只需要指定查询的用户名和主机名。

【实例 9-24】使用 SHOW GRANTS 语句查询 root 用户的权限，具体语句如下。

```
mysql>SHOW GRANTS FOR 'root'@'localhost' \G
```

上述语句执行成功后，可以看到图 9-8 所示的结果。

图 9-8　查询 root 用户权限的结果

由图 9-8 可知，root 用户拥有所有权限，并可以为其他用户赋予权限。为了让初学者更好地掌握 SHOW GRANTS 语句的使用，接下来通过查看普通用户权限的实例来演示 SHOW GRANTS 的用法。

【实例 9-25】 使用 SHOW GRANTS 语句查询 user4 用户的权限信息，具体语句如下。

```
mysql>SHOW GRANTS FOR 'user4'@'localhost' \G
```

图 9-9 所示为查看 user4 用户权限的结果，由该图可知，user4 用户有 SELECT 权限和 INSERT 权限，并具有为其他用户赋予 SELECT、INSERT 权限的权限。

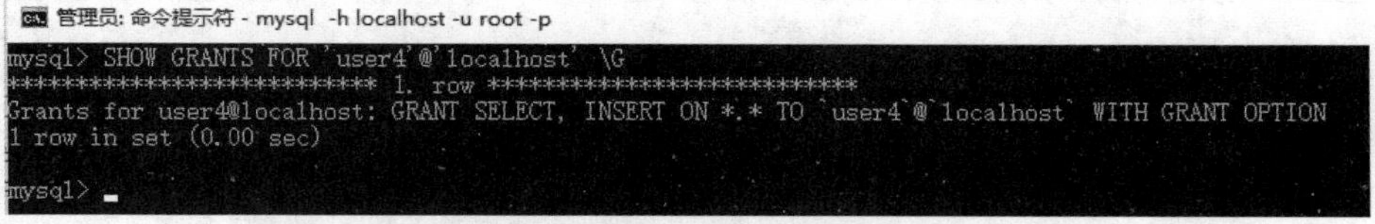

图 9-9　查看 user4 用户权限的结果

9.3.4　收回权限

在 MySQL 中，为了保证数据库的安全，需要将用户不必要的权限收回，例如，数据库管理员发现某个用户不应该具有 DELETE 权限，就应该及时将其权限收回。为了实现这种功能，MySQL 提供了 REVOKE 语句，使用该语句可以收回用户的权限。

REVOKE 语句的语法格式如下。

```
REVOKE privileges [columns] [, privileges[ (columns)]] ON database. table
FROM 'username'@'hostname' [ , 'username ' @ ' hostname ']…
```

REVOKE 语句的语法格式中的参数与 GRANT 语句的语法格式中的参数含义相同。其中，privileges 参数表示收回的权限；columns 表示权限作用的字段，如果不指定该参数，则表示权限作用于整个表。

【实例 9-26】 使用 REVOKE 语句收回 user4 用户的 INSERT 权限，具体语句如下。

```
mysql>REVOKE INSERT ON *.* FROM 'user4'@'localhost';
```

上述语句执行成功后，可以使用以下 SELECT 语句查询 user4 用户的信息，查询结果如图 9-10 所示。

```
mysql>SELECT Host,User,Insert_priv FROM mysql.user WHERE User='user4' \G
```

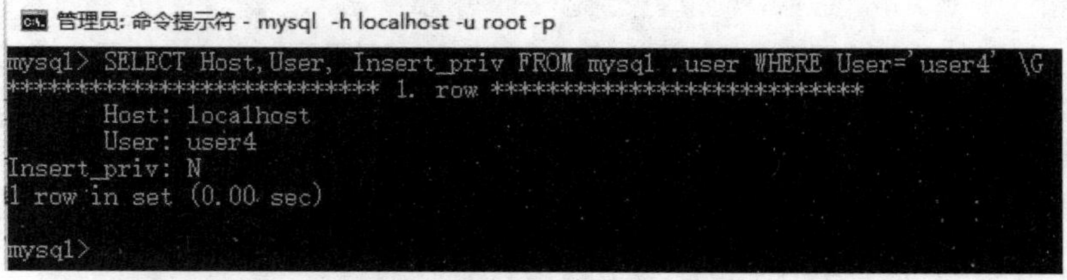

图 9-10　user4 用户权限的查询结果

由图 9-10 可知，Insert_priv 的权限值已经被修改为 "N"，这说明 REVOKE 语句将 user4 用户的 INSERT 权限收回了。

当用户的权限比较多，想一次性将其收回时，使用上述语句会比较麻烦，为此，REVOKE 语句还提供了收回所有权限的功能。

使用 REVOKE 语句收回全部权限的语法格式如下。

```
REVOKE ALL PRIVILEGES,GRANT OPTION
FROM 'username'@'hostname' [, 'username'@'hostname'] …
```

【实例 9-27】使用 REVOKE 语句收回 user4 用户的所有权限，具体语句如下。

```
mysql>REVOKE ALL PRIVILEGES,GRANT OPTION FROM 'user4'@'localhost';
```

上述语句执行成功后，可以使用以下 SELECT 语句来查询 user4 用户的信息，结果如图 9-11 所示。

```
mysql>SELECT Host, User, Insert_priv,Select_priv, Grant_priv FROM mysql.user WHERE
      user='user4' \G
```

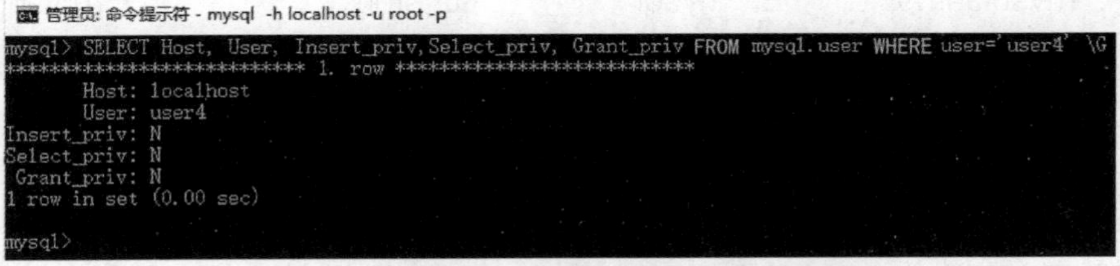

图 9-11　查看 user4 用户权限是否被成功收回的结果

由图 9-11 可知，user4 用户的 INSERT、SELECT、GRANT 权限都被收回了。

9.3.5　任务实施——创建 xs_admin 用户来管理 xsgl 数据库

（1）创建 xs_admin 用户，密码为 123，具体语句如下。

```
mysql>CREATE USER 'xs_admin'@'localhost' IDENTIFIED BY '123';
```

（2）授予 xs_admin 用户管理 xsgl 数据库的权限，具体语句如下。

```
mysql>GRANT ALL ON xsgl.* TO 'xs_admin'@'localhost' WITH GRANT OPTION;
```

（3）查看 xs_admin 用户的权限，具体语句如下。

```
mysql>SHOW GRANTS FOR xs_admin@localhost;
```

【项目小结】

本项目主要以学生管理系统为引导实例，介绍了备份、还原数据的基本语法；演示了数据库用户和权限的添加、更新、删除的方法及实施过程；比较了使用 CREATE USER 语句与 GRANT 语句创建用户的区别。这些内容都是本项目的重点，也是数据库开发的基础操作。读者在学习时一定要多加练习，在实际操作中掌握本项目的内容，为以后的数据操作和数据库开发奠定坚实的基础，以便能够安全管理数据库。

【知识巩固】

一、单项选择题

1. 使用 mysqldump 命令备份多个数据库时，参数之间的分隔符是（　　）。
   A. ,　　　　　　　　B. ;　　　　　　　　C. 空格　　　　　　　　D. >

2. 下列使用 mysqldump 命令备份 chapter09 数据库的语句中，正确的是（　　）。
   A. mysqldump －u root －p itcast chapter08>d:/chapter09.sql
   B. mysqldump –uroot–pitcast chapter08>d:/chapter09.sql
   C. mysqldump －u root －p itcast chapter08<d:/chapter09.sql
   D. mysqldump –uroot–pitcast chapter08<d:/chapter09.sql

3. 下列选项中，可同时备份 mydb1 数据库和 mydb2 数据库的语句是（　　）。

  A. mysqldump –uroot –pitcast mydb1,mydb2>d:/chapter09.sql

  B. mysqldump –uroot –pitcast mydb1;mydb2>d:/chapter09.sql

  C. mysqldump –uroot –pitcast mydb1 mydb2>d:/chapter09.sql

  D. mysqldump –uroot –pitcast mydb1 mydb2<d:/chapter09.sql

4. 下列选项中，用于数据库备份的命令是（　　）。

  A. mysqldump   B. mysql   C. store   D. mysqlstore

5. 下列关于还原数据库的说法中，错误的是（　　）。

  A. 还原数据库是通过备份好的数据文件实现的

  B. 还原是指还原数据库中的数据，而数据库是不能被还原的

  C. 使用 mysql 命令可以还原数据库中的数据

  D. 还原是指还原数据库中的数据和数据库

6. 下列通过 D:/chapter09.sql 文件还原 chapter09 数据库的语句中，正确的是（　　）。

  A. mysql –uroot –pitcast chapter08>D:/chapter09.sql

  B. mysqldump –uroot –pitcast chapter08>D:/chapter09.sql

  C. mysql –uroot –pitcast chapter08<D:/chapter09.sql

  D. mysqldump –uroot –pitcast chapter08<D:/chapter09.sql

7. （　　）数据库默认包含的表都是权限表。

  A. test 数据库   B. mysql 数据库 C. temp 数据库 D. mydb1 数据库

8. 使用 GRANT 语句创建名称为 user1、密码为 123 的用户，并授予该用户对 chapter08.student 表的查询权限。下列选项中，能实现上述功能的语句是（　　）。

  A. GRANT SELECT ON chapter08.student FOR 'user1'@'localhost' IDENTIFIED BY '123';

  B. GRANT USER SELECT ON chapter08.student TO 'user1'@'localhost' IDENTIFIED BY '123';

  C. GRANT USER SELECT ON chapter08.student 'user1'@'localhost' IDENTIFIED BY '123';

  D. GRANT SELECT ON chapter08.student TO 'user1'@'localhost' IDENTIFIED BY '123';

9. 下列选项中，使用 GRANT 语句必须具备的权限是（　　）。

  A. GRANT 权限   B. INSERT 权限

  C. CREATE USER 权限   D. CREATE 权限

10. 阅读下面的 SQL 语句。

```
INSERT  INTO  mysql.user(Host,User,Password,ssl_cipher,x509_issuer,x509_subject)
VALUES('localhost','user3',PASSWORD('123'),'','','');
```

  下列对以上语句功能的描述中，正确的是（　　）。

  A. 不能成功执行，因为存在语法错误

  B. 能成功执行，并向 user 表中添加一条记录

  C. 插入语句后的 3 个字段没有赋值，所以可以省略不写

  D. 以上说法都不对

11. 下列选项中，既可用于创建新用户又可用于对用户进行授权的语句是（　　）。

  A. GRANT USER 语句   B. INSERT 语句

  C. CREATE USER 语句   D. GRAND 语句

12. 使用 CREATE USER 语句创建一个新用户，用户名为 user2、密码为 123。下列选项中，能实现上述功能的语句是（   ）。

  A. CREATE USER 'user2'@'localhost' IDENTIFIED BY '123';

  B. CREATE USER user2@localhost IDENTIFIED BY 123;

  C. CREATE USER 'user2'@'localhost' IDENTIFIED TO '123';

  D. CREATE USER user2@localhost IDENTIFIED TO '123';

13. 使用 DROP USER 语句删除用户需要拥有的权限是（   ）。

  A. DROP USER 权限   B. DROP TABLE 权限

  C. CREATE USER 权限   D. DELETE 权限

14. 下列使用 DELETE 语句删除用户 user2 的语句中，正确的是（   ）。

  A. DELETE FROM mysql.user WHERE Host='localhost' AND User='user2';

  B. DELETE FROM mysql.user WHILE Host='localhost' AND User='user2';

  C. DELETE FROM mysql.user WHERE Host='localhost' OR User='user2';

  D. DELETE FROM mysql.user WHILE Host='localhost' OR User='user2';

15. 下列使用 DROP USER 语句删除用户 user1 的语句中，正确的是（   ）。

  A. DROP USER user1@localhost;   B. DROP USER 'user1'.' localhost';

  C. DROP USER user1.localhost;   D. DROP USER 'user1'@'localhost';

16. 下列使用 SET 语句修改 root 用户密码的说法中，错误的是（   ）。

  A. root 用户要先登录 MySQL 服务器

  B. 语法格式：SET PASSWORD=PASSWORD('new_password');

  C. PASSWORD()函数可用来对密码进行加密处理

  D. root 用户不需要登录 MySQL 服务器

17. 下列通过 UPDATE 语句将 root 用户的密码修改为 mypwd2 的语句中，正确的是（   ）。

  A. UPDATE mysql.user SET Password=PASSWORD('mypwd2') WHERE User='root' and Host='localhost';

  B. UPDATE mysql.users SET Password=PASSWORD('mypwd2') WHERE User='root' and Host='localhost';

  C. UPDATE mysql.users SET Password=PASSWORD('mypwd2') WHERE User='root' OR Host='localhost';

  D. UPDATE mysql.user SET Password=PASSWORD('mypwd2') WHILE User='root' OR Host='localhost';

18. 下列使用 mysqladmin 命令将 root 用户的密码改为 mypwd1 的操作中，正确的是（   ）。

  A. MySQL Shell 窗口：mysqladmin –u root –p password mypwd1

  B. 命令提示符窗口：mysqladmin –u root –p mypwd1

  C. MySQL Shell 窗口：mysqladmin –u root –p mypwd1

  D. 命令提示符窗口：mysqladmin –u root –p password mypwd1

19. 使用 UPDATE 语句修改 root 用户的密码时，操作的表是（   ）。

  A. test.user   B. mysql.user   C. mysql.users   D. test.users

20. 下列使用 SET 语句将 root 用户的密码修改为 mypwd3 的描述中，正确的是（   ）。

  A. 以 root 用户登录 MySQL，执行 SET PASSWORD=password('mypwd3');语句

  B. 直接在命令提示符窗口中执行 SET PASSWORD=password('mypwd3');语句

    C．以 root 用户登录 MySQL，执行 SET PASSWORD=password(mypwd3);语句

    D．直接在命令提示符窗口中执行 SET PASSWORD= 'mypwd3';语句

21．下列选项中，用于创建索引的权限是（　　　）。

    A．SELECT 权限　　　　B．INSERT 权限　　C．INDEX 权限　　　D．CREATE 权限

22．下列选项中，用于控制修改表结构或重命名表的权限是（　　　）。

    A．ALTER 权限　　　　　B．ALERT 权限　　　C．RENAME 权限　　D．UPDATE 权限

23．阅读下列使用 SELECT 语句查询到的结果信息。

```
Host: localhost
User: user4
Password: *23AE809DDACAF96AF0FD78ED04B6A265E05AA257
Insert_priv: Y
Select_priv: Y
Grant_priv: Y
1 row in set (0.05 sec)
```

下列选项中，描述错误的是（　　　）。

    A．查看的用户是 user4

    B．用户 user4 对数据库具有增加、查询及为其他用户赋予相应权限的权限

    C．user4 操作的是本机

    D．该用户的密码是*23AE809DDACAF96AF0FD78ED04B6A265E05AA257

24．下列选项中，允许为其他用户授权的权限是（　　　）。

    A．ALTER 权限　　　　　　　　　　　B．GRANT 权限

    C．RENAME 权限　　　　　　　　　　D．GRANT USER 权限

25．下列使用 SHOW GRANTS 语句查询 root 用户权限的语句中，正确的是（　　　）。

    A．SHOW GRANTS FOR 'root'@'localhost';

    B．SHOW GRANTS TO root@localhost;

    C．SHOW GRANTS OF 'root'@'localhost';

    D．SHOW GRANTS FOR root@localhost;

26．下列选项中，可实现比使用 SELECT 语句更方便查询用户权限信息的语句是（　　　）。

    A．SHOW GRANTS 语句　　　　　　　B．GRANT 语句

    C．SELECT GRANTS 语句　　　　　　D．GRANT USER 语句

27．下列选项中，关于 SHOW GRANTS 语句的描述正确的是（　　　）。

    A．使用 SHOW GRANTS 语句查询权限信息时需要指定查询的用户名和主机名

    B．使用 SELECT 语句比使用 SHOW GRANTS 语句查询权限信息方便

    C．使用 SHOW GRANTS 语句查询权限信息时只需要指定查询的用户名

    D．以上说法都正确

28．下列可实现收回 user4 用户的 INSERT 权限的语句是（　　　）。

    A．REVOKE INSERT ON *.* FROM 'user4'@'localhost';

    B．REVOKE INSERT ON %.% FROM 'user4'@'localhost';

    C．REVOKE INSERT ON *.* TO 'user4'@'localhost';

    D．REVOKE INSERT ON %.% TO 'user4'@'localhost';

29．下列可实现收回 user4 用户的所有权限的语句是（　　　）。

    A．REVOKE ALL PRIVILEGES,GRANT OPTION FROM 'user4'@'localhost';

B. REVOKE ALL PRIVILEGES,GRANT OPTIONES FROM 'user4'@'localhost';

C. REVOKE ALL PRIVILEGES,GRANT OPTIONES TO 'user4'@'localhost';

D. REVOKE ALL PRIVILEGES,GRANT OPTION TO 'user4'@'localhost';

30. 下列选项中，可以收回用户权限的语句是（　　　）。

A. SHOW GRANTS 语句　　　　　　　B. REVOKE 语句

C. GRANT 语句　　　　　　　　　　　D. DROP 语句

二、判断题

1. 使用 mysqldump 命令备份数据库时，直接在命令提示符窗口中执行该命令即可，不需要登录 MySQL 数据库。（　　　）

2. 使用 source 命令还原数据库时，需要先登录 MySQL。（　　　）

3. 在安装 MySQL 时，会自动安装一个名为 mysql 的数据库，该数据库中的表都是权限表。（　　　）

4. user 表的权限字段包括 Select_priv、Insert_priv、Update_priv 等以 priv 结尾的字段，这些字段用于决定用户的权限。（　　　）

5. 使用 CREATE USER 语句创建新用户时，可以同时为新用户分配相应的权限。（　　　）

6. 在创建新用户之前，可以通过 SELECT 语句查看 test.user 表中有哪些用户。（　　　）

7. 使用 DROP USER 语句可以同时删除一个或多个用户，多个用户之间用逗号隔开。（　　　）

8. 在 MySQL 中，删除普通用户只有一种方式。（　　　）

9. 使用 MYSQLADMIN 语句修改 root 用户时，可以直接设置其新密码，而不需要使用旧密码。（　　　）

10. root 用户具有最高权限，不仅可以修改自己的密码，还可以修改普通用户的密码，而普通用户只能修改自己的密码。（　　　）

11. 使用 root 用户登录后，SET 语句不仅可用于修改 root 用户的密码，还可用于修改普通用户的密码，两者在修改时没有任何区别。（　　　）

12. MySQL 中提供了 GRANT 语句，该语句可用来为用户授权，合理的授权可以保证数据库的安全。（　　　）

13. MySQL 提供了 SHOW GRANTS 语句，使用它可以比使用 SELECT 语句更加方便地查询用户的权限信息。（　　　）

14. 使用 SELECT 语句可以查询 user 表中的权限信息，但是使用该语句时不仅需要指定用户，还需要指定查询的权限。（　　　）

15. 在使用 REVOKE 语句实现权限收回时，参数 columns 表示权限作用的字段，如果不指定该参数，则表示作用于第一列。（　　　）

16. 在 MySQL 中，为了保证数据库的安全，需要将用户不必要的权限收回。（　　　）

【实践训练】

1. 请写出使用 mysqldump 命令备份 chapter09 数据库的 SQL 语句。

2. 请简述如何解决 root 用户密码丢失的问题。

项目十
数据库设计

10

 项目导读

通过对前面几个项目的学习，读者已经掌握了数据库的创建与管理、表的创建与修改，以及数据的管理等基本操作。贯穿本书始末的实例基于一个比较成熟且容易被理解的数据库系统——学生管理系统，但如何从零开始规划和设计一个陌生应用环境下的数据库系统，应该从何处入手，遵循什么样的标准化流程一步一步地设计并完善系统，最终使其成为满足用户需求的产品呢？这就是本项目要解决的问题。

 学习目标

知识目标
◆ 了解数据库管理系统的主要功能；
◆ 了解数据与数据联系的描述方法，理解概念数据模型和结构数据模型的概念，掌握关系数据模型的结构特点和约束机制；
◆ 掌握关系数据库的设计方法与步骤。

技能目标
◆ 能根据具体的数据库系统的应用背景，科学、高效地进行系统的需求分析和功能分析；
◆ 掌握使用规范设计法进行数据库系统的概念设计、逻辑设计和物理设计的方法；
◆ 掌握关系数据库设计的标准化流程、方法和步骤。

素质目标
◆ 培养并提高学生与不同用户交流的能力，使学生能够准确理解用户的真正需求；
◆ 培养学生在当今信息技术蓬勃发展的时代作为信息技术行业从业人员的使命感，使学生能够努力为各行各业在互联网时代的新发展提供高效率的数据管理服务。

任务 10.1 需求分析

数据库系统设计的出发点和落脚点都是用户的业务需求，因此，要开发一个基于数据库的应用系统，首先要做的就是收集、分析用户的需求，满足用户的业务需求是整个应用系统存在的根本目的和意义。

需求分析指详细调查现实世界中要处理的对象，如组织、部门、企业等，充分了解原系统的业务流程和工作状况，明确用户的需求，最终建立起新系统的功能框架。收集、分析用户需求的过程要按科学的方法和步骤严格进行。常用的方法有调查、交流。调查的重点是"数据"与"处理",要充分地与用户进行沟通,通过众多身份不同的用户提供的不同意见把握系统本质性的需求,同时要随时关注系统开发过程中用户需求的改变。当所有需求收集完成后,必须对需求进行统一整理和分析,并与所有相关人员,如最终用户、项目主管及其他开发人员一起重新审查对需求的理解。

一个 MySQL 数据库系统最终能否开发成功取决于很多因素。其中,严格遵循数据库系统的开发流程和步骤,全面了解并准确理解与分析用户需求是保证系统能够开发成功的前提。

需求分析是整个设计过程的开端,是后续各阶段实施的基础,同时,也是最困难、最耗时的一步。这主要有两方面的原因:一是原系统的用户通常缺少计算机方面的专业知识,无法确定计算机究竟能辅助自己完成什么工作,以及完成多少工作,因此在与数据库设计人员交流时,往往不能准确地表达自己的需求,提出的需求可能有很强的突发性,且在整个交流过程中往往会不断地发生变化;二是设计人员通常缺少用户所在行业的专业知识,不易理解用户的真正需求。这在很大程度上造成了数据库设计人员与用户在对真正需求的理解上产生偏差。而需求分析的结果能否准确反映用户的实际需求,将直接影响后续各个阶段工作的开展和实施,从而影响最终的设计结果的合理性和实用性。所以,设计人员必须不断深入、全方位地与用户进行交流,才能逐步确定和完善用户的实际需求。

在一个实际的数据库系统中,用户需求主要有以下 3 种类型。

(1)功能需求:数据库系统应实现的所有操作功能。

(2)数据需求:完成数据库系统全部功能需求所需的所有原始数据。

(3)性能需求:数据库系统必须满足的(如运行速度、容错能力等)要求。

本项目将以本书中的学生管理系统为例,简明扼要地介绍整个数据库系统设计的全部流程和步骤。

10.1.1　确定系统的功能需求

【实例 10-1】对学生管理系统进行功能需求分析和实现。以对现行系统即学生管理系统进行详细调查得到的结果为基础,确定系统的功能需求,保证最终开发出来的新系统在功能上与用户的所有业务操作要求吻合。

V10-1　需求分析

步骤一:任务分析。学生管理系统的核心对象为学生,所有的数据和功能都是以此为基础的,学校的相关工作人员也是系统未来的用户。在每一届新生入校时,都要把这些学生的一些基本信息收集起来,并把它们存入相应的数据表中,如本书实例中 xsgl 数据库中的 xuesheng 表。这些基本信息包括学生的学号、姓名、性别、籍贯、出生日期、联系方式、专业代码、兴趣等。在考试结束后,任课教师将学生的各课程的各项成绩登记至相应的表中,如本书实例中 xsgl 数据库中的 chengji 表。系统管理员或教师可以查询或统计单个学生或集体(如整个院系的)学生的相关信息,查询的关键字可以是学生的姓名、学号、课程名称、专业名称或所属院系等。另外,系统管理员还可以对数据进行更正等。学生用户只能查询自己的成绩信息。

从上面的分析可以看出,学生管理系统面向管理人员、教师及学生 3 种不同身份的用户,且显然要基于网络环境实现该系统,以方便不同的用户通过网络查询和修改数据。

上述 3 种不同身份的用户对应 3 个不同的级别,其拥有不同级别的数据管理权限:一级用户为教务处熟悉教务管理工作及本系统的管理人员;二级用户为被授予权限的熟悉院系教学工作及本系统操作的院系教学秘书和教师;三级用户为学生,在得到初始密码后可以实现对自身信息的查询。

步骤二:任务实现。在需求分析阶段,本系统设计人员根据调查及与用户交流的结果,同时结合系统目标,对用户提出的各种功能需求进行仔细研究和分析,经与用户反复讨论后,提炼出本系统应提供的以下几个方面的功能。

(1)数据录入功能。它授权不同的用户输入相关的数据,具体包括学生的基本信息、学生的各项成绩信息、院系的设置情况及课程的相关信息,分别对应本书实例中 xsgl 数据库中的 4 个基本表。数据录入功能是整个数据库系统的基本功能，是其他功能实现的基础。

（2）数据查询功能。它包括学生基本信息的查询、学生成绩的查询、各院系和课程信息的查询等。数据查询功能是整个数据库系统的核心，是数据库系统存在的根本意义。

（3）数据统计功能。它用于实现各种需求数据的统计，包括专业总人数、院系总人数、学生成绩的统计分析及课程成绩汇总统计等。这是在数据查询功能的基础上扩充的更加复杂的统计查询功能，需要用到前面项目中所学的多表查询、统计查询及子查询等高级查询。

（4）系统信息的浏览与维护功能。它用于实现系统相关数据的维护，包括专业及院系信息的浏览与维护、课程信息的浏览与维护等。

（5）报表输出功能。它用于实现所需报表的输出，包括学生基本情况、学生成绩等。

10.1.2 确定系统的数据需求

【实例 10-2】对学生管理系统进行数据需求分析和实现。根据系统功能需求分析的结果，进一步确定系统的数据需求，以保证在数据库中能够完整地存储用以实现系统全部功能所需的所有原始数据。数据是整个数据库系统的原材料，所有操作最终都是以数据为对象的，所以数据库系统要保证所有必需的数据都能精准入库。

步骤一：任务分析。学生管理系统的主要功能是进行学生基本信息及成绩的管理，包括查询单个学生的成绩、统计集体的成绩并输出相关信息等，具体介绍如下。

（1）系统管理。

（2）专业和院系信息的插入、删除、修改和查询。

（3）学生基本信息的插入、删除、修改和查询。

（4）学生成绩信息的插入、删除、修改和查询。

（5）课程信息的插入、删除、修改和查询。

（6）输出成绩单。

所以系统中涉及的主要数据对象有院系、专业、学生、课程和成绩。

步骤二：任务实现。在系统分析阶段，系统设计人员根据系统功能需求分析的结果，与系统使用人员反复交流后，对上述数据对象进行认真分析，最终对各个数据对象提出了以下具体的数据需求。

（1）学生涉及的主要信息有学号、姓名、性别、出生日期、籍贯、联系方式、专业代码、兴趣等。

（2）专业涉及的主要信息有专业代码、专业名称、所属院系等。

（3）课程涉及的主要信息有课程代码、课程名称、学分等。

（4）成绩涉及的主要信息有学号、课程代码、平时成绩、实验成绩、考试成绩、综合成绩等。

另外，系统的用户根据权限高低分为 3 个不同的层次，分别为教务系统管理员、教学秘书和教师、学生。教务系统管理员可以更改学生的信息，包括添加、更新、删除学生的数据；教学秘书和教师可以录入学生的成绩；学生只能查询自己的成绩。所以需要额外设计用户信息表，用于存储用户名、密码和用户级别等信息。

10.1.3 确定系统的性能需求

【实例 10-3】对学生管理系统进行性能需求分析和实现。根据系统功能需求和数据需求分析的结果，确定系统的性能需求，以保证数据库中数据的安全性、完整性和正确性，以及系统必须满足的运行速度。

步骤一：任务分析。本系统要能适应学校的网络需求，能对不同用户的权限进行控制，如果数据库被破坏了，则应能及时恢复。具体包括以下几个方面的要求。

（1）数据精度要求：本系统要求主要数据均来自基本表，通过导入操作将数据输入错误的概率降到最低；对于需要用户手动输入的数据，设定数据的完整性约束规则，进一步减少数据的输入错误，提高数据的精确度。

（2）响应时间要求：一是对用户导入学生和成绩信息的响应要尽可能快，在不超过 10min 的时间内完成导入；二是对查询学生和成绩信息的响应要尽可能快，在 2min 内得出结果。

（3）安全性要求：本系统能实现不同级别用户的权限控制；本系统有教务系统管理员、教学秘书和教师、在校学生等 3 级用户。

（4）可靠性要求：本系统在出现运行错误时应有明确提示，并尽可能恢复用户已输入的数据；本系统应具有定期数据备份的功能。

（5）适应性要求：本系统应具备良好的可移植性，在常用的操作系统和浏览器中可以几乎不加修改地直接使用；需要借助其他软件进行操作的部分，应提供至少一种以上的与其他软件稳定连接的接口。

步骤二： 任务实现。在系统分析阶段，系统设计人员根据系统功能需求和数据需求分析的结果，与系统使用人员多次交流后，对系统进行认真分析，整理出如下性能需求。

（1）本系统内的所有信息输入项的数据约束来源于本系统的数据字典。

（2）本系统在出现运行错误时应有明确提示，给出错误类型。例如，用户输入数据的类型出错时，提示正确的数据类型；要求数据不能为空，当输入数据为空时，要给出提示。

（3）实施必要的数据库备份和恢复操作，对本系统的所有基本表提供维护性功能，用户可对因错误操作而毁坏的重要数据进行恢复。

（4）设置数据库安全控制机制。对使用本系统的 3 级用户设定不同的权限，凭用户名及密码进入本系统，教务处相关工作限定专职人员在教务处局域网内完成。

（5）院系级业务由院系教学秘书在校园网内部操作，为学生提供的信息服务则可以在互联网上进行，且必须满足各种操作的响应时间要求。

任务 10.2　概念设计

在完成了数据库系统的需求分析以后，对数据库进行概念设计。概念设计用于对现实世界的事物进行初次抽象，即用信息世界的概念模型来描述现实世界的事物。

10.2.1　概念设计中的数据及数据联系的描述

将客观事物的特性用计算机中的数据表示，需要对现实生活中的事物进行认识、概念化并逐步抽象，直至将其转换成能够存储到计算机中的数据，因此在数据处理中，数据描述涉及不同的范畴，即现实世界、信息世界和机器世界。下面主要介绍概念设计中所涉及的从现实世界到信息世界的抽象。

V10-2　概念设计

现实世界是客观世界，是数据库设计者接触的最原始的数据。在现实世界中，一个实际存在的可以被识别的事物称为个体，它可以是具体的，也可以是抽象的，如一位学生、一个班级、一门课程等。每一个个体都具有它的具体特征值，如某位学生的信息为"张三""男""18 岁""计算机应用专业"等。具有某些相同性质的同一类个体的集合叫作总体，如所有的学生就是一个总体。每一个个体都有一个或几个特征项的组合，能够根据它们的不同取值将总体中的个体区分开来，这样的特征项或特征项的组合被称为标识特征项，如学生的学号、课程的代码、班级的代码等，通过这些特征项的不同取值能分别确定唯一的学生、课程、班级。

显而易见，现实世界中的事物既有"共性"又有"个性"。要求解现实问题，就要找出反映现实问题的对象，研究它们的性质及内在联系，从而找到求解的方法，这需要实现由现实世界到信息世界的抽象。

信息世界与现实世界正好相反，它是现实世界在人们头脑之中的反映，又称为概念世界。人们对现实世界中的客观事物及联系进行综合分析，形成一套对应的概念，并用文字和称号将它们记载下来，实现对现实世界的第一次抽象。

在信息世界中，现实世界中的个体经过抽象描述后被称为实体，总体被称为实体集，个体的特征项被称为属性。例如，学生的学号、姓名、性别、出生日期等均为学生实体的属性。每个属性取值的变化范围称为该属性的值域，其数据类型可以是整型、实型、字符型、日期和时间型等。例如，"性别"属性的值域为(男,女)，其数据类型可以为字符型。其中，能唯一标识每个实体的一个或一组属性称为实体标识符，如"学号"属性可以作为学生的实体标识符，"课程代码"属性可以作为课程的实体标识符。

另外，现实世界中的事物总是相互联系的，这种联系反映到信息世界中称为实体间的联系。实体间的联系有两类：一类是实体集内部各属性之间的联系，如在学生实体集的属性组（学号、姓名、性别、出生日期等）中，一旦学号被确定，该学号对应的姓名、性别、出生日期等属性也就被唯一确定了；另一类联系就是实体集与实体集之间的联系。下面重点讨论常见的两个不同实体集之间的联系。

两个不同实体集之间的联系有以下 3 种情况。

（1）一对一联系。如果实体集 A 中每一个实体至多和实体集 B 中的一个实体有联系，则称实体集 A 和实体集 B 具有一对一联系，记为 1∶1，反之亦然。例如，学生实体集与教室座位（A1、A2、A3 等表示教室中的 A 组第 1、2、3 行的座位号）实体集间的联系即为一对一联系，如图 10-1 所示。

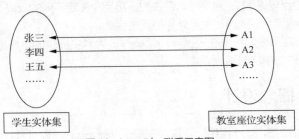

图 10-1　一对一联系示意图

（2）一对多联系。如果实体集 A 中的每一个实体与实体集 B 中的 N（$N \geq 0$）个实体有联系，而实体集 B 中的每个实体至多和实体集 A 中的一个实体有联系，则称实体集 A 和实体集 B 有一对多联系，记为 1∶N。例如，班级实体集与学生实体集之间的联系即为一对多联系，如图 10-2 所示。

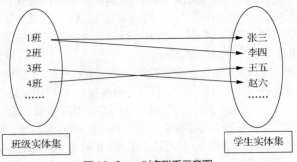

图 10-2　一对多联系示意图

（3）多对多联系。如果实体集 A 中的每个实体与实体集 B 中的 N（$N \geq 0$）个实体有联系，而实体集 B 中的每个实体也与实体集 A 中的 M（$M \geq 0$）个实体有联系，则称实体集 A 和实体集 B 具有多对多联系，记为 M∶N。例如，班级实体集与课程实体集间的联系即为多对多联系，如图 10-3 所示。

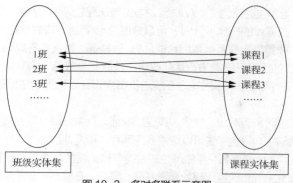

图 10-3　多对多联系示意图

10.2.2　数据模型的概念

数据库是一个组织运营的相关数据的集合，其中的数据是高度结构化的，它不仅能反映数据本身，还能反映数据之间的联系。这是因为在数据库中采用了数据模型对现实世界进行抽象描述，所有的数据库系统均是基于某种数据模型的，数据模型的好坏可直接影响数据库的性能。

数据模型是对现实世界的抽象，是一种表示客观事物及其联系的模型。在将现实世界中的事物及其联系逐步抽象为信息世界中具有一定结构且便于计算机处理的数据形式时，需要用到以下两类不同层次的数据模型：一类是概念数据模型，另一类是结构数据模型。前者是从用户的角度对数据进行建模，后者是从计算机系统的角度对数据进行建模。

概念数据模型用于信息世界的建模，它是对现实世界的第一次抽象，其数据结构不依赖于具体的计算机系统，只用来描述某个特定组织关心的信息结构，是用户和数据库设计人员之间进行交流的工具，目前常用"实体—联系"方法（简称 E-R 方法）来创建此类模型。

结构数据模型用于机器世界的建模，它是对现实世界的第二次抽象。因为它涉及具体的计算机系统和数据库管理系统，所以要用严格的形式化定义来描述数据的组织结构、操作方法和约束条件，以便于在计算机系统中实现。按数据组织结构及其之间的联系方式的不同，常把结构数据模型分为层次模型、网状模型、关系模型和面向对象模型。其中，关系模型的存储结构与常用的二维表格相同，容易理解，已经成为目前数据库系统中最重要、最常用的一种数据模型。本项目中系统的逻辑设计就建立在关系模型的基础之上。

10.2.3　概念设计的方法

概念设计是指对用户的信息需求进行综合和抽象，生成一个反映客观现实且不依赖于具体计算机系统的概念数据模型，即概念模型。目前，概念设计阶段用于描述数据库概念模型的主要是 E-R 模型。

E-R 方法是直接从现实世界中抽象出实体类型及实体间的联系类型，并用 E-R 图来表示的一种方法。在 E-R 图中，有以下 4 种基本组成成分。

（1）矩形框：表示实体类型，即现实世界的人或物；通常是某类数据的集合，如学生、课程、专业、院系等。

（2）菱形框：表示联系类型，即实体间的联系；如学生"属于"班级、学生"选修"课程中的"属于"和"选修"都代表实体之间的联系。

（3）椭圆形框：表示实体类型和联系类型的属性；如学生有学号、姓名、性别等属性，联系也可以有属性，如学生选修课程的成绩就是联系"选修"的属性。

（4）直线：联系类型与其涉及的实体类型之间以直线连接，并在直线两端标上联系的种类（1∶1、

1：N、M：N）；如专业与学生之间为 1：N 联系，学生与课程之间为 M：N 联系。

利用 E-R 模型进行数据库的概念设计时，可以分成 3 步完成：首先确定数据库系统中包含的实体类型和联系类型，并把实体类型和联系类型组合成局部 E-R 图；其次将各局部 E-R 图综合为数据库系统的全局 E-R 图；最后对全局 E-R 图进行优化改进，消除冗余数据，得到最终的 E-R 模型。

【实例 10-4】利用 E-R 模型对学生管理系统进行概念设计。根据学生管理系统需求分析的结果，得到如下数据描述。

本系统涉及的主要数据对象有专业、学生、课程和成绩。其中，每个专业有多位学生，每位学生只能属于一个专业；在教学活动中，每位学生可以选修多门课程，每门课程也可以被多位学生选修。专业属性主要有专业代码、专业名称、所属院系；学生属性主要有学号、姓名、性别、出生日期、籍贯、联系方式、专业代码、兴趣；课程属性主要有课程代码、课程名称、学分。在联系中应反映出学生所选修课程的平时成绩、实验成绩、考试成绩和综合成绩等信息。为学生管理系统设计一个 E-R 模型的具体步骤如下。

步骤一：任务分析。在本系统涉及的主要数据对象中，由于成绩是在学生选课后才能获得的属性，所以本系统涉及的实体集主要有 3 个：专业、学生和课程。因为学生与专业之间有"所属"关系，且一个专业可以有多位学生，而一位学生只能属于一个专业，所以学生与专业之间的"所属"关系是一对多联系；学生与课程之间有"选修"关系，由于一位学生可以选修多门课程，一门课程可被多位学生选修，所以学生和课程之间的"选修"关系为多对多联系。各个实体集的属性在任务描述中已有详细说明，在 E-R 图中用椭圆形框将其表示出来即可。需要注意的是，联系也可有属性，如在本系统中，学生选课后才会产生的属性——平时成绩、实验成绩、考试成绩及综合成绩等均为"选修"联系的属性。

步骤二：任务实现。由任务分析可得到如下结论。

（1）本系统的实体集有专业、学生和课程。

（2）实体间的联系有专业与学生之间的 1：N 联系，取名为"属于"；学生与课程之间的 M：N 联系，取名为"选修"。

（3）将实体和联系组合成 E-R 图，并确定实体和联系的属性及主键，如图 10-4 所示，图中带下画线的属性表示它是该实体的主键。

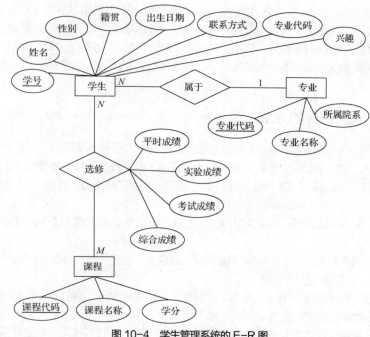

图 10-4　学生管理系统的 E-R 图

任务 10.3　逻辑设计

数据库的概念设计用于对现实世界的实体以某种模型（如 E-R 模型）进行具体描述，将其转变成信息世界的抽象概念，但要在机器世界中将其描绘出来，还要对其进行进一步的抽象，这就是数据库的逻辑设计。

V10-3　逻辑设计

10.3.1　逻辑设计中的数据描述

数据库的逻辑设计是指根据概念设计的结果来设计数据库的逻辑结构，即在机器世界中的表达方式和实现方法，它是对现实世界的第二次抽象。在逻辑设计中，标记概念世界中实体属性的命名单位称为字段或数据项；数据项的取值范围称为域；若干个关联的数据项的集合称为记录，它是能完整描述一个实体的字段集；同一类记录的集合称为文件，它能描述一个实体集所包含的所有记录。例如，实体"学生"的一组数据（001、张三、男、湖南）就是一条记录，其属性包括学号、姓名、性别、籍贯等，所有学生记录就构成了一个学生文件。其中，能够唯一标识文件中每条记录的字段或字段集称为关键码，它对应于实体标识符，如学生的学号可以作为学生记录的关键码。

关系模型是以集合论中的关系概念为基础的数据模型。它把记录集合定义为一个二维表，即关系。表的每一行是一条记录，表示一个实体；每一列是记录中的一个字段，表示实体的一个属性。关系模型既能反映实体集之间的一对一联系，又能反映实体集之间的一对多联系。关系模型的存取路径对用户透明，从而具有更强的数据独立性，更好的安全保密性，能简化数据库的开发工作。

关系模型由关系数据结构、关系操作集合和完整性规则 3 部分组成。

1. 关系数据结构

在关系模型中，无论是实体集还是实体集之间的联系均由单一的结构类型"关系"来表示。在用户看来，实体集之间联系的逻辑结构就是一个二维表，表的每一行称为一个元组，每一列称为一个属性，元组的集合称为关系。在支持关系模型的数据库物理组织中，二维表以文件的形式存储，所以其属性又称为列或字段，元组又称为行或记录。关系数据结构简单、清晰、易懂易用。

虽然关系与二维表格、传统的数据文件有相似之处，但它们又有不同之处。在关系模型中，对关系做了如下规范性限制。

（1）关系中的每一个属性值都应是不可再分解的数据，如学号、姓名等都不可以再分解。

（2）每一个属性都有一个值域，不同的属性必须有不同的名称，但值域可以相同，如性别的取值是"男""女"。

（3）关系中的任意两个元组（两行）不能完全相同，如不能出现所有信息全部相同的两条学生记录。

（4）关系是元组的集合，根据集合的定义，集合内的元素是无序的，因此关系中元组的次序可以改变，如"张三"和"李四"两条学生记录可以交换位置。

（5）理论上，属性（列）的次序可以改变，但在使用时还是应考虑在定义关系时属性的次序，如"学号"属性与"性别"属性的次序虽可以改变，但通常把"学号"属性放在最前面，因为"学号"是关键码。

表 10-1～表 10-3 展示了学生管理系统中用到的 3 个表——学生表、课程表和选课表，分别为学生、课程及学生成绩的相关信息，它们构成了一个典型的关系模型实例。

表 10-1　学生表

学号（xh）	姓名（xm）	性别（xb）	出生日期(csrq)	籍贯（jg）	联系方式（lxfs）	专业代码（zydm）	兴趣（xq）
001	谢文婷	F	2005-01-01	湖北	13200000001	01	technology
002	陈慧	F	2004-02-04	江西	13300000001	01	music

续表

学号（xh）	姓名（xm）	性别（xb）	出生日期（csrq）	籍贯（jg）	联系方式（lxfs）	专业代码（zydm）	兴趣（xq）
003	欧阳龙燕	F	2004-12-21	湖南	13800000005	01	sport
004	周忠群	M	2002-06-11	山东	18900000005	04	
005	刘小燕	F	2002-07-22	河南	13600000005	02	music,sport

表10-2 课程表

课程代码（kcdm）	课程名称（kcmc）	学分（xf）
C01	数据结构	5.0
H01	健康评估	2.5
J01	生物化学	4.0
K01	基础会计	3.0
L01	病理学	4.5

表10-3 成绩表

学号(xh)	课程代码（kcdm）	平时成绩（pscj）	实验成绩（sycj）	考试成绩（kscj）	综合成绩（zhcj）
001	H01	72	60	85	74.9
001	H02	80	78	100	89.4
002	H01	60	51	86	70.3
002	H02	53	68	96	79.0

在关系数据结构中有两个重要的概念：键和关系模式。具体介绍如下。

（1）键

键由一个或几个属性组成。在实际应用中，有下列几种键。

① 候选键。如果一个属性或属性组的值能够唯一标识关系中的不同元组而又不含有多余的属性，则称该属性或属性组为该关系的候选键。例如，学生的学号、身份证号这两个属性都可以唯一标识一个学生，即一条记录。

② 主键。用户选作元组标识的一个候选键为主键。例如，在学号和身份证号两个候选键中选定学号作为关系的主键。

③ 外键。如果关系 R2 的一个或一组属性不是 R2 的主键，而是另一个关系 R1 的主键，则称该属性或属性组为关系 R2 的外键，并称关系 R2 为参照关系，关系 R1 为被参照关系。例如，学生表中的专业代码并不是该表的主键，但它是专业表中的主键，学生表中专业代码的取值范围必须与专业表中专业代码的取值范围一致，学生表是参照专业表的，专业表是被参照的，因此专业代码就是学生表的外键。

（2）关系模式

对关系的描述称为关系模式，它包括关系名，以及组成该关系的各属性名、值域名（常用属性的类型、长度来说明）、属性间的数据依赖关系及关系的主键等。关系模式的一般描述格式如下。

$R(A1, A2, \cdots, An)$

其中，R 为关系模式名，即二维表名；$A1$，$A2$，$\cdots$，An 为属性名。

关系模式中的主键即为定义关系的某个属性或属性组合，它能唯一确定二维表中的一个元组，常在对应属性名下面用下画线标出，例如，学生(学号,姓名,性别,出生日期,籍贯,联系方式,专业代码,兴趣)。

2. 关系操作集合

关系模型提供了一系列操作的定义，这些操作称为关系操作。关系操作采用集合操作方式，即操作的对象和结果都是集合。常用的关系操作有两类：一类是查询操作，包括选择、投影、连接、除、并、交、差等；另一类是增删改操作。表达关系操作的关系数据语言有关系代数语言、关系演算语言和介于这两者之间的 SQL。

3. 完整性规则

为了维护数据库中数据的正确性和一致性，实现对关系的某种约束，关系模型提供了丰富的完整性规则。下面介绍关系模型的 3 种完整性规则。

① 实体完整性规则：关系中元组的组成主键的属性不能有空值或重复值，如学生表中学生的学号字段的取值不能重复，也不能为空。

② 参照完整性规则：关系中元组的外键值只能为空或者等于被参照关系中某个元组的主键值，如对于学生表中的专业代码字段的取值，要么为空，要么与被参照的专业表中专业代码字段的某一个具体值一致，而不能为一个不存在的专业代码。

③ 用户自定义的完整性规则：用户针对关系中某一属性而设置的用于限定其取值范围的规则。例如，为防止输入不符合逻辑的成绩，用户可以自定义规则，保证各成绩字段的取值为 0～100。

10.3.2　逻辑设计的方法

概念设计的结果是得到一个独立于任何一种数据模型（如层次模型、网状模型或关系模型，即与 DBMS 无关）的概念模型，而逻辑设计的任务是把概念设计阶段设计好的概念结构转换为与具体机器上的 DBMS 所支持的数据模型相符的逻辑结构。对于关系数据库管理系统，要将概念设计过程中得到的 E-R 模型转换为一组关系模式，也就是将 E-R 图中的所有实体和联系都使用关系来表示。

通常逻辑设计包括初步设计和优化设计两个步骤。初步设计就是按照 E-R 图向数据模型转换的规则，将已经建立的概念模型转换为 DBMS 所支持的数据模型。例如，选用的 DBMS 是关系数据库管理系统，应将概念设计过程中得到的 E-R 模型转换为一组关系模式。优化设计就是从提高系统效率的角度出发，如尽可能减少系统单位时间内访问的逻辑记录个数、单位时间内传输的数据量字节数及存储空间的占用量等，对结构进行修改、调整和改良。一种最常用、最重要的方法是对记录进行垂直分割（关系模式中的关系分解），规范化理论和关系分解方法为垂直分割提供了指导原则。

【实例 10-5】对学生管理系统进行逻辑设计。将概念设计阶段得到的图 10-4 所示的学生管理系统的 E-R 图转换为一个关系模式，完成对学生管理系统的逻辑设计。

步骤一：任务分析。学生管理系统的逻辑设计主要分为两个步骤：一是将 E-R 图转换为关系模式，包括实体向关系模式的转换和联系向关系模式的转换两部分；二是优化关系模式。

步骤二：任务实现。具体介绍如下。

（1）将 E-R 图转换为关系模式

这一步要解决的问题是将实体和实体之间的联系转换为关系模式，以及确定这些关系模式的属性和主键。

① 实体向关系模式的转换。

转换方法：将每个实体转换成一个与之同名的关系模式，实体的属性即为关系模式的属性，实体标识符即为关系模式的主键。

由于图 10-4 所示的 E-R 图中有 3 个实体，可分别将其转换成以下 3 个关系模式。

专业(专业代码,专业名称,所属院系)

学生(学号,姓名,性别,出生日期,籍贯,联系方式,专业代码,兴趣)

课程(课程代码,课程名称,学分)

② 联系向关系模式的转换。

对于联系向关系模型的转换，要根据其具体类型进行不同的处理。

a. 若实体间的联系是 1∶1，则可以在两个实体转换成的两个关系模式中的任意一个关系模式中加入另一个关系模式的键和联系的属性。

例如，每个班级"拥有"一个班主任（其实体标识符为班主任姓名），而每个班主任只能"属于"一个班级，则班主任和班级之间存在 1∶1 的联系，此时可以将"班级"关系模式修改为班级(班级号,班级名,学生人数,学制,班主任姓名,任职日期)。

其中，"任职日期"为联系的属性。当然，也可以将"班级号"和"任职日期"加入班主任模式中实现 1∶1 联系向关系模式的转换。由于本任务中无 1∶1 联系，所以无须对此进行转换。

b. 若实体间的联系是 1∶N，则在 N 端实体转换成的关系模式中加入 1 端实体转换成的关系模式的键和联系的属性。

例如，从本系统的 E-R 图中可以看出，专业和学生之间存在 1∶N 联系，故可将"专业代码"加入学生模式中实现 1∶N 联系向关系模式的转换，即修改"学生"关系模式为学生(学号,姓名,性别,出生日期,籍贯,联系方式,专业代码,兴趣)。

c. 若实体间的联系是 M∶N，则将联系也转换成关系模式，其属性为两端实体的键加上联系的属性，而键为两端实体键的组合。

例如，从本系统的 E-R 模型中可以看出，学生与课程之间存在 M∶N 联系，则其联系的关系模式为选修(学号,课程代码,平时成绩,实验成绩,考试成绩,综合成绩)。

（2）优化关系模式

数据库的逻辑设计结果并不唯一，但是为了进一步提高数据库系统的性能，在逻辑设计阶段需要结合应用需求来调整和优化模型的关系模式。关系模式的优化以规范化理论为指导，这项工作的完成好坏直接影响数据库逻辑设计的成败。

本系统在概念设计阶段已经把关系规范化的某些思想用作构造实体和联系的标准，由 E-R 模型得到的关系模式已能满足 3NF 的要求。因此，综合上面得到的实体和联系的关系模式，可得到学生管理系统的关系模式，如表 10-4 所示。

表 10-4 学生管理系统的关系模式

表名	含义	属性定义（主键用下画线标出）
学生表	学生信息表	学号, 姓名, 性别, 出生日期, 籍贯, 联系方式, 专业代码, 兴趣
专业表	专业信息表	专业代码, 专业名称, 所属院系
成绩表	学生成绩表	学号, 课程代码, 平时成绩, 实验成绩, 考试成绩, 综合成绩
课程表	课程信息表	课程代码, 课程名称, 学分

任务 10.4 物理设计、实施与运行维护

在完成了数据库的逻辑设计后，就要进行数据库的物理设计。逻辑设计是与具体的 DBMS 无关的，而数据库最终要转换到机器世界中，这离不开具体的 DBMS，这一转换的实现就是数据库的物理设计要完成的任务。

V10-4 物理设计、实施与运行维护

10.4.1 DBMS 的功能与组成

通过对前面相关项目的学习，可以知道数据库是由很多数据文件及相关的辅助文件组成的，这些文件由 DBMS 进行统一管理和维护，本书介绍的 MySQL 就是众多 DBMS 中的一种。数据库中除了存储用户直接使用的数据外，还存储元数据，它们是有关数据库的定义信息，如数据类型、模式结构、使用权限等。这些数据的集合称为数据字典，它是 DBMS 工作的依据。DBMS 通过数据字典对数据库中的数据进行管理和维护。

使用 DBMS 不但能够将用户程序的数据操作语句转换成对系统存储文件的操作，而且它可以像一

个向导一样把用户对数据库的一次访问从用户级导向概念级，再导向物理级。它是用户或应用程序与数据库的接口，用户和应用程序不必关心数据在数据库中的物理位置，只需告诉 DBMS 要"干什么"，而无须说明"怎么干"。

1. DBMS 的主要功能

（1）数据定义功能：数据库设计人员通过它可以方便地对数据库中的相关内容进行定义，如前面项目中的定义数据库、表、索引及数据完整性等。

（2）数据操纵功能：用户通过它可以实现对数据库的基本操作，如对表中的数据进行查询、插入、更新和删除等。

（3）数据库运行控制功能：包括并发控制（处理多个用户同时使用某些数据时可能产生的问题）、安全性检查、完整性约束条件的检查和执行、数据库的内部维护（如索引的自动维护）等；所有数据库的操作都要在这些控制程序的统一管理下进行，以保证数据的安全性、完整性及多个用户对数据库的并发使用。

（4）数据库创建和维护功能：包括数据的输入、转换，数据库的转储、恢复，数据库的重新组织和性能监视、分析等；这些功能通常是由一些实用程序来完成的，它们是 DBMS 的重要组成部分。

2. DBMS 的组成

DBMS 主要由数据库描述语言与其编译程序、数据库操作语言及其翻译程序、数据库管理和控制例行程序 3 部分组成。数据库描述语言及其编译程序主要用于完成数据库数据的物理结构和逻辑结构的定义，数据库操作语言及其翻译程序用于完成数据库数据的检索和存储，而数据库管理和控制例行程序用于完成数据的安全性控制、完整性控制、并发性控制、通信控制、数据存储、数据修改及工作日志记录、数据库转储、数据库初始装入、数据库恢复、数据库重新组织等公用管理。

3. DBMS 与数据模型的关系

数据库中的数据是根据特定的数据模型来组织和管理的，而 DBMS 总是基于某种数据模型的，可以把 DBMS 看作某种数据模型在计算机系统中的具体实现。根据数据模型的不同，DBMS 可以分为层次型、网状型、关系型和面向对象型等，如利用关系模型创建的 DBMS 就是关系 DBMS。商品化的 DBMS 主要为关系型的，如大型系统中使用的 Oracle、DB2、Sybase 及小型系统中使用的 Access、Visual FoxPro、SQL Server 及 MySQL 系列产品。需要说明的是，在不同的计算机系统中，由于缺乏统一的标准，即使是基于同一种数据模型的 DBMS，它们在用户接口、系统功能等方面也可能是不相同的。

10.4.2　物理设计的方法

逻辑设计用于确定数据库包含的表、字段及其之间的联系。数据库的物理设计是为一个给定的逻辑数据模型选取一个适合应用环境的物理结构的过程。数据库的物理结构主要指数据库在物理设备上的存储结构和存取方法，它完全依赖于给定的计算机系统。

物理设计分为两步：确定数据库的物理结构，以及对物理结构进行评价。

数据库物理结构的确定是在 DBMS 的基础上实现的，即确定了数据库的各关系模式和要使用的 DBMS 后，才能进行数据存储、访问方式的设计，以及完整性和安全性的设计，并最终在 DBMS 上创建数据库。具体来说，数据库物理结构设计主要包括以下几个方面。

（1）系统配置的设计。确定数据库的大小、数据的存放位置及存取路径。

（2）表的设计。确定数据的存储结构，如记录的组成，各数据字段的名称、类型和长度。此外，还要确定索引、约束规则，为建立表之间的关联做准备。

（3）视图的设计。为不同的用户设计视图，以保证其访问到应该访问的数据。

（4）安全性的设计。为数据库系统进行安全性设置，以确保数据的安全。

（5）业务规则的实现。通过存储过程和触发器实现特定的业务规则。

为此，设计人员必须了解以下几个方面的内容。

（1）全面了解给定的 DBMS 的功能。

（2）了解应用环境。

（3）了解外存设备的特性。

在确定了数据库的物理结构后，要对物理结构进行评价，评价的重点是时间和空间效率。如果评价结果满足原设计要求，则进入系统实现阶段；否则，应修改或重新设计物理结构，有时甚至要返回逻辑设计阶段修改数据模型。

【**实例 10-6**】实现学生管理系统的物理设计。根据学生管理系统逻辑设计的结果，为学生管理系统设计一个适合应用环境的物理结构。

步骤一：任务分析。完成数据库逻辑设计后要着手进行数据库的物理设计，要先根据数据库的逻辑结构、系统大小、系统需要完成的功能及系统的性能要求，决定选用哪种 DBMS，再根据所选 DBMS 的特点及实现方法完成数据库的物理设计。

步骤二：任务实现。目前用来帮助用户创建和管理数据库的 DBMS 有很多，MySQL 是一种功能强大的关系 DBMS，它采用客户端/服务器的计算模式，可以为用户提供强大的后台数据处理能力，且一个学校的学生信息的管理体量通常不会太大，因此本系统采用 MySQL 作为 DBMS。

在选择了 MySQL 作为 DBMS 后，按照 MySQL 的数据库实现方法来完成数据库的物理设计。系统配置在 MySQL 安装的过程中就可以完成，具体的配置在前面的项目中已经做了介绍。表的设计、视图的设计、安全性设置以及业务规则的实现也在前文做了详细介绍，这里不赘述。

对数据库的物理设计进行初步评价后，就可以创建数据库了。运用 DBMS 提供的数据定义语言将逻辑设计和物理设计的结果严格描述出来，这就成了 DBMS 可以接收的源代码。下面进行数据库系统的实施与运行维护。

10.4.3 实施与运行维护

在完成数据库的物理设计之后，就要对数据库系统进行实施和试运行，在试运行成功之后，数据库系统才能正式运行，并对数据进行维护。

1. 数据的载入、应用程序的编码和调试

数据库实施阶段要完成两项重要的工作：一项是数据的载入；另一项是应用程序的编码和调试。数据库应用程序的设计应该与数据库设计同时进行，在组织数据入库的同时需要调试应用程序。

2. 数据库的试运行

在原有系统的一小部分数据输入到数据库中后，就可以开始对数据库进行联合调试了，这称为数据库的试运行。

这里特别强调以下两点。

（1）输入少量数据用于调试，待试运行基本合格后再输入大量数据，逐步增加数据量，逐步完成评价。

（2）在数据库试运行阶段，系统可能还不太稳定，软硬件也可能会出现故障，因此要做好数据库转储和恢复的准备。

3. 数据库的运行和维护

数据库的运行和维护是数据库设计的最后一个阶段，但是不代表数据库设计工作完全结束，对数据库设计进行评价、调整、修改等维护工作是一个长期的任务，也是设计工作的继续和提高，这些工作一般由数据库管理员完成。数据库管理的主要内容如下。

（1）数据库的转储与恢复。

（2）数据库的安全性和完整性控制。

（3）数据库性能的监督、分析和改造。

（4）数据库的重组织和重构造。

任务 10.5　数据库设计综合案例——图书管理系统

本综合案例是设计一个比较简单的、用于管理学校中小型图书馆的数据库系统，它不支持学生在线登录阅读，只是辅助图书管理员进行图书管理和为学生办理借书、还书及挂失、缴纳罚款等业务。下面按照前面介绍的数据库设计的标准流程，即需求分析、概念设计、逻辑设计和物理设计等逐步完成该系统的设计。

10.5.1　图书管理系统的需求分析

V10-5　综合案例（1）

在与图书馆原图书管理系统的使用人员（图书管理员和学生）反复交流后，收集、整理并分析整个系统的两个主要需求，即主要功能需求和数据需求（本案例中的图书管理系统是服务于小型图书馆的业务管理系统，对性能的需求不太高，在此不做具体的设计规划）。

1. 主要功能需求

（1）用户管理功能。本系统的用户包括图书管理员（本系统的管理员）和学生。其中，图书管理员可以管理学生信息，如添加学生信息（为学生办理借书证）、删除学生信息（注销学生的借书证）、修改学生信息、取消或授予学生借阅权限。

（2）为学生办理业务（借书、还书或借书证挂失）的功能。被授权的学生可以凭借书证借阅库存中的图书（被取消借阅权限的学生无法借阅，如已挂失借书证的学生），借书逾期、图书损坏或遗失（为了简化系统，损坏或遗失在本案例中统一当作挂失业务处理）时要按照相应标准赔偿。需要注意的是，办理还书和图书挂失业务时，需要查看学生与图书相关的最后一次的借书记录，以便判断学生借阅的图书是否逾期。

（3）图书管理功能。图书管理员进行新书入库时，可将图书信息添加到图书表中，也可以对图书的信息进行修改或删除等。

（4）查阅图书信息功能。学生可在图书管理员的帮助下查询某本图书是否存在，如果有，则显示在何处可找到，方便学生去相应的馆室取书。同时，图书管理员可利用该功能清点库存。

（5）查询业务记录功能。根据业务记录编号（该编号自动增加，并具有唯一性），可以查询所有已经办理的业务，如借书、还书、挂失等记录；图书管理员在清点库存时，也可通过图书的编号查询指定图书的全部已办理业务。

2. 数据需求

（1）图书信息数据。每一本图书都有图书编号（唯一标识）、图书名称、图书作者、图书价格（用于罚款时计价）、图书状态（已借或在库，用于判断能否借出图书）及图书类别（本案例把图书类别与所在馆室建立联系，方便图书管理员管理图书；同时可以使学生快速找到书，但学生要借助图书管理员进行查询）等。

（2）图书类别数据。整个图书馆的图书分门别类进行管理，每一种类别都有唯一的图书类别编号，每一种类别的图书放在不同的馆室，以便学生或图书管理员寻找。

（3）学生信息数据。每位学生都有唯一的借书证号及基本信息，如学号（方便在学校的学生管理系统中查询完整的学生信息）、姓名、班级名称、联系方式（方便图书管理员在清点库存发现疑点时直接联系相应的学生）、借阅权限等。

（4）业务信息。学生在办理业务时，每一个业务都有一个唯一的业务编号（不管一次借几本书或还几本书，每一本书都对应一个业务编号），方便日后通过业务编号查询业务的具体内容，例如，在学生还书时，查看书的最后一次出借记录中的借书日期，以判断是否逾期。除业务编号外，业务数据还有业务类型（分别为借书、还书、挂失；将其设计成不同的类型，以方便控制业务中的具体信息，如借书时，不必出现还书日期，而还书时，必须查询最后一次的借书日期）编号、业务办理时间（借书日期、还书日期、挂失日期）等。为了降低表结构的复杂性，是否逾期、罚款金额等数据可通过相应的业务存储程序计算得出。

（5）业务类型数据。该系统存在 3 种业务类型编号、业务名（借书、还书、挂失）。业务类型不一样，业务数据的信息也不一样，这可用触发器控制。例如，在学生还书时，可以自动检测是否逾期，并自动根据图书价格计算罚款金额，也可以根据不同的业务类型使图书的状态信息自动在"在库"和"借出"之间切换。

图书管理系统功能结构如图 10-5 所示。

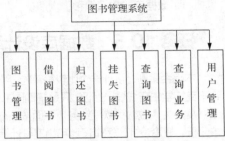

图 10-5　图书管理系统功能结构

10.5.2　图书管理系统的概念设计

根据前面的系统需求分析可知，图书管理系统中主要涉及的实体类型对象有图书、图书类别、学生、业务和业务类型。本系统具体的数据描述如下。

（1）每一本图书都属于某一种图书类别，一种图书类别包含多本图书，它们之间的联系为 1：N。

（2）在学生办理借书、还书或挂失等业务的过程中，产生了学生实体与图书实体之间的联系。每一位学生（借书证）对应多个业务，而每一个业务只能对应一位学生，它们之间的联系为 1：N。

（3）图书与业务之间的联系属于 1：N，因为每个业务只能对应一本图书（同时只对应一个借书证），而一本书可以多次借给不同的学生，或被多位学生归还。

（4）图书与图书类别的联系属于 1：N，因为一个类别可包含很多图书，而一本图书只能属于一种类别。

根据以上分析，可将所有实体及它们之间的联系转换成图 10-6 所示的图书管理系统总体 E-R 图。

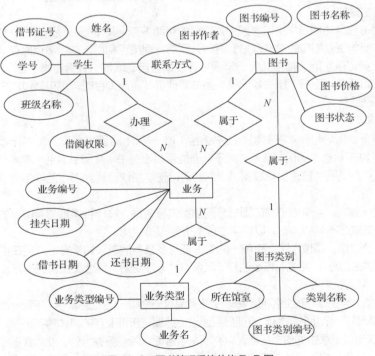

图 10-6　图书管理系统总体 E-R 图

10.5.3 图书管理系统的逻辑设计

1. 关系模式

根据概念设计阶段得到的系统总体 E-R 图，将其中的每个实体和联系直接转换为关系模式，分别得到下面的关系模式。

V10-6 综合案例（2）

（1）学生实体：学生(借书证号,姓名,学号,班级名称,借阅权限,联系方式)。

（2）图书实体：图书(图书编号,图书名称,图书作者,图书状态,图书价格)。

（3）图书类别实体：图书类别(图书类别编号,类别名称,所在馆室)。

（4）业务实体：业务(业务编号,借书日期,还书日期,挂失日期)。

（5）业务类型实体：业务类型(业务类型编号,业务名)。

2. 优化的关系模式

结合实体之间的联系，完善并优化上面的关系模式（关系模式中的主键用下画线标出），结果如下。

（1）学生实体：学生(<u>借书证号</u>,姓名,学号,班级名称,借阅权限,联系方式)。

（2）图书实体：图书(<u>图书编号</u>,图书名称,图书作者,图书状态,图书价格,图书类别编号)（图书实体与图书类别实体之间的联系为 1：N, 故在图书关系模式中添加图书类别关系中的主键"图书类别编号"）。

（3）图书类别实体：图书类别(<u>图书类别编号</u>,类别名称,所在馆室)。

（4）业务实体：业务(<u>业务编号</u>,业务类型编号,借书日期,还书日期,挂失日期,借书证号,图书编号)（业务类型实体与业务实体之间的联系为 1：N, 故在业务关系模式中添加业务类型关系模式中的主键"业务类型编号"；学生实体与业务实体之间的联系为 1：N, 故在业务关系模式中添加学生关系模式中的主键"借书证号"；图书实体与业务实体之间存在的联系为 1：N, 故在业务关系模式中添加图书关系模式中的主键"图书编号"）。

（5）业务类型实体：业务类型(<u>业务类型编号</u>,业务名)。

将上述关系模式转换为二维表（具体表的结构定义可参考后面的定义代码。这里直接给出了具体数据，可在试运行系统时，将它们作为初始数据进行系统调试），分别如表 10-5～表 10-9 所示。

表 10-5 学生信息表

借书证号	姓名	学号	班级名称	借阅权限	联系方式
20220001	刘志强	001	22 级计算机一班	正常	18877654534
20220002	张霞	002	22 级护理三班	正常	13788765531
20220003	李亚	003	21 级园林二班	异常	13999807749
20220004	王小明	004	20 级会计一班	正常	13212214433

表 10-6 图书信息表

图书编号	图书名称	图书作者	图书状态	图书价格	图书类别编号
Bk0000001	数据结构	张友良	在库	44.5	BC001
Bk0000002	唐诗三百首	李志	在库	25	BC004
Bk0000003	商业博弈	刘丽	借出	35.5	BC002
Bk0000004	中国简史	王刚	在库	20.5	BC003

表 10-7　图书类别表

图书类别编号	类别名称	所在馆室
BC001	计算机类	A01
BC002	财经类	B01
BC003	历史类	C01
BC004	文学类	D01

表 10-8　业务信息表

业务编号	业务类型编号	借书日期	还书日期	挂失日期	借书证号	图书编号
1	01	2022-1-1			20220001	BK00000022
20	02		2022-2-2		20220002	BK00000138
877	03		2022-3-4		20220003	BK00000322
998	01			2022-4-6	20220004	BK00000661

表 10-9　业务类型表

业务类型编号	业务名
01	借书
02	还书
03	挂失

 提 示 在以上表格中，只有业务信息表中的数据是办理业务后自动添加的，其他表中的初始数据是图书管理员主动添加的（批量数据一般用外部导入的方法添加，少量数据可手动添加）。

10.5.4　图书管理系统的物理设计

逻辑设计完成后，使用具体的 DBMS 进行物理设计，这里采用 MySQL 作为 DBMS。下面就物理设计的几个主要方面进行讲解。

1. 数据库和表的设计

根据前面的表，结合数据库和表的创建与定义语句，实现整个数据库（tsgl）和表的设计。

（1）数据库的创建，具体语句如下。

```
mysql>CREATE DATABASE tsgl;
```

（2）数据表的创建，具体如下。

① 学生信息表的创建，具体语句如下。

```
mysql>CREATE TABLE xuesheng(jszh CHAR(8) NOT NULL COMMENT '借书证号',
        xm VARCHAR(4) NOT NULL COMMENT '姓名',
        xh CHAR(3) NOT NULL COMMENT '学号',
        bjmc VARCHAR(10) COMMENT '班级名称',
        jyqx ENUM('正常','异常') DEFAULT '正常' COMMENT '借阅权限',
        lxfs CHAR(11) COMMENT '联系方式',
        PRIMARY KEY(jszh) COMMENT '主键',
```

```
        UNIQUE KEY (xh) COMMENT '唯一键',
        UNIQUE KEY(lxfs) COMMENT '唯一键'
        ) COMMENT='学生信息表';
```

② 图书类别表的创建，具体语句如下。

```
mysql>CREATE TABLE tslb(tslbbh CHAR(5) NOT NULL COMMENT '图书类别编号',
        lbmc VARCHAR(4) NOT NULL COMMENT '类别名称',
        szgs CHAR(3) NOT NULL COMMENT '所在馆室',
        PRIMARY KEY(tslbbh) COMMENT '主键',
        UNIQUE KEY(lbmc) COMMENT '唯一键'
        )COMMENT='图书类别表';
```

③ 图书信息表的创建，具体语句如下。

```
mysql>CREATE TABLE tushu(tsbh CHAR(10) NOT NULL COMMENT '图书编号',
        tsmc VARCHAR(20) NOT NULL COMMENT '图书名称',
        tszz VARCHAR(4) NOT NULL COMMENT '图书作者',
        tszt ENUM('借出', '在库') NOT NULL DEFAULT '在库' COMMENT '图书状态',
        tsjg DECIMAL(5,2) NOT NULL DEFAULT 0.0 COMMENT '图书价格',
        tslbbh CHAR(5) NOT NULL COMMENT '图书类别编号',
        PRIMARY KEY(tsbh) COMMENT '主键',
        FOREIGN KEY(tslbbh) REFERENCES tslb(tslbbh) ON DELETE
        CASCADE ON UPDATE CASCADE
        )COMMENT='图书信息表';
```

④ 业务类型表的创建，具体语句如下。

```
mysql>CREATE TABLE yewulx(ywlxbh CHAR(2) NOT NULL
        COMMENT '业务类型编号',
        ywm ENUM('借书', '还书', '挂失') NOT NULL DEFAULT '借书'
        COMMENT '业务名',
        PRIMARY KEY(ywlxbh) COMMENT '主键',
        UNIQUE KEY(ywm) COMMENT '唯一键'
        )COMMENT='业务类型表';
```

⑤ 业务信息表的创建，具体语句如下。

```
mysql>CREATE TABLE yewu(ywbh INT(12) NOT NULL
        AUTO_INCREMENT COMMENT '业务编号',
        ywlxbh CHAR(2) NOT NULL COMMENT '业务类型编号',
        jsrq DATE NULL COMMENT '借书日期',
        #此处必须允许为空，因为业务不同，有些项是没有值的，下同
        hsrq DATE NULL COMMENT '还书日期',    #此处必须允许为空
        gsrq DATE NULL COMMENT '挂失日期',    #此处必须允许为空
        jszh CHAR(8) NOT NULL COMMENT '借书证号',
        tsbh CHAR(10) NOT NULL COMMENT '图书编号',
        PRIMARY KEY(ywbh) COMMENT '主键',
        FOREIGN KEY(jszh) REFERENCES xuesheng(jszh) ON DELETE CASCADE
        ON UPDATE CASCADE,
        FOREIGN KEY(tsbh) REFERENCES tushu(tsbh) ON DELETE CASCADE
        ON UPDATE CASCADE,
        FOREIGN KEY(ywlxbh) REFERENCES yewulx(ywlxbh)
```

231

```
        ON DELETE CASCADE
        ON UPDATE CASCADE
        )AUTO_INCREMENT=1 COMMENT='业务信息表';
```

2. 视图的设计

（1）创建管理图书的视图，它主要用于查询、插入、更新和删除图书信息，具体语句如下。

```
mysql>CREATE VIEW view_tsgl(图书编号,图书名称,图书作者,图书状态,
        图书价格,图书类别编号) AS
        SELECT tsbh,tsmc,tszz,tszt,tsjg,tslbbh FROM tushu;
```

（2）创建管理学生的视图，它主要用于查询、插入、更新和删除学生信息，具体语句如下。

```
mysql>CREATE VIEW view_xsgl(借书证号,姓名,学号,班级名称,借阅权限,联系方式)
        AS SELECT jszh,xm,xh,bjmc,jyqx,lxfs FROM xuesheng;
```

（3）创建管理图书类别的视图，它主要用于查询、插入、更新和删除图书类别，具体语句如下。

```
mysql>CREATE VIEW view_tslbgl(图书类别编号,类别名称,所在馆室) AS
        SELECT tslbbh,lbmc,szgs FROM tslb;
```

（4）创建查询业务的视图，它主要用于查询学生的已办业务，可以根据学生的借书证号或图书编号等查询所办业务（通常根据借书证号进行查询），具体语句如下。

```
mysql>CREATE VIEW view_ywgl(业务编号,业务类型编号,借书日期,还书日期,
        挂失日期,借书证号,图书编号) AS
        SELECT ywbh,ywlxbh,jsrq,hsrq,gsrq,
        jszh,tsbh FROM yewu;
```

（5）创建管理业务类型的视图，它主要用于查询、插入、更新和删除业务类型信息，具体语句如下。

```
mysql>CREATE VIEW view_ywlxgl(业务类型编号,业务名) AS
        SELECT ywlxbh,ywm FROM yewulx;
```

3. 存储过程的设计

（1）创建查询图书信息的存储过程（所有查询或插入都以视图为操作对象，下同），具体语句如下。

```
mysql>DELIMITER $
mysql>CREATE PROCEDURE tscx(IN tsbh CHAR(10))  #此例只提供按图书编号进行查询的功能
        BEGIN
            SELECT * FROM view_tsgl WHERE 图书编号=tsbh;
        END$
```

（2）创建查询学生信息的存储过程，具体语句如下。

```
mysql>CREATE PROCEDURE xscx(IN jszh CHAR(8))  #此例只提供按借书证号进行查询的功能
        BEGIN
            SELECT * FROM view_xsgl WHERE 借书证号=jszh;
        END$
```

（3）创建查询业务信息的存储过程，具体如下。

① 按借书证号查询学生的已办业务，具体语句如下。

```
mysql>CREATE PROCEDURE ywcx(IN jszh CHAR(8))  #此例只提供按借书证号进行查询的功能
        BEGIN
            SELECT * FROM view_ywgl WHERE 借书证号=jszh;
        END$
```

② 按图书编号查询学生的已办业务，具体语句如下。

```
mysql>CREATE PROCEDURE ywcx2(IN tsbh CHAR(10))  #此例只提供按图书编号进行查询的功能
        BEGIN
```

```
        SELECT * FROM view_ywgl WHERE 图书编号=tsbh;
    END$
```

（4）创建办理业务的存储过程，具体如下。

① 创建办理借书业务的存储过程，具体语句如下。

```
mysql>CREATE PROCEDURE jsywbl(IN jszh CHAR(8),IN tsbh CHAR(10))
        #办理借书业务时，只需要登记图书编号、借书证号，借书日期为当天日期
        BEGIN
            DECLARE qx CHAR(2);  #qx 变量用来保存当前学生的借阅权限值
            SELECT 借阅权限 INTO qx FROM view_xsgl WHERE 借书证号=jszh;
            IF qx='正常'  THEN #借阅权限为正常，允许借书
                INSERT INTO view_ywgl(业务类型编号,借书日期,借书证号,图书编号)
                    VALUES('01',CURDATE(),jszh,tsbh); /*添加一条业务记录。借书业务类型编号为"01"，
业务编号为自增类型，还书日期不需要填写，其在基本表中允许为空。另外，触发器会自动改变图书的状态为"借出" */
            ELSE
                SELECT '该借书证当前无权借书' AS '借阅权限'；/*如果无权限借阅图书，则提示相应信息*/
            END IF;
        END$
```

② 创建办理还书业务的存储过程，具体语句如下。

```
mysql>CREATE PROCEDURE hsywbl(IN jszh CHAR(8),IN tsbh CHAR(10))
        /*办理还书业务时，需要查询图书最后一次的借出时间，并计算是否逾期，如果逾期或损坏，则要按
一定标准进行赔偿*/
        BEGIN
            DECLARE sc INT(2) DEFAULT 15;  #定义借阅时长，单位为天
            DECLARE brow_day DATE;#定义变量用来保存图书借出的日期
            SELECT 借出日期 INTO brow_day FROM view_ywgl WHERE 图书编号=tsbh
            ORDER BY 业务编号 LIMIT 1;   #与图书相关的最后一次业务办理记录中保存了借书的日期
        IF DATEDIFF(CURDATE(),brow_day)>sc THEN #如果借书逾期，则提示罚款
            SELECT '该书借阅逾期,应缴纳罚款10元' AS '处理意见'
            INSERT INTO view_ywgl(业务类型编号,还书日期,借书证号,图书编号)
            VALUES('02',CURDATE(),jszh,tsbh);         #添加本次业务记录
            SELECT * FROM view_ywgl WHERE 图书编号=tsbh
            ORDER BY 业务编号 DESC LIMIT 1;
            /*此处用来显示办理成功的最后一条业务信息，便于图书管理员或学生确认业务信息，因为前面添
加业务记录的过程对用户不可见*/
            END IF;
        END$
```

③ 创建办理图书挂失业务的存储过程，具体语句如下。

```
mysql>CREATE PROCEDURE gsywbl(IN jszh CHAR(8),IN tsbh CHAR(12))
        BEGIN
            DECLARE tsmc CHAR(10);            #用于存放图书名称
            DECLARE brow_day DATE;            #用于保存图书借出的日期
            SELECT 借出日期 INTO brow_day FROM view_ywgl
            WHERE 图书编号=tsbh
```

```
            ORDER BY 业务编号 DESC LIMIT 1;        /*与图书相关的最后一次业务办理记录中保存了
借书的日期*/
            SELECT 图书名称 INTO tsmc FROM view_tsgl WHERE 图书编号=tsbh;  /*无效图书编
号，返回的图书名称为空。当挂失图书时，人们通常记不住图书编号，此时应该查询借书证的所有已办业务，让学生
在查询结果中找到图书的名称，从而得知图书编号*/
        IF isnull(图书名称) THEN  #图书名称为空，表示不存在该图书，无法挂失
        SELECT '本图书不存在，无法挂失图书';
        ELSE
        INSERT INTO view_ywgl(业务类型编号,借书日期,挂失日期,借书证号,图书编号)
        VALUES('03',brow_day,CURDATE(),jszh,tsbh);        #添加一条业务记录
        SELECT * FROM view_ywgl WHERE 借书证号=jszh
        ORDER BY 业务编号 DESC LIMIT 1;
        /*此处用来显示办理成功的最后一条业务信息，便于图书管理员或学生确认业务信息，因为前面添
加业务记录的过程对用户不可见*/
        END IF;
    END$
```

4. 触发器的设计

（1）办理借书业务时，相应的图书状态自动改为"借出"，具体语句如下。

```
mysql>CREATE TRIGGER insert_js AFTER INSERT ON yewu FOR EACH ROW
    BEGIN
        IF new.ywlxbh='01'  THEN         #如果业务类型编号是"01"，则表示是借书
            UPDATE tushu                 #更新图书信息表中的图书状态值
            SET tszt='借出'              #将图书状态改为"借出"
            WHERE tsbh=new.tsbh;         #图书编号为新添加的记录中的图书编号
        END IF;
    END$
```

（2）办理还书业务时，相应的图书状态自动改为"在库"，具体语句如下。

```
mysql>CREATE TRIGGER insert_hs AFTER INSERT ON yewu FOR EACH ROW
    BEGIN
        IF new.ywlxbh='02'  THEN         #如果业务类型编号是"02"，则表示是还书
            UPDATE tushu                 #更新图书信息表中的图书状态值
            SET tszt='借出'              #将图书状态改为"在库"
            WHERE tsbh=new.tsbh;         #图书编号为新添加的记录中的图书编号
        END IF;
    END$
```

在完成了以上物理设计工作后，即可输入少量初始数据进行系统试运行，试运行通过后，即可正式
运行。

【项目小结】

本项目主要讲解了如何在特定的应用环境下严格地按照标准流程选择 MySQL 作为 DBMS 开发一个
基于网络平台的数据库系统；重点解读了需求分析、概念设计、逻辑设计和物理设计 4 个阶段，以及每一
阶段要做什么、要注意什么、要得到什么样的结果，并顺利完成了整个图书管理系统的设计和开发工作。

【知识巩固】

一、单项选择题

1. 在信息世界中，现实世界中的个体经过抽象描述后称为（　　　）。
   A. 数据　　　　　　　B. 标识符　　　　　C. 属性　　　　　　D. 实体
2. 某一个指定的关系可能存在多个候选键，但只能选择其中一个作为（　　　）。
   A. 关系　　　　　　　B. 主键　　　　　　C. 外键　　　　　　D. 唯一键
3. 每个属性取值的变化范围称为该属性的（　　　）。
   A. 字段　　　　　　　B. 实体　　　　　　C. 值域　　　　　　D. 主键
4. 在基本关系中，任意两个元组（　　　）。
   A. 可以不同　　　　　B. 可以相同　　　　C. 必须完全不同　　D. 不能完全相同
5. 能唯一标识实体集中每个实体的一个或一组属性称为实体（　　　）。
   A. 数据　　　　　　　B. 字段　　　　　　C. 外键　　　　　　D. 标识符
6. 实体完整性规则：若属性 A 是基本关系 R 的主键，则属性 A（　　　）。
   A. 可以为空　　　　　　　　　　　　　B. 可取某固定值
   C. 不可取重复值　　　　　　　　　　　D. A、B、C 选项都不对

二、填空题

1. 结构数据模型通常分为＿＿＿＿、＿＿＿＿、＿＿＿＿和＿＿＿＿。其中，＿＿＿＿模型是目前数据库系统中最重要、最常用的一种数据模型。
2. 关系模型允许定义＿＿＿＿、＿＿＿＿和＿＿＿＿ 3 种类型的完整性。
3. 数据库管理系统用于管理＿＿＿＿，简称＿＿＿＿，它总是基于某种特定的数据模型。
4. 两个实体集之间的联系一般分为＿＿＿＿、＿＿＿＿和＿＿＿＿三大类。
5. 在关系模型中，字段称为＿＿＿＿，记录称为＿＿＿＿，记录的集合称为＿＿＿＿。

【实践训练】

由某企业人事管理系统的需求分析可知，该企业有若干个职能部门，每个部门均有一名负责人和多名员工，每名员工只能属于一个部门。在合同期内，一名员工可以有多次请假机会，但每次请假机会只能属于一名员工；员工的工资按月计算，每名员工每月有一份工资，每份工资也只能属于一名员工。部门属性主要有部门编号、部门名称、部门经理，员工属性主要有员工编号、姓名、性别、身份证号、籍贯，工资属性主要有工资编号、员工编号、基本工资、岗位工资、各种补贴、各种扣款，请假属性主要有假条编号、员工编号、起始日期、终止日期、请假事由。

（1）使用 E-R 图画出该企业人事管理系统的概念模型。

（2）将 E-R 图转换为关系模式，并指明每一个关系模式的主键。

附录

附录 A　学生管理数据库的表结构及数据

1. 表结构

表 A-1～表 A-4 为本书所构建的学生管理数据库中 4 张数据表的结构说明，读者可自行参考。

表 A-1　xuesheng（学生）表

字段名称	数据类型	可否为 NULL	描述	备注
xh	CHAR(3)	否	学号	主键
xm	VARCHAR(4)	否	姓名	唯一
xb	ENUM('M','F')	否	性别	默认值为'M'
csrq	DATE	可	出生日期	'2000-01-01'
jg	VARCHAR(4)	可	籍贯	
lxfs	CHAR(11)	否	联系方式	
zydm	CHAR(2)	否	专业代码	外键
xq	SET('music','art','sport','technology')	可	兴趣	

表 A-2　zhuanye（专业）表

字段名称	数据类型	可否为 NULL	描述	备注
zydm	CHAR(2)	否	专业代码	主键
zymc	VARCHAR(8)	否	专业名称	不为空
ssyx	VARCHAR(8)	否	所属院系	不为空

表 A-3　kecheng（课程）表

字段名称	数据类型	可否为 NULL	描述	备注
kcdm	CHAR(3)	否	课程代码	主键
kcmc	VARCHAR(8)	否	课程名称	不为空
xf	DECIMAL(3,1)	可	学分	不为空

表 A-4 chengji（成绩）表

字段名称	数据类型	可否为 NULL	描述	备注
xh	CHAR(3)	否	学号	主键（外键）
kcdm	CHAR(3)	否	课程代码	主键（外键）
pscj	TINYINT(3)	可	平时成绩	默认值为 0
sycj	TINYINT(3)	可	实验成绩	默认值为 0
kscj	TINYINT(3)	可	考试成绩	默认值为 0
zhcj	DECIMAL(5,1)	可	综合成绩	默认值为 0.0

2. 表的部分数据

表 A-5～表 A-8 为本书所构建的学生管理数据库中 4 张数据表的部分数据，所有数据均为初始值，读者可自行参考。

表 A-5 xuesheng（学生表）的部分数据

xh	xm	xb	csrq	jg	lxfs	zydm	xq
001	谢文婷	F	2005-01-01	湖北	13200000001	01	technology
002	陈慧	F	2004-02-04	江西	13300000001	01	music
003	欧阳龙燕	F	2004-12-21	湖南	13800000005	01	sport
004	周忠群	M	2002-06-11	山东	18900000005	04	
005	刘小燕	F	2002-07-22	河南	13600000005	02	music,sport
006	李丽文	F	2003-09-04	湖北	13400000006	06	music,technology
007	贺佳	M	2005-01-31	湖北	13500000009	03	sport
008	张皓程	M	2003-08-30	河南	13500000008	01	technology
009	吴鹏	M	2003-10-14	江西	13500000007	05	technology
010	陈颜洁	F	2002-03-12	湖南	13500000002	07	music
011	张豪	M	2002-02-16	湖北	13500000001	03	music
012	周士哲	M	2004-08-01	北京	13011111111	03	music,sport
013	喻李	M	2005-01-14	江西	13101111111	07	art,sport
014	于莹	F	2005-01-04	湖北	13001111111	02	art
015	任天赐	M	2002-02-03	湖南	13811111115	04	sport
016	刘坤	M	2002-04-01	北京	13100000001	04	sport,technology
017	欧阳文强	M	2004-01-01	湖南	13511111116	01	art,sport,technology
018	陈平	M	2004-12-03	湖南	13700000006	06	art
019	谢颖	F	2003-01-23	北京	13300000006	05	art,technology

表 A-6 zhuanye（专业）表的部分数据

zydm	zymc	ssyx
01	护理	医学院
02	检验技术	医药技术学院
03	临床医学	医学院

zydm	zymc	ssyx
04	计算机应用	计算机学院
05	园林设计	园林学院
06	室内设计	生态宜居学院
07	会计	商学院

表 A-7　kecheng（课程）表的部分数据

kcdm	kcmc	xf
C01	数据结构	5.0
C02	C++程序设计	4.0
C03	计算机网络技术	5.0
C04	汇编程序设计	5.0
C05	算法设计与分析	3.0
H01	健康评估	2.5
H02	护理心理	3.0
H03	基础护理技术	3.0
J01	生物化学	4.0
J02	分析化学	3.5
J03	检验仪器学	5.0
K01	基础会计	3.0
K02	会计电算化	5.0
K03	财务管理	4.0
L01	病理学	4.5
L02	生理学	4.0
L03	药理学	5.0
S01	室内色彩学	2.0
S02	环境心理学	4.0
S03	平面设计	3.5
Y01	园林工程	3.5
Y02	园林设计	4.5
Y03	园林管理	3.0

表 A-8　chengji（成绩）表的部分数据

xh	kcdm	pscj	sycj	kscj	zhcj
001	H01	72	60	85	0.0
001	H02	80	78	100	0.0

续表

xh	kcdm	pscj	sycj	kscj	zhcj
001	H03	82	89	54	0.0
002	H01	60	51	86	0.0
002	H02	53	68	96	0.0
002	H03	86	85	24	0.0
003	H01	91	61	78	0.0
003	H02	47	77	80	0.0
003	H03	60	65	72	0.0
004	C01	78	68	71	0.0
004	C02	77	56	81	0.0
004	C03	80	76	92	0.0
005	J01	66	87	60	0.0
005	J02	63	71	75	0.0
005	J03	69	85	62	0.0
006	S01	90	84	99	0.0
006	S02	76	51	63	0.0
006	S03	87	68	79	0.0
007	L01	99	63	78	0.0
007	L02	68	81	68	0.0
007	L03	42	89	77	0.0
008	H01	68	99	86	0.0
008	H02	77	67	81	0.0
008	H03	80	76	87	0.0
009	Y01	80	64	62	0.0
009	Y02	73	67	86	0.0
009	Y03	84	84	44	0.0
010	K01	71	97	71	0.0
010	K02	82	76	73	0.0
010	K03	89	83	52	0.0
011	J01	93	78	67	0.0
011	J02	83	74	72	0.0
011	J03	85	86	76	0.0
012	J01	78	97	65	0.0
012	J02	43	28	76	0.0
012	J03	78	81	80	0.0

续表

xh	kcdm	pscj	sycj	kscj	zhcj
013	K01	90	91	38	0.0
013	K02	87	48	87	0.0
013	K03	76	68	80	0.0
014	J01	61	83	39	0.0
014	J02	79	23	46	0.0
014	J03	76	63	80	0.0
015	J01	80	78	67	0.0
015	C01	76	89	58	0.0
015	C02	91	93	86	0.0
016	C01	91	78	39	0.0
016	C02	87	81	92	0.0
016	C03	78	57	87	0.0

附录 B　MySQL 常用函数汇总

表 B-1～表 B-5 汇总了一些常用的 MySQL 函数及其作用，包括数值型函数、字符串函数、日期和时间函数、聚合函数和流程控制函数等，读者可自行查询。

表 B-1　数值型函数及其作用

数值型函数	作用
ABS(x)	返回 x 的绝对值
SQRT(x)	返回非负数 x 的二次方根
MOD(x,y)	返回 x 被 y 除后的余数
CEIL(x)、CEILING(x)	返回不小于 x 的最小整数
FLOOR(x)	返回不大于 x 的最大整数
RAND( )	返回 0～1 中的随机值，可以提供一个参数使 RAND()生成一个指定的值
ROUND(x)、ROUND(x,y)	第一个函数返回最接近 x 的整数，即对 x 进行四舍五入；第二个函数返回最接近 x 的数，该数保留到小数点右面 y 位，若 y 为负值，则保留到小数点左面 y 位
SIGN(x)	返回 x 的符号，-1 表示负数，0 表示 0，1 表示正数
POW(x,y)、POWER(x,y)	返回 x 的 y 次方的值
SIN(x)、ASIN(x)	第一个函数返回 x 的正弦值，x 为给定的弧度值；第二个函数返回 x 的反正弦值，x 为正弦值
COS(x)、ACOS(x)	第一个函数返回 x 的余弦值，x 为给定的弧度值；第二个函数返回 x 的反余弦值，x 为余弦值
TAN(x)、ATAN(x)	第一个函数返回 x 的正切值，x 为给定的弧度值；第二个函数返回 x 的反正切值，x 为正切值
COT(x)	返回给定弧度值 x 的余切值
TRUNCATE(x,y)	返回数字 x 截短为 y 位小数的结果

表 B-2　字符串函数及其作用

字符串函数	作用
LENGTH(str)	返回字符串 str 的字节长度
CONCAT(str1,str2,…)	返回连接参数后产生的字符串，若其中一个参数为 NULL，则返回值为 NULL
INSERT(str1,x,len,str2)	返回字符串 str1，从 str1 的位置 x 开始，被字符串 str2 取代 len 个字符
LOWER(str)、LCASE(str)	将字符串 str 中的字母全部转换成小写
UPPER(str)、UCASE(str)	将字符串 str 中的字母全部转换成大写
LEFT(str,n)	返回字符串 str 从最左边开始的 n 个字符
RIGHT(str,n)	返回字符串 str 从最右边开始的 n 个字符
LTRIM(str)	返回字符串 str，其左边的所有空格被删除
RTRIM(str)	返回字符串 str，其右边的所有空格被删除
TRIM(str)	返回字符串 str，其两边的空格均被删除
REPLACE(str,str1,str2)	返回一个字符串，用字符串 str2 替代字符串 str 中所有的字符串 str1
SUBSTRING(str,x,y)	截取字符串 str，返回从指定位置 x 开始的指定长度 y 的字符串
REVERSE(str)	将字符串 str 反转（逆序），返回与原始字符串顺序相反的字符串

表 B-3　日期和时间函数及其作用

日期和时间函数	作用
CURDATE( )、CURRENT_DATE( )	两个函数的作用相同，都是将当前日期按照"YYYY-MM-DD"或者"YYYYMMDD"格式返回，格式根据具体语境而定
CURRENT_TIMESTAMP()、LOCALTIME()、NOW()、SYSDATE()	这 4 个函数的作用相同，都是返回当前日期和时间，格式为"YYYY-MM-DD HH:MM:SS"或"YYYYMMDDHHMMSS"，格式根据具体语境而定
UNIX_TIMESTAMP( )	获取 UNIX 时间戳，返回一个以 UNIX 时间戳为基础的无符号整数
FROM_UNIXTIME(date)	与 UNIX_TIMESTAMP()互为反函数，将 UNIX 时间戳转换为普通格式的时间
MONTH(date)、MONTHNAME(date)	第一个函数返回指定日期中的月份，第二个函数返回指定日期中月份的名称
DAYNAME(d)、DAYOFWEEK(d)、WEEKDAY(d)	DAYNAME(d)返回 d 对应的工作日的英文名称，如 Sunday、Monday 等；DAYOFWEEK(d)返回 d 对应的一周中某一天的索引，如 1 表示周日、2 表示周一；WEEKDAY(d)返回 d 对应的工作日索引，如 0 表示周一、1 表示周二
WEEK(d)、WEEKOFYEAR(d)	第一个函数返回日期 d 位于一年中的第几周，第二个函数返回某一天位于一年中的第几周
DAYOFYEAR(d)、DAYOFMONTH(d)	第一个函数返回 d 是一年中的第几天，第二个函数返回 d 是某个月中的第几天
YEAR(date)、QUARTER(date)、MINUTE(time)、SECOND(time)	YEAR(date)返回指定日期对应的年份；QUARTER(date)返回 date 对应的一年中的季度，取值是 1～4；MINUTE(time)返回 time 对应的分钟数，取值是 0～59；SECOND(time)返回指定时间对应的秒数
EXTRACE(type FROM date)	从日期中提取一部分，type 可以是 YEAR、YEAR_MONTH、DAY_HOUR、DAY_MICROSECOND、DAY_MINUTE、DAY_SECOND

续表

日期和时间函数	作用
TIME_TO_SEC(time)	返回 time 参数转换为秒后的值，转换公式为 3600×小时+ 60×分钟+秒
SEC_TO_TIME( )	和 TIME_TO_SEC(time)互为反函数，将秒值转换为时间格式
DATE_ADD( )、ADDDATE( )	两个函数的功能相同，都是向日期中添加指定的时间间隔
DATE_SUB(date,INTERVAL expr type)、SUBDATE(date,INTERVAL expr type)	返回将起始时间 date 减去 expr type 之后的时间
ADDTIME(date,expr)、SUBTIME(date,expr)	第一个函数进行 date 的时间加操作，第二个函数进行 date 的时间减操作
DATEDIFF(date1,date2)	获取两个日期的间隔，返回 date1 减去 date2 的值

表 B-4 聚合函数及其作用

聚合函数	作用
MAX(col)	返回指定字段的最大值
MIN(col)	返回指定字段的最小值
COUNT(col)	返回指定字段中非 NULL 的个数
SUM(col)	返回指定字段的所有值之和
AVG(col)	返回指定字段的平均值

表 B-5 流程控制函数及其作用

流程控制函数	作用
IF(expr1,expr2,expr3)	如果 expr1 的值为 TRUE，则返回 expr2 的值；如果 expr1 的值为 FALSE，则返回 expr3 的值
IFNULL(expr1,expr2)	如果 expr1 的值为 NULL，则返回 expr2 的值；如果 expr1 的值不为 NULL，则返回 expr1 的值
NULLIF(expr1,expr2)	如果 expr1=expr2 成立，则返回值为 NULL，否则返回 expr1 的值
ISNULL(expr)	如果 expr 的值为 NULL，则返回 1；如果 expr1 的值不为 NULL，则返回 0